工业和信息化人才培养规划教材

iOS开发项目化经典教程

传智播客高教产品研发部 编著

人民邮电出版社

北京

图书在版编目（CIP）数据

iOS开发项目化经典教程 / 传智播客高教产品研发部编著. -- 北京：人民邮电出版社，2016.2（2017.2重印）
工业和信息化人才培养规划教材
ISBN 978-7-115-41074-0

Ⅰ. ①i… Ⅱ. ①传… Ⅲ. ①移动终端-应用程序-程序设计-教材 Ⅳ. ①TN929.53

中国版本图书馆CIP数据核字(2016)第016271号

内 容 提 要

本书系统全面地讲解了 iOS 开发的中、高级知识，主要内容包括多线程编程、网络编程、iPad 开发、多媒体硬件、Address Book、使用 Mapkit 开发地图服务、推送机制、内购、广告、指纹识别、屏幕适配及国际化等。

本书采用项目驱动的方式来讲授理论。全书共有 60 余个经典的真实项目，这些项目可以帮助读者更好地理解各个知识点在实际开发中的应用，也可以供读者开发时作为参考。

本书附有配套视频、源代码、习题、教学课件等资源，而且为了帮助初学者更好地学习本教材中的内容，我们还提供了在线答疑，希望得到更多读者的关注。

本书既可作为高等院校本、专科计算机相关的程序设计课程教材，也可作为 iOS 技术提升的培训教材，适合有一定 iOS 开发基础的读者使用。

◆ 编　著　传智播客高教产品研发部
　　责任编辑　范博涛
　　责任印制　杨林杰
◆ 人民邮电出版社出版发行　北京市丰台区成寿寺路11号
　　邮编　100164　电子邮件　315@ptpress.com.cn
　　网址　http://www.ptpress.com.cn
　　三河市海波印务有限公司印刷
◆ 开本：787×1092　1/16
　　印张：23.5　　　　　　2016年2月第1版
　　字数：607千字　　　　2017年2月河北第2次印刷

定价：49.80元

读者服务热线：(010)81055256　印装质量热线：(010)81055316
反盗版热线：(010)81055315
广告经营许可证：京东工商广字第 8052 号

序言

为什么出这本书

现如今,随着互联网时代的发展步伐和技术的更新速度不断加快,企业对互联网人才的要求越来越高。然而,目前高校的 IT 教育教材更新速度相对缓慢,课程相对滞后,导致学生所学不能满足企业应用所需。

如何解决现状

传智播客作为一家专业的 IT 培训机构,一直将"改变中国的 IT 教育"作为自己的事业,并为此拼搏了 10 年。在这 10 年期间,传智播客默默耕耘。10 年的沉淀让传智播客拥有了系统完善的 IT 培训课程体系,毫不夸张地说,传智播客已经为 IT 学子开辟了一条全新的求知之路。

通过对中国 IT 教育和大学生现状的深刻分析,传智播客不断与先进的企业进行对接,对教材及教学方案不断更新,有针对性地出版了计算机书籍 30 多种、教学视频数十套、发表各类技术文章数百篇,直接培养的软件工程师就有 10 万多名,被传智播客公开的免费学习视频(网址 http://yx.boxuegu.com)影响的学生更是多达数百万人。

传智播客投入巨额资金,用于为高校师生提供以下服务。

针对高校教师的服务

(1)为方便老师教学,缩短教师的备课时间,减轻教师的教学压力,有效提高教学质量,传智播客基于 10 年的教育培训经验,精心设计了:

"教案+授课资源+考试系统+题库+教辅案例" IT 系列教学应用课程包

微信扫一扫

申领资源

(2)本书配备由传智播客一线讲师录制的教学视频(网址 http://yx.boxuegu.com),按本书知识结构体系匹配,教师可用于备课参考,也可作为教学资源使用。

针对学习者的服务

本书配套源代码的获取方法:添加播妞 QQ 号 208695827 或微信号 208695827

注意! 播妞会随时发放"助学金红包"。

Objective-C方向

初级

C语言程序设计教程
- 数据类型 运算 函数 循环 数组 字符串
- 指针 结构体 枚举 预编译 内存分配

Objective-C入门教程
- 面向对象 点语法 属性 Category Protocol 扩展
- 代理 文件操作 MRC ARC Foundation框架

中级

iOS开发项目化入门教程
- UI 表视图 多视图控制器管理 数据存储
- 设计模式和机制 事件 手势识别 核心动画

iOS开发项目化经典教程
- 多线程 网络编程 iPad开发 多媒体 硬件 国际化
- Address Book 地图开发 推送机制 内购 广告
- 指纹识别 屏幕适配 二维码扫描

高级

核心技术
- 社交分享 静态库 XMPP即时通讯 支付宝 第三方存储技术 人脸识别

实战项目
- 捕鱼达人 微信打飞机 微信聊天 保卫萝卜 拳皇横版过关 网易彩票 AppWatch开发 QQ空间 QQ播放器 生活圈 ……

Swift方向

Swift项目化开发基础教程
- 关键字 标识符 常量 变量 基本数据类型 元组类型
- 区间运算符 Optional可选类型 控制流 字符串
- 集合 函数 闭包 枚举 面向对象编程 扩展 协议
- 内存管理 泛型 错误处理机制 访问控制 命名空间
- 高级运算符 Swift和OC项目的相互迁移
- 综合项目——2048游戏

涵盖了对C、OC的对比加深Swift基础学习

基于Swift语言的iOS App商业实战教程

功能模块：
- 第三方接口文档的使用 项目启动信息设置 用户账号
- 项目界面搭建 登陆授权 访客视图 欢迎界面 新特性
- 微博发布 真机调试 显示转发微博 数据缓存与清理

知识点：
- UI开发 表视图 多视图控制器管理 设计模式 自动布局
- 事件和手势识别 网络（框架） 多线程 SnapKit框架

通过借助新浪平台，开发了一个完整的微博项目。帮助大家掌握iOS项目的真实开发过程。

前言

iOS 开发并不是三言两语就可以介绍清楚的一门技术，本书作为《iOS 开发项目化入门教程》的延续，依然站在真实开发的角度，深入全面讲解 iOS 开发中的经典知识，包括网络编程、多线程编程、iPad 开发、音频、视频、相机图库、二维码、传感器、陀螺仪、加速器、Address Book 开发、推送机制、内购、指纹识别、广告、地图开发、屏幕适配、国际化等。可以毫不夸张地说，本书中的所有知识点，都是实际开发中经常用到的，但其中某些知识点，在其他教材中很难被覆盖到。

另外，本书仍然采用"项目驱动"的方式对知识点进行详细阐述，翻阅本书，你会发现，几乎每个知识点都可以找到对应的项目。读者只要亲自实践本书中的案例，便可以轻松拿高薪。

本书共分为 10 章，接下来分别进行简单的介绍，具体如下。

● 第 1 章主要介绍了多线程的相关知识。通过本章的学习，读者应该掌握多线程的几种实现技术，并且要学会使用已封装的第三方框架。

● 第 2 章主要讲解了网络编程方面的知识，包括原生网络框架 NSURLConnction 的使用；并结合 Web 视图加载百度网页，介绍了数据的两种解析方式。最后还针对目前公司常用的第三方框架进行了详细讲解。

● 第 3 章讲解了 iPad 开发的 API，主要是针对 iPad 开发特有的类 UIPopoverController 与 UISplitViewController 进行详细讲解，希望读者可以通过学习两个类，熟练 iPad 开发技术。

● 第 4 章首先介绍了各种多媒体的应用，包括录制音频、播放音频音效、播放在线音乐、使用相机和图库、播放视频，以及扫描二维码等。然后介绍了各种传感器，包括距离传感器、陀螺仪、加速计，以及基于传感器的应用，包括摇一摇、计步器等。最后介绍了如何使用蓝牙。本章的内容实用性很强，大家应多加练习，熟练使用本章介绍的各种实用技术。

● 第 5 章分别介绍了在 iOS 7、iOS 8、iOS 9 系统下管理联系人的框架，并运用一个案例给大家介绍了使用 UIApplication 打电话和发短信的方法，大家在实际开发中可根据项目需要选择合适的框架。

● 第 6 章介绍了使用 MapKit 框架开发地图服务的方法，包括根据地址定位、MapKit 框架、iOS 7 新增的 MK Directions 等。最后，本书还开发了一个第三方地图——百度地图，帮助大家熟练运用 MapKit 开发地图服务。

● 第 7 章讲解了 3 种推送机制，包括本地通知、远程推送和极光推送，由于这三种推送技术实用性很强，本书对 3 种推送的原理都进行了剖析，并且还通过案例演示如何推送，希望大家可以认真学习。

● 第 8 章首先介绍了在 App Store 平台上盈利的 3 种方式：付费应用、内购和广告，最后介绍了 iOS 8 中开发的指纹识别功能。本章内容都是很实用的技术，希望大家能够掌握和熟悉。

● 第 9 章首先介绍了 iOS 开发中使用的 3 种屏幕适配技术，分别是 Autoresizing、Auto Layout 和 Size Class，最后介绍了第三方框架 Masonry，这些技术都是实际开发中经常会用到的，希望读者务必掌握。

● 第 10 章概述了国际化的思想及相关知识，国际化是让我们的应用走出国门的必需技能，希望大家也可以熟练掌握。

在上面所提到的 10 章中，每一章都是 iOS 开发必备的实用技术。在学习过程中，读者一定要亲自实践教材中的案例代码。如果不能完全理解书中所讲知识，读者可以登录博学谷平台，通过平台中的教学视频进行深入学习。学习完一个知识点后，要及时在博学谷平台上进行测试，以巩固学习内容。另外，如果读者在理解知识点的过程中遇到困难，建议不要纠结于某一处，可以先往后学习。通常来讲，看到后文对知识点的讲解或者其他小节的内容后，前文中看不懂的知识点一般就能理解了。如果读者在动手练习的过程中遇到问题，建议多思考，理清思路，认真分析问题发生的原因，并在问题解决后多总结。

致谢

本教材的编写和整理工作由传智播客教育科技有限公司高教产品研发部完成，主要参与人员有吕春林、高美云、刘传梅、王晓娟、郭敬楠、李伟、赵晓虎、牛亮亮、谷丰硕、韩旭等，全体人员在近一年的编写过程中付出了很多辛勤的汗水。除此之外，还有传智播客 600 多名学员也参与到了教材的试读工作中，他们站在初学者的角度对教材编写提供了许多宝贵的修改意见，在此一并表示衷心的感谢。

意见反馈

尽管我们尽了最大的努力，但教材中难免会有不妥之处，欢迎各界专家和读者朋友们给予宝贵意见，我们将不胜感激。在阅读本书时，如发现任何问题或有不认同之处可以通过电子邮件与我们取得联系。我们的邮箱是 itcast_book@vip.sina.com。

传智播客教育科技有限公司　高教产品研发部

2015-10-1 于北京

目录

CONTENTS

第 1 章 多线程编程 ... 1

1.1 多线程概念 ... 1
- 1.1.1 多线程概述 ... 1
- 1.1.2 线程的串行和并行 ... 4
- 1.1.3 多线程技术种类 ... 5

1.2 使用 NSThread 实现多线程 ... 5
- 1.2.1 线程的创建和启动 ... 5
- 1.2.2 线程的状态 ... 9
- 1.2.3 线程间的安全隐患 ... 11
- 1.2.4 线程间的通信 ... 15

1.3 使用 GCD 实现多线程 ... 17
- 1.3.1 GCD 简介 ... 17
- 1.3.2 创建队列 ... 19
- 1.3.3 提交任务 ... 20
- 1.3.4 实战演练——使用 GCD 下载图片 ... 30
- 1.3.5 单次或重复执行任务 ... 32
- 1.3.6 调度队列组 ... 34

1.4 NSOperation 和 NSOperationQueue ... 37
- 1.4.1 NSOperation 简介 ... 37
- 1.4.2 NSOperationQueue 简介 ... 39
- 1.4.3 使用 NSOperation 子类操作 ... 42
- 1.4.4 实战演练——自定义 NSOperation 子类下载图片 ... 44
- 1.4.5 实战演练——对 NSOperation 操作设置依赖关系 ... 47
- 1.4.6 实战演练——模拟暂停和继续操作 ... 48

1.5 本章小结 ... 50

第 2 章 网络编程 ... 51

2.1 网络基本概念 ... 51
- 2.1.1 网络编程的原理 ... 51
- 2.1.2 URL 介绍 ... 52
- 2.1.3 TCP/IP 和 TCP、UDP ... 53
- 2.1.4 Socket 介绍 ... 55
- 2.1.5 实战演练——Socket 聊天 ... 57

2.2 原生网络框架 NSURLConnection ... 62
- 2.2.1 NSURLRequest 类 ... 62

2.2.2 NSURLConnection 介绍 63
　　2.2.3 Web 视图 65
　　2.2.4 实战演练——Web 视图加载百度
　　　　 页面 67
2.3 数据解析 70
　　2.3.1 配置 Apache 服务器 70
　　2.3.2 XML 文档结构 74
　　2.3.3 解析 XML 文档 75
　　2.3.4 实战演练——使用 NSXMLParser 解析
　　　　 XML 文档 75
　　2.3.5 JSON 文档结构 87
　　2.3.6 解析 JSON 文档 88
　　2.3.7 实战演练——使用 NSJSONSerialization
　　　　 解析天气预报 89
2.4 HTTP 请求 91
　　2.4.1 HTTP 和 HTTPS 92
　　2.4.2 GET 和 POST 方法 92
　　2.4.3 实战演练——模拟 POST 用户
　　　　 登录 94
　　2.4.4 数据安全——MD5 算法 98
　　2.4.5 钥匙串访问 101
　　2.4.6 实战演练——模拟用户安全登录 101
2.5 文件的上传与下载 109
　　2.5.1 上传文件的原理 109
　　2.5.2 实战演练——上传单个文件 112
　　2.5.3 实战演练——上传多个文件 115
　　2.5.4 NSURLConnection 下载 118
　　2.5.5 NSURLSession 介绍 121
　　2.5.6 实战演练——使用 NSURLSession
　　　　 实现下载功能 123
2.6 第三方框架 127
　　2.6.1 SDWebImage 介绍 127
　　2.6.2 AFNetworking 和 ASIHTTPRequest
　　　　 框架 131
2.7 本章小结 133

第 3 章　iPad 开发 135

3.1 iPhone 和 iPad 开发的异同 135
3.2 UIPopoverController 137

3.2.1 UIPopoverController 简介 137
3.2.2 UIPopoverController 的使用 139
3.2.3 实战演练——弹出 Popover
　　 视图 142
3.3 UISplitViewController 154
　　3.3.1 UISplitViewController 简介 154
　　3.3.2 UISplitViewController 的使用 156
　　3.3.3 实战演练——菜谱 158
3.4 本章小结 172

第 4 章　多媒体和硬件 173

4.1 使用 AVAudioRecorder 录制音频 173
4.2 音效、音频的播放 176
　　4.2.1 使用系统声音服务播放音效 176
　　4.2.2 使用 AVAudioPlayer 播放音乐 ... 177
　　4.2.3 使用 MPMediaPickerController 选择
　　　　 系统音乐 180
　　4.2.4 播放在线音乐 182
　　4.2.5 实战演练——音乐播放器 185
4.3 相机和图库 193
　　4.3.1 使用 UIImagePickerController 操作
　　　　 摄像头和照片库 193
　　4.3.2 实战演练——拍照和相片库 196
4.4 使用 MPMoviePlayerController 播放
　　 视频 199
4.5 扫描二维码 203
4.6 传感器、陀螺仪、加速计 206
　　4.6.1 传感器介绍 206
　　4.6.2 距离传感器 206
　　4.6.3 陀螺仪介绍 207
　　4.6.4 加速计 210
　　4.6.5 实战演练——计步器 213
4.7 蓝牙 215
4.8 本章小结 219

第 5 章　Address Book 220

5.1 iOS 7 及 iOS 8 的联系人管理
　　 框架 220

5.1.1 使用 Address Book 框架管理联系人 220
5.1.2 使用 Address BookUI 框架管理联系人 225
5.2 实战演练——使用 UIApplication 打电话和发短信 229
5.3 iOS 9 中管理联系人的新框架 236
5.3.1 使用 Contacts 框架管理联系人 236
5.3.2 使用 ContactsUI 框架管理联系人 240
5.4 本章小结 243

第 6 章 使用 MapKit 开发地图服务 ... 244

6.1 根据地址定位 244
6.1.1 根据地址定位 245
6.1.2 正向地理编码和反向地理编码 249
6.2 MapKit 框架 251
6.2.1 MKMapView 控件 251
6.2.2 指定地图显示中心和显示区域 253
6.2.3 使用 iOS 7 新增的 MKMapCamera 255
6.3 在地图上添加锚点 257
6.3.1 添加简单的锚点 257
6.3.2 添加自定义锚点 259
6.4 使用 iOS 7 新增的 MKTileOverlay 覆盖层 262
6.5 使用 iOS 7 新增的 MKDirections 获取导航路线 264
6.6 实战演练——行车导航仪 268
6.7 第三方使用——百度地图 272
6.8 本章小结 278

第 7 章 推送机制 279

7.1 推送机制概述 279
7.2 iOS 本地通知 281
7.3 实战演练——闹钟 283
7.4 iOS 远程推送通知 291
7.5 极光推送 297
7.6 本章小结 302

第 8 章 内购、广告和指纹识别 303

8.1 内购 303
8.1.1 在 App Store 上的准备工作 304
8.1.2 实现内购功能 318
8.2 广告 321
8.3 指纹识别 323
8.4 本章小结 327

第 9 章 屏幕适配 328

9.1 屏幕适配历史背景介绍 328
9.2 Autoresizing 330
9.2.1 在 Interface Builder 中使用 Autoresizing 330
9.2.2 在代码中设置 AutoresizingMask 属性 333
9.3 Auto Layout 336
9.3.1 在 Interface Builder 中管理 Auto Layout 336
9.3.2 实战演练——使用 Auto Layout 布局界面 338
9.4 Size Class 343
9.4.1 在 Interface Builder 中使用 Size Class 343
9.4.2 实战演练——使用 Size Class 布局 QQ 登录界面 345
9.5 第三方框架——Masonry 框架 347
9.5.1 Masonry 框架介绍 347
9.5.2 Masonry 框架的使用 349
9.6 本章小结 352

第 10 章 国际化 353

10.1 概述 353
10.2 国际化应用程序显示名称 355
10.3 国际化界面设计 359
10.4 文本信息国际化 361
10.5 程序内部切换语言 363
10.6 本章小结 365

第 1 章 多线程编程

学习目标

- 理解多线程的概念
- 了解实现多线程的 4 种方式
- 掌握线程间的安全和通信
- 掌握 GCD 的基本操作
- 掌握 NSOperation 的基本操作

应用程序在运行时经常要同时处理多项任务，如一个音乐应用，在播放音乐的同时，用户还可以不停地下载歌曲、搜索歌曲等。也就是说，音乐应用同时进行着播放音乐、下载音乐和接受用户响应等多项任务。系统使用线程对任务进行处理，一条线程同一时间只能处理一个任务。多个任务同时执行就需要多条线程。iOS 平台对多线程提供了非常优秀的支持，本章将针对 iOS 系统中的多线程编程进行详细的讲解。

1.1 多线程概念

由于一条线程同一时间只能处理一个任务，所以一个线程里的任务必须顺序执行。如果遇到耗时操作（如网络通信、耗时运算、音乐播放等），等上一个操作完成再执行下一个任务，则在此时间内用户得不到任何响应，这是很糟糕的用户体验。因此在 iOS 编程中，通常将耗时操作单独放在一个线程里，而把与用户交互的操作放在主线程里，保证应用及时响应用户的操作，提高用户体验。接下来，将围绕多线程技术进行详细讲解。

1.1.1 多线程概述

多线程是指从软件或者硬件上实现多个线程并发执行的技术。多线程技术使得计算机能够在同一时间执行多个线程，从而提升其整体处理性能。

想要了解多线程，必须先理解进程和线程的概念。当一个程序进入到内存运行时，就会变成一个进程，所以这个"运行中的程序"就是一个进程，它拥有着自己的地址空间。

每个程序都对应着一个进程，并且进程具有一定的独立功能。打开 Mac 的活动监测器，可以看到当前系统执行的进程，如图 1-1 所示。

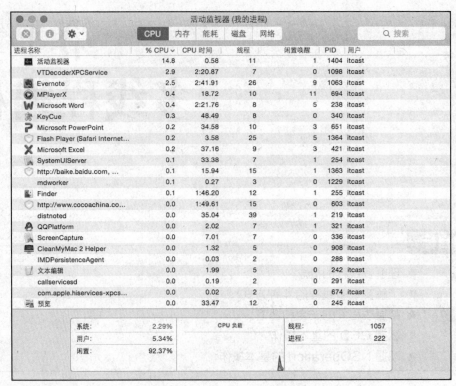

图 1-1　Mac 系统当前的进程

由图 1-1 可知，该窗口第 1 列显示的是"进程名称"，该列的每个应用程序就是一个单独的进程。第 4 列显示的是当前进程拥有的线程数量，而且不止一条。

进程作为系统进行分配和调度的一个独立单位，它主要包含以下 3 个主要特征。

（1）独立性

进程是一个能够独立运行的基本单位，它既拥有自己独立的资源，又拥有着自己私有的地址空间。在没有经过进程本身允许的情况下，一个用户的进程是不可以直接访问其他进程的地址空间的。

（2）动态性

进程的实质是程序在系统中的一次执行过程，程序只是一个静态的指令集合，而进程是一个正在系统中活动的指令集合。在进程中加入了时间的概念，它就具有自己的生命周期和各自不同的状态，进程是动态消亡的。

（3）并发性

多个进程可以在单个处理器中同时执行，而不会相互影响，并发就是同时进行的意思。

需要注意的是，CPU 在某一个时间点只能执行一个程序，即只能运行一个单独的进程，CPU 会不断地在这些进程之间轮换执行。假如 Mac 同时运行着 QQ、music、PPT、film 4 个程序，它们在 CPU 中所对应的进程如图 1-2 所示。

图 1-2 展示了 CPU 在多个进程间切换执行的效果，由于 CPU 的执行速度相对人的感觉而言太快，造成了多个程序同时运行的假象。如果启动了足够多个程序，CPU 就会在这么多个程序间切换，这时用户会明显感觉到程序的运行速度下降。

多线程扩展了多进程的概念，使得同一个进程可以同时并发处理多个任务。一个程序的运行至少要有一个线程，一个进程要想执行任务，必须依靠至少一个线程，这个线程就被称作主线程。线程是进程的基本执行单元,对于大多数应用程序而言,通常只有一个主线程。

当进程被初始化之后,主线程就被创建了,主线程是其他线程最终的父线程,所有界面的显示操作必须在主线程进行。开发者可以创建多个子线程,每条线程之间是相互独立的。假如 QQ 进程中有 3 个线程,分别用来处理数据发送、数据显示、数据接收,则它们在进程中的关系如图 1-3 所示。

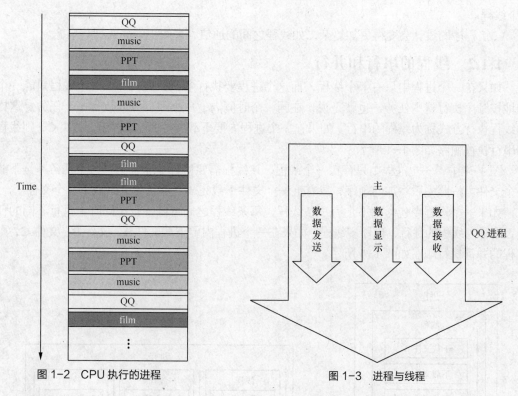

图 1-2　CPU 执行的进程　　　　　图 1-3　进程与线程

由图 1-3 可知,一个进程必定有一个主线程,每个线程之间是独立运行的,因此,线程的执行是抢占式的,只有当前的线程被挂起,另一个线程才可以运行。

一个进程中包含若干个线程,这些线程可以利用进程所拥有的资源。通常都是把进程作为分配资源的基本单位,把线程作为独立运行和独立调度的基本单位。由于线程比进程更小,基本上不拥有系统资源,因此对它进行调度所付出的开销就会小得多,能更高效地提高系统内多个程序间并发执行的程度。

当操作系统创建一个进程的时候,必须为进程分配独立的内存空间,并且分配大量的相关资源。但是创建一个线程则要简单得多,因此使用多线程实现并发要比使用多进程性能高很多。总体而言,使用多线程编程有以下优势。

(1)进程间不能共享内存,但是线程之间共享内存是非常容易的。

(2)当硬件处理器的数量有所增加时,程序运行的速度更快,无需做其他任何调整。

(3)充分发挥多核处理器的优势,将不同的任务分配给不同的处理器,真正进入"并行运算"的状态。

(4)将耗时、轮询或者并发需求高的任务分配到其他线程执行,而主线程则负责统一更新界面,这样使得应用程序更加流畅,用户的体验更好。

凡事有利必有弊,多线程既有着一定的优势,同样也有着一定的劣势。如何扬长避短,这是开发者需要注意的问题。多线程的劣势包括以下 3 方面。

（1）开启线程需要占用一定的内存空间（默认情况下，主线程最大占用 1M 的栈区空间，子线程最大占用 512K 的栈区空间），如果要开启大量的线程，势必会占用大量的内存空间，从而降低程序的性能。

（2）开启的线程越多，CPU 在调度线程上的开销就会越大，一般最好不要同时开启超过 5 个线程。

（3）程序的设计会变得更加复杂，如线程之间的通信、多线程间的数据共享等。

1.1.2 线程的串行和并行

如果在一个进程中只有一个线程，而这个进程要执行多个任务，那么这个线程只能一个一个地按顺序执行这些任务，也就是说，在同一个时间内，一个线程只能执行一个任务，这样的线程执行方式称为线程的串行。如果在一个进程内要下载文件 A、文件 B、文件 C，则线程的串行执行顺序如图 1-4 所示。

图 1-4 中，一个进程中只存在一个线程，该线程需要执行 3 个任务，每个任务都是下载一个文件。按照先后添加的顺序，只有上一个文件下载完成之后，才会下载下一个文件。

如果一个进程中包含的不止有一条线程，每条线程之间可以并行（同时）执行不同的任务，则称为线程的并行，也称多线程。如果在一个进程内要下载文件 A、文件 B、文件 C，则线程的并行执行顺序如图 1-5 所示。

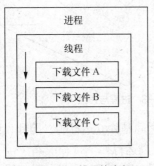

图 1-4 线程的串行

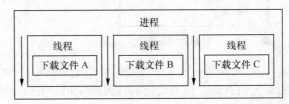

图 1-5 线程的并行

图 1-5 中，一个进程拥有 3 个线程，每个线程执行 1 个任务，3 个下载任务没有先后顺序，可以同时执行。

同一时间，CPU 只能处理一个线程，也就是只有一个线程在工作。由于 CPU 快速地在多个线程之间调度，人眼无法感觉到，就造成了多线程并发执行的假象，多线程原理图如图 1-6 所示。

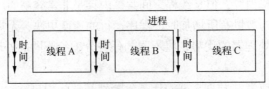

图 1-6 多线程的原理

由图 1-6 可知，一个进程拥有 3 个线程，分别为线程 A、线程 B、线程 C。某一时刻，

CPU 执行线程 A 为一个小箭头的时间，之后又切换到线程 B、线程 C，依次类推，这样就形成了多条线程并发执行的效果。

1.1.3　多线程技术种类

iOS 提供了 4 种实现多线程的技术，这些技术各有侧重，既有着一定的优势，也存在着各自的不足，开发者可根据自己的实际情况选择。接下来，通过一张图来描述这 4 种技术方案，如图 1-7 所示。

技术方案	简介	语言	线程生命周期	使用频率
pthread	■ 一套通用的多线程API ■ 适用于Unix\Linux\Windows等系统 ■ 跨平台\可移植 ■ 使用难度大	C	程序员管理	几乎不用
NSThread	■ 使用更加面向对象 ■ 可直接操作线程对象	OC	程序员管理	偶尔使用
GCD	■ 旨在替代NSThread等线程技术 ■ 充分利用设备的多核	C	自动管理	经常使用
NSOperation	■ 基于GCD（底层是GCD） ■ 比GCD多了一些更简单实用的功能 ■ 使用更加面向对象	OC	自动管理	经常使用

图 1-7　多线程技术方案

从图 1-7 中可以看出，pthread 可以实现跨平台多个系统的开发，但是它通过 C 语言操作，使用难度很大，所以一般不被程序员采用。NSThread 是面向对象操作的，通过 OC 语言来执行操作，但是操作步骤繁多，不易控制，也只是偶尔使用。但是，NSThread 的内容有助于初学者理解多线程的本质和实现原理，后面会针对它进行详细的介绍。GCD 充分利用了设备的多核优势，用于替代 NSThread 技术。NSOperation 基于 GCD，更加面向对象。GCD 和 NSOperation 都是自动管理线程的，在实际开发中更受开发者推崇。后面的小节也会对 GCD 和 NSOperation 进行详细的介绍。

1.2　使用 NSThread 实现多线程

前面已经简单介绍过，NSThread 类是实现多线程的一种方案，也是实现多线程的最简单方式。本节将针对 NSThread 相关的内容进行详细的介绍。

1.2.1　线程的创建和启动

在 iOS 开发中，通过创建一个 NSThread 类的实例作为一个线程，一个线程就是一个 NSThread 对象。要想使用 NSThread 类创建线程，有 3 种方法，具体如下所示：

// 1.创建新的线程
- (instancetype)initWithTarget:(id)target selector:(SEL)selector object:(id)argument
// 2.创建线程后自动启动线程
+ (void)detachNewThreadSelector:(SEL)selector toTarget:(id)target

```
withObject:(id)argument;
// 3.隐式创建线程
- (void)performSelectorInBackground:(SEL)aSelector withObject:(id)arg;
```

在上述代码中，这 3 种方法都是将 target 对象或者其所在对象的 selector 方法转化为线程的执行者。其中，selector 方法最多可以接收一个参数，而 object 后面对应的就是它接收的参数。

这 3 种方法中，第 1 种方法是对象方法，返回一个 NSThread 对象，并可以对该对象进行详细的设置，必须通过调用 start 方法来启动线程；第 2 种方法是类方法，创建对象成功之后就会直接启动线程，前两个方法没有本质的区别；第 3 种创建方式属于隐式创建，主要在后台创建线程。

除了以上 3 种方法，NSThread 类还提供了两个方法用于获取当前线程和主线程，具体的定义格式如下：

```
// 获取当前线程
+ (NSThread *)currentThread;
// 获得主线程
+ (NSThread *)mainThread;
```

为了大家能够更好地理解，接下来通过一个示例讲解如何运用以上 3 种方法创建并启动线程，具体步骤如下所示。

（1）新建一个 Single View Application 应用，名称为 01-NSThreadDemo。

（2）进入 Main.StoryBoard，从对象库添加一个 Button 和一个 Text View。其中，Button 用于响应用户单击事件，而 Text View 用于测试线程的阻塞，设计好的界面如图 1-8 所示。

图 1-8　设计完成的界面

（3）将 StoryBoard 上面的 Button 通过拖曳的方式，在 ViewController.m 中进行声明以响应 btnClick:消息。通过 3 种创建线程的方法创建线程，这 3 种方法分别被封装在 threadCreate1、threadCreate2、threadCreate3 三个方法中，之后依次在 btnClick:中被调用，代码如例 1-1 所示。

【例 1-1】ViewController.m

```
1   #import "ViewController.h"
2   @interface ViewController ()
3   // 按钮被单击
4   - (IBAction)btnClick:(id)sender;
5   @end
6   @implementation ViewController
7   - (IBAction)btnClick:(UIButton *)sender {
8       // 获取当前线程
9       NSThread *current = [NSThread currentThread];
10      NSLog(@"btnClick--%@--current", current);
11      // 获取主线程
12      NSThread *main = [NSThread mainThread];
13      NSLog(@"btnClick--%@--main", main);
14      [self threadCreate1];
15  }
16  - (void)run:(NSString *)param
17  {
18      // 获取当前线程
19      NSThread *current = [NSThread currentThread];
20      for (int i = 0; i<10; i++) {
21          NSLog(@"%@----run---%@", current, param);
22      }
23  }
24  // 第 1 种创建方式
25  - (void)threadCreate1{
26      NSThread *threadA = [[NSThread alloc] initWithTarget:self
27      selector:@selector(run:) object:@"哈哈"];
28      threadA.name = @"线程 A";
29      // 开启线程 A
30      [threadA start];
31      NSThread *threadB = [[NSThread alloc] initWithTarget:self
32      selector:@selector(run:) object:@"哈哈"];
33      threadB.name = @"线程 B";
34      // 开启线程 B
35      [threadB start];
36  }
37  // 第 2 种创建方式
```

```
38    - (void)threadCreate2{
39        [NSThread detachNewThreadSelector:@selector(run:)
40        toTarget:self withObject:@"我是参数"];
41    }
42    //隐式创建线程且启动，在后台线程中执行，也就是在子线程中执行
43    - (void)threadCreate3{
44        [self performSelectorInBackground:@selector(run:) withObject:@"参数 3"];
45    }
46    // 测试阻塞线程
47    - (void)test{
48        NSLog(@"%@",[NSThread currentThread]);
49        for (int i = 0; i<10000; i++) {
50            NSLog(@"---------%d", i);
51        }
52    }
53    @end
```

在例 1-1 中，第 14 行代码调用了 threadCreate1 方法，选择第 1 种方式创建并启动线程。第 25～36 行代码创建了 threadA 和 threadB 两条线程，并调用 start 方法开启了线程。线程一旦启动，就会在线程 thread 中执行 self 的 run:方法，并且将文字"哈哈"作为参数传递给 run:方法。程序的运行结果如图 1-9 所示。

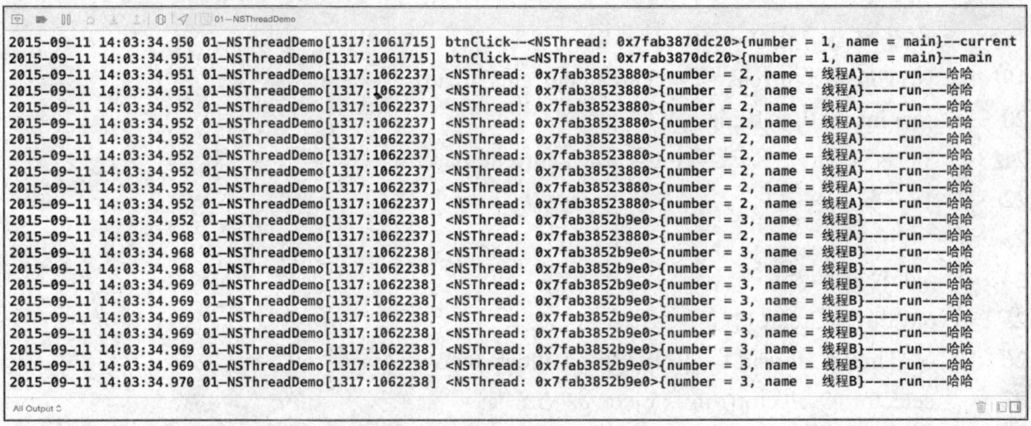

图 1-9 第 1 种方式的运行结果

从图 1-9 中可以看出，主线程的 number 值为 1，且 btnClick 操作的当前线程的 number 值也为 1，说明按钮单击事件被系统自动放在主线程中。然后可以看到线程 A 和线程 B 并发执行的效果，它们的 number 值分别为 2 和 3，属于不同子线程。

（4）修改第 14 行代码为 "[self threadCreate2];"，选择第 2 种方式。第 38～41 行代码创建了一个线程，线程一旦启动，就会在线程 thread 中执行 self 的 run:方法，并且将文字"我是参数"作为参数传递给 run:方法，程序的运行结果如图 1-10 所示。

从图 1-10 中可以看出，创建了一个 number 值为 2 的子线程，并且 run:方法获取到了"我是参数"这个参数。

```
2015-09-11 14:07:09.386 01-NSThreadDemo[1343:1087078] btnClick--<NSThread: 0x7fae7a713450>{number = 1, name = main}--current
2015-09-11 14:07:09.387 01-NSThreadDemo[1343:1087078] btnClick--<NSThread: 0x7fae7a713450>{number = 1, name = main}--main
2015-09-11 14:07:09.387 01-NSThreadDemo[1343:1087545] <NSThread: 0x7fae7a60e490>{number = 2, name = (null)}----run---我是参数
2015-09-11 14:07:09.388 01-NSThreadDemo[1343:1087545] <NSThread: 0x7fae7a60e490>{number = 2, name = (null)}----run---我是参数
2015-09-11 14:07:09.388 01-NSThreadDemo[1343:1087545] <NSThread: 0x7fae7a60e490>{number = 2, name = (null)}----run---我是参数
2015-09-11 14:07:09.388 01-NSThreadDemo[1343:1087545] <NSThread: 0x7fae7a60e490>{number = 2, name = (null)}----run---我是参数
2015-09-11 14:07:09.388 01-NSThreadDemo[1343:1087545] <NSThread: 0x7fae7a60e490>{number = 2, name = (null)}----run---我是参数
2015-09-11 14:07:09.388 01-NSThreadDemo[1343:1087545] <NSThread: 0x7fae7a60e490>{number = 2, name = (null)}----run---我是参数
2015-09-11 14:07:09.392 01-NSThreadDemo[1343:1087545] <NSThread: 0x7fae7a60e490>{number = 2, name = (null)}----run---我是参数
2015-09-11 14:07:09.393 01-NSThreadDemo[1343:1087545] <NSThread: 0x7fae7a60e490>{number = 2, name = (null)}----run---我是参数
```

图 1-10 第 2 种方式的运行结果

（5）修改第 14 行代码为 "[self threadCreate3];"，隐式创建一个线程。第 43～45 行代码创建了一个线程，线程一旦启动，就会在线程 thread 中执行 self 的 run:方法，并且将"参数 3"作为参数传递给 run:方法，程序的运行结果如图 1-11 所示。

```
2015-09-11 14:10:27.351 01-NSThreadDemo[1364:1111983] btnClick--<NSThread: 0x7fb1dac14220>{number = 1, name = main}--current
2015-09-11 14:10:27.352 01-NSThreadDemo[1364:1111983] btnClick--<NSThread: 0x7fb1dac14220>{number = 1, name = main}--main
2015-09-11 14:10:27.352 01-NSThreadDemo[1364:1112293] <NSThread: 0x7fb1dae1e6b0>{number = 2, name = (null)}----run---参数3
2015-09-11 14:10:27.353 01-NSThreadDemo[1364:1112293] <NSThread: 0x7fb1dae1e6b0>{number = 2, name = (null)}----run---参数3
2015-09-11 14:10:27.353 01-NSThreadDemo[1364:1112293] <NSThread: 0x7fb1dae1e6b0>{number = 2, name = (null)}----run---参数3
2015-09-11 14:10:27.353 01-NSThreadDemo[1364:1112293] <NSThread: 0x7fb1dae1e6b0>{number = 2, name = (null)}----run---参数3
2015-09-11 14:10:27.353 01-NSThreadDemo[1364:1112293] <NSThread: 0x7fb1dae1e6b0>{number = 2, name = (null)}----run---参数3
2015-09-11 14:10:27.353 01-NSThreadDemo[1364:1112293] <NSThread: 0x7fb1dae1e6b0>{number = 2, name = (null)}----run---参数3
2015-09-11 14:10:27.354 01-NSThreadDemo[1364:1112293] <NSThread: 0x7fb1dae1e6b0>{number = 2, name = (null)}----run---参数3
2015-09-11 14:10:27.354 01-NSThreadDemo[1364:1112293] <NSThread: 0x7fb1dae1e6b0>{number = 2, name = (null)}----run---参数3
2015-09-11 14:10:27.365 01-NSThreadDemo[1364:1112293] <NSThread: 0x7fb1dae1e6b0>{number = 2, name = (null)}----run---参数3
```

图 1-11 第 3 种方式的运行结果

从图 1-11 中可以看出，创建了一个 number 值为 2 的子线程，并且 run:方法获取到了"参数 3"这个参数。

（6）修改第 14 行代码为 "[self test];"，用于测试线程的阻塞情况。重新运行程序，单击按钮后，发现 Debug 输出栏一直在打印输出，说明线程仍被占用。这时，拖曳屏幕中的文本视图，发现该文本视图没有任何响应。待输出栏停止输出的时候，将输出栏的滚动条滑至顶部，程序的运行结果如图 1-12 所示。

```
2015-09-11 14:12:37.442 01-NSThreadDemo[1385:1127674] btnClick--<NSThread: 0x7fc70be133d0>{number = 1, name = main}--current
2015-09-11 14:12:37.442 01-NSThreadDemo[1385:1127674] btnClick--<NSThread: 0x7fc70be133d0>{number = 1, name = main}--main
2015-09-11 14:12:37.443 01-NSThreadDemo[1385:1127674] <NSThread: 0x7fc70be133d0>{number = 1, name = main}
2015-09-11 14:12:37.443 01-NSThreadDemo[1385:1127674] ---------0
2015-09-11 14:12:37.443 01-NSThreadDemo[1385:1127674] ---------1
2015-09-11 14:12:37.443 01-NSThreadDemo[1385:1127674] ---------2
2015-09-11 14:12:37.443 01-NSThreadDemo[1385:1127674] ---------3
2015-09-11 14:12:37.443 01-NSThreadDemo[1385:1127674] ---------4
2015-09-11 14:12:37.443 01-NSThreadDemo[1385:1127674] ---------5
2015-09-11 14:12:37.443 01-NSThreadDemo[1385:1127674] ---------6
2015-09-11 14:12:37.443 01-NSThreadDemo[1385:1127674] ---------7
2015-09-11 14:12:37.443 01-NSThreadDemo[1385:1127674] ---------8
2015-09-11 14:12:37.443 01-NSThreadDemo[1385:1127674] ---------9
2015-09-11 14:12:37.443 01-NSThreadDemo[1385:1127674] ---------10
```

图 1-12 test 阻塞运行结果

从图 1-12 可以看出，test 方法执行时所处的线程为主线程，如果把大量耗时的操作放在主线程当中，就会阻塞主线程，影响主线程的其他操作正常响应。

1.2.2 线程的状态

当线程被创建并启动之后，它既不是一启动就进入了执行状态，也不是一直处于执行状态，即便线程开始运行以后，它也不可能一直占用着 CPU 独自运行。由于 CPU 需要在多

个线程之间进行切换，造成了线程的状态也会在多次运行、就绪之间进行切换，如图 1-13 所示。

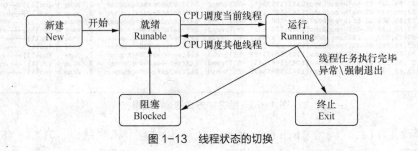

图 1-13　线程状态的切换

由图 1-13 可知，线程主要有 5 个状态，并按照相应的逻辑顺利地在这几个状态中切换。这些状态的具体介绍如下。

1．新建（New）

当程序新建了一个线程之后，该线程就处于新建状态。这时，它和其他对象一样，仅仅是由系统分配了内存，并初始化了其内部成员变量的值，此时的线程没有任何动态特征。

2．就绪（Runable）

当线程对象调用了 start 方法后，该线程就处于就绪状态，系统会为其创建方法调用的栈和程序计数器，处于这种状态中的线程并没有开始运行，只是代表该线程可以运行了，但到底何时开始运行，由系统来进行控制。

3．运行（Running）

当 CPU 调度当前线程的时候，将其他线程挂起，当前线程变成运行状态；当 CPU 调度其他线程的时候，当前线程处于就绪状态。要测试某个线程是否正在运行，可以调用 isExecuting 方法，若返回 YES，则表示该线程处于运行状态。

4．终止（Exit）

当线程遇到以下 3 种情况时，线程会由运行状态切换到终止状态，具体如下。

（1）线程执行方法执行完成，线程正常结束。

（2）线程执行的过程中出现了异常，线程崩溃结束。

（3）直接调用 NSThread 类的 exit 方法来终止当前正在执行的线程。

若要测试某个线程是否结束，可以调用 isFinished 方法判断，若返回 YES，则表示该线程已经终止。

5．阻塞（Blocked）

如果当前正在执行的线程需要暂停一段时间，并进入阻塞状态，可以通过 NSThread 类提供的两个类方法来完成，具体定义格式如下：

```
// 让当前正在执行的线程暂停到 date 参数代表的时间，并且进入阻塞状态
+ (void)sleepUntilDate:(NSDate *)date;
// 让正在执行的线程暂停 ti 秒，并且进入阻塞状态。
+ (void)sleepForTimeInterval:(NSTimeInterval)ti;
```

需要注意的是，当线程进入阻塞状态之后，在其睡眠的时间内，该线程不会获得执行的机会，即便系统中没有其他可执行的线程，处于阻塞状态的线程也不会执行。

1.2.3 线程间的安全隐患

进程中的一块资源可能会被多个线程共享,也就是多个线程可能会访问同一块资源,这里的资源包括对象、变量、文件等。当多个线程同时访问同一块资源时,会造成资源抢夺,很容易引发数据错乱和数据安全问题。

这里有一个很经典的卖火车票的例子,假设有 1000 张火车票,同时开启两个窗口执行卖票的动作,每出售一张票后就返回当前的剩余票数,由于两个线程共同抢夺 1000 张的票数资源,容易造成剩余票数混乱,具体如图 1-14 所示。

在图 1-14 所示案例中,两个线程同时读取当前票数是 1000,然后线程 1 的卖票窗口 1 售出 1 张票,使票数减 1 变成 999,同时线程 2 也售出 1 张票,使票数减 1 变成 999。结果是售出了 2 张票,但是剩余票数是 999,这就造成了数据的错误。为了解决这个问题,实现数据的安全访问,可以使用线程间加锁。针对加锁前后线程 A 和线程 B 的变化,分别可用图 1-15 和图 1-16 表示。

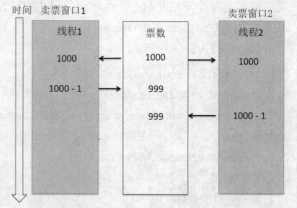

图 1-14 卖火车票案例

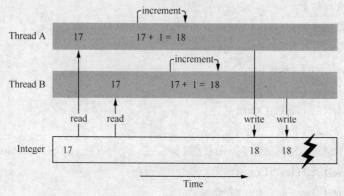

图 1-15 加锁前的示意图

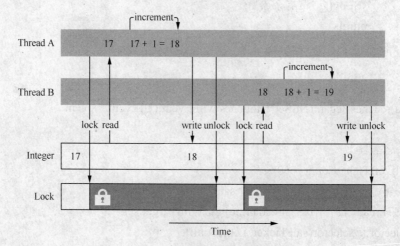

图 1-16 加锁后的示意图

图 1-16 所示是加锁后的示意图，线程中首先对 Thread A 加了一把锁，第一时间段只有 Thread A 能够访问资源。当 Thread A 进行 write 后解锁，这时，Thread B 加了一把锁，第二时间段只有 Thread B 能够访问资源。这样就能够保证在某一个时刻只能有一个线程访问资源，其他线程无法抢夺资源，既保证了线程间的合理秩序，又避免了线程间抢夺资源造成的混乱。

为了大家更好地理解线程安全的问题，这里引入一个卖票的案例，同时设置 3 个窗口卖票，模拟为每个窗口开启一个线程，共同访问票数资源。新建一个 Single View Application 应用，名称为 02-ThreadSafeDemo，具体代码如例 1-2 所示。

【例 1-2】ViewController.m

```
1   #import "ViewController.h"
2   @interface ViewController ()
3   @property (nonatomic, assign) int leftTicketCount; // 剩余票数
4   @end
5   @implementation ViewController
6   // 卖票
7   - (void)saleTickets
8   {
9       while (true) {
10          // 模拟延时
11          [NSThread sleepForTimeInterval:1.0];
12          // 判断是否有票
13          if (self.leftTicketCount > 0) {
14              // 如果有，卖一张
15              self.leftTicketCount--;
16              // 提示余额
17              NSLog(@"%@卖了一张票,剩余%d 张票", [NSThread currentThread].name,
18              self.leftTicketCount);
19          } else { // 如果没有，提示用户
20              NSLog(@"没有余票");
21              return;
22          }
23      }
24  }
25  - (void)touchesBegan:(NSSet *)touches withEvent:(UIEvent *)event
26  {
27      // 总票数
28      self.leftTicketCount = 50;
29      // 创建 3 个线程，启动后执行 saleTickets 方法卖票
30      NSThread *t1 = [[NSThread alloc] initWithTarget:self
31      selector:@selector(saleTickets) object:nil];
32      t1.name = @"1 号窗口";
```

```
33        [t1 start];
34        NSThread *t2 = [[NSThread alloc] initWithTarget:self
35        selector:@selector(saleTickets) object:nil];
36        t2.name = @"2号窗口";
37        [t2 start];
38        NSThread *t3 = [[NSThread alloc] initWithTarget:self
39        selector:@selector(saleTickets) object:nil];
40        t3.name = @"3号窗口";
41        [t3 start];
42     }
43     @end
```

在例 1-2 中，该段代码总共创建了 3 个线程，每个线程都使用 saleTickets 方法来访问同一个资源，并通过 while 循环不断减少票数，然后打印剩余票数。当程序运行成功后，单击模拟器的屏幕，控制台的输入如图 1-17 所示。

```
2015-09-11 16:25:55.083 02- ThreadSafeDemo[1973:1694225] 1号窗口卖了一张票，剩余47张票
2015-09-11 16:25:55.084 02- ThreadSafeDemo[1973:1694225] 1号窗口卖了一张票，剩余46张票
2015-09-11 16:25:55.083 02- ThreadSafeDemo[1973:1694227] 3号窗口卖了一张票，剩余47张票
2015-09-11 16:25:55.084 02- ThreadSafeDemo[1973:1694225] 1号窗口卖了一张票，剩余45张票
2015-09-11 16:25:55.083 02- ThreadSafeDemo[1973:1694226] 2号窗口卖了一张票，剩余44张票
2015-09-11 16:25:55.084 02- ThreadSafeDemo[1973:1694227] 3号窗口卖了一张票，剩余44张票
2015-09-11 16:25:55.084 02- ThreadSafeDemo[1973:1694225] 1号窗口卖了一张票，剩余43张票
2015-09-11 16:25:55.084 02- ThreadSafeDemo[1973:1694226] 2号窗口卖了一张票，剩余42张票
2015-09-11 16:25:55.084 02- ThreadSafeDemo[1973:1694227] 3号窗口卖了一张票，剩余41张票
2015-09-11 16:25:55.084 02- ThreadSafeDemo[1973:1694225] 1号窗口卖了一张票，剩余40张票
```

图 1-17　程序的运行结果

从图 1-17 中可以看出，由于开启了 3 个线程执行并发操作，在同一时刻同时抢夺一个资源 leftTicketCount，造成了剩余票数统计的混乱。

为了解决这个问题，Objective-C 的多线程引入了同步锁的概念，使用@synchronized 关键字来修饰代码块，这个代码块可简称为同步代码块，同步代码块的基本格式如下：

```
@synchronized (obj)
{
    // 插入被修饰的代码块
}
```

在上述语法格式中，obj 就是锁对象，添加了锁对象之后，锁对象就实现了对多线程的监控，保证同一时刻只有一个线程执行，当同步代码块执行完成后，锁对象就会释放对同步监视器的锁定。

需要注意的是，虽然 Objective-C 允许使用任何对象作为同步锁，但是考虑到同步锁存在的意义是阻止多个线程对同一个共享资源的并发访问，因此，同步锁只要一个就可以了。并且同步锁要监视所有线程的整个运行状态，考虑到同步锁的生命周期，通常推荐使用当前的线程所在的控制器作为同步锁。

对例 1-2 中的 saleTickets 方法进行修改，修改后的代码如下：

```objc
1   - (void)saleTickets{
2       while (true) {
3           // 模拟延时
4           [NSThread sleepForTimeInterval:1.0];
5           // 判断是否有票
6           @synchronized(self) {
7               if (self.leftTicketCount > 0) {
8                   // 如果有，卖一张
9                   self.leftTicketCount--;
10                  // 提示余额
11                  NSLog(@"%@卖了一张票, 剩余%d 张票", [NSThread
12                      currentThread].name,
13                      self.leftTicketCount);
14              } else { // 如果没有，提示用户
15                  NSLog(@"没有余票");
16                  return;
17              }
18          }
19      }
20  }
```

在上述代码中，第 6 行代码添加了一个同步锁，它用于将第 7~17 行执行的代码锁住，执行到第 18 行代码解锁。其中，第 4 行代码实现每卖出一张票后让卖票的线程休眠 1 秒。当程序运行成功后，单击模拟器的屏幕，控制台的运行结果如图 1-18 所示。

```
2015-09-11 17:28:21.682 02- ThreadSafeDemo[2087:1993023] 1号窗口卖了一张票, 剩余49张票
2015-09-11 17:28:21.683 02- ThreadSafeDemo[2087:1993025] 3号窗口卖了一张票, 剩余48张票
2015-09-11 17:28:21.683 02- ThreadSafeDemo[2087:1993024] 2号窗口卖了一张票, 剩余47张票
2015-09-11 17:28:22.685 02- ThreadSafeDemo[2087:1993023] 1号窗口卖了一张票, 剩余46张票
2015-09-11 17:28:22.685 02- ThreadSafeDemo[2087:1993024] 2号窗口卖了一张票, 剩余45张票
2015-09-11 17:28:22.685 02- ThreadSafeDemo[2087:1993025] 3号窗口卖了一张票, 剩余44张票
2015-09-11 17:28:23.687 02- ThreadSafeDemo[2087:1993023] 1号窗口卖了一张票, 剩余43张票
2015-09-11 17:28:23.687 02- ThreadSafeDemo[2087:1993024] 2号窗口卖了一张票, 剩余42张票
2015-09-11 17:28:23.688 02- ThreadSafeDemo[2087:1993025] 3号窗口卖了一张票, 剩余41张票
2015-09-11 17:28:24.689 02- ThreadSafeDemo[2087:1993024] 2号窗口卖了一张票, 剩余40张票
```

图 1-18　程序的运行结果

从图 1-18 中可以看出，通过给线程加同步锁，成功地实现了线程的同步运行，也就是说，使多条线程按顺序地执行任务。需要注意的是，同步锁会消耗大量的 CPU 资源，一般的初学者很难把握好性能与功能的平衡，所以在开发中不推荐使用同步锁。

注意：

使用同步锁的时候，要尽量让同步代码块包围的代码范围最小，而且要锁定共享资源的全部读写部分的代码。

1.2.4 线程间的通信

在一个进程中，线程往往不是孤立存在的，多个线程之间要经常进行通信，称为线程间通信。线程间的通信主要体现在，一个线程执行完特定任务后，转到另一个线程去执行任务，在转换任务的同时，将数据也传递给另外一个线程。

NSThread 类提供了两个比较常用的方法，用于实现线程间的通信，这两个方法的定义格式如下：

```
// 在主线程执行方法
- (void)performSelectorOnMainThread:(SEL)aSelector withObject: (id)arg
  waitUntilDone:(BOOL)wait;
// 在子线程中执行方法
- (void)performSelector:(SEL)aSelector onThread:(NSThread *)thr withObject: (id)arg
  waitUntilDone:(BOOL)wait;
```

在上述定义的格式中，第 1 个方法是将指定的方法放在主线程中运行。其中，aSelector 就是在主线程中运行的方法，参数 arg 是当前执行方法所在的线程传递给主线程的参数，参数 waitUntilDone 是一个布尔值，用来指定当前线程是否阻塞，当为 YES 的时候会阻塞当前线程，直到主线程执行完毕后才执行当前线程；当为 NO 的时候，则不阻塞这个线程。第 2 个方法是创建一个子线程，将指定的方法放在子线程中运行。

为了大家更好地理解，接下来，通过一个使用多线程下载网络图片的案例，讲解如何实现线程间的通信，具体步骤如下：

（1）新建一个 Single View Application 应用，名称为 03-ThreadContact。

（2）进入 Main.StoryBoard，从对象库拖曳一个 Image View 到程序界面，用于显示要下载的图片，设置 Mode 的模式为 Center，最后给 Image View 设置一个背景颜色。

（3）通过拖曳的方式，将 Image View 在 viewController.m 文件的类扩展中进行属性的声明。

（4）单击模拟器的屏幕，开始下载图片，并将下载完成的图片显示到 Image View 上，这个过程如图 1-19 所示。

图 1-19 展示了下载图片过程中的执行顺序，程序如果直接在主线程中访问网络数据，由于网络速度的不稳定性，一旦网络传输速度较慢时，容易造成主线程的阻塞，从而导致应用程序失去响应。因此，需要将网络

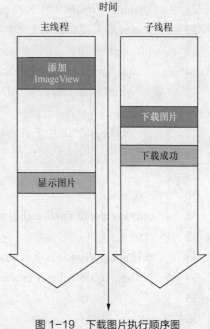

图 1-19 下载图片执行顺序图

下载图片这样耗时的操作放到子线程中，等下载完成后，通知主线程刷新视图，代码如例 1-3 所示。

【例 1-3】ViewController.m

```
1  #import "HMViewController.h"
2  @interface HMViewController ()
```

```objectivec
3      @property (weak, nonatomic) IBOutlet UIImageView *imageView;
4      @end
5      @implementation HMViewController
6      // 单击屏幕
7      - (void)touchesBegan:(NSSet *)touches withEvent:(UIEvent *)event
8      {
9          [self performSelectorInBackground:@selector(download) withObject:nil];
10     }
11     // 下载图片
12     - (void)download
13     {
14         NSLog(@"download---%@", [NSThread currentThread]);
15         // 1.图片地址
16         NSString *urlStr = @"http://www.itcast.cn/images/logo.png";
17         NSURL *url = [NSURL URLWithString:urlStr];
18         // 2.根据地址下载图片的二进制数据(这句代码最耗时)
19         NSData *data = [NSData dataWithContentsOfURL:url];
20         // 3.设置图片
21         UIImage *image = [UIImage imageWithData:data];
22         // 4.回到主线程，刷新 UI 界面(为了线程安全)
23         if(image!=nil){
24             [self performSelectorOnMainThread:@selector(downloadFinished:)
25                 withObject:image waitUntilDone:NO];
26         } else {
27             NSLog(@"图片下载出现错误");
28         }
29     }
30     // 下载完成
31     - (void)downloadFinished:(UIImage *)image
32     {
33         self.imageView.image = image;
34         NSLog(@"downloadFinished---%@", [NSThread currentThread]);
35     }
36     @end
```

在例 1-3 中，第 9 行代码调用 performSelectorInBackground:withObject:方法创建子线程，并指定了 download 方法来下载图片，第 24 行代码调用 performSelectorOnMainThread:withObject:waitUntilDone:来到主线程，在主线程中刷新视图。运行程序，程序运行成功后，单击屏幕，就成功下载了图片，如图 1-20 所示。

同时，控制台的运行结果如图 1-21 所示。

从图 1-21 中可以看出，程序执行的 download 方法是在子线程中执行的，而执行

downloadFinished:方法来刷新界面是在主线程中进行的。

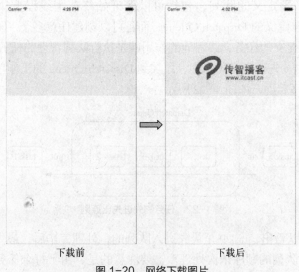

图 1-20 网络下载图片

```
2015-09-15 16:41:10.123 03-ThreadContact[1605:1574280] download---
<NSThread: 0x7fabfbf52750>{number = 2, name = (null)}
2015-09-15 16:41:10.477 03-ThreadContact[1605:1574056] downloadFinished---
<NSThread: 0x7fabfbf13190>{number = 1, name = main}
```

图 1-21 控制台输出结果

1.3 使用 GCD 实现多线程

前面介绍了使用 NSThread 实现多线程编程的方式，不难发现，这种方式实现多线程比较复杂，需要开发者自己控制多线程的同步、多线程的并发，稍不留神，往往就会出现错误，这对于一般的开发者来说是比较困难的。为了简化多线程应用的开发，iOS 提供了 GCD 实现多线程。接下来，本节将针对 GCD 的有关内容进行详细的讲解。

1.3.1 GCD 简介

在众多实现多线程的方案中，GCD 应该是“最有魅力”的，这是因为 GCD 本身就是苹果公司为多核的并行运算提出的解决方案，工作时会自动利用更多的处理器核心。如果要使用 GCD，系统会完全管理线程，开发者无需编写线程代码。

GCD 是 Grand Central Dispatch 的缩写，它是基于 C 语言的。GCD 会负责创建线程和调度需要执行的任务，由系统直接提供线程管理，换句话说就是 GCD 用非常简洁的方法，实现了极为复杂烦琐的多线程编程，这是一项划时代的技术。GCD 有两个核心的概念，分别为队列和任务，针对这两个概念的介绍如下。

1. 队列

Dispatch Queue（队列）是 GCD 的一个重要的概念，它就是一个用来存放任务的集合，负责管理开发者提交的任务。队列的核心理念就是将长期运行的任务拆分成多个工作单元，并将这些单元添加到队列中，系统会代为管理这些队列，并放到多个线程上执行，无需开发者直接启动和管理后台线程。

系统提供了许多预定义的队列，包括可以保证始终在主线程上执行工作的 Dispatch Queue，也可以创建自定义的 Dispatch Queue，而且可以创建任意多个。队列会维护和使用一个线程池来处理用户提交的任务，线程池的作用就是执行队列管理的任务。GCD 的 Dispatch Queue 严格遵循 FIFO（先进先出）原则，添加到 Dispatch Queue 的工作单元将始终按照加入 Dispatch Queue 的顺序启动，如图 1-22 所示。

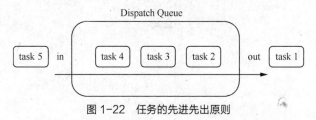

图 1-22　任务的先进先出原则

从图 1-22 中可以看出，task1 是最先进入队列的，处理完毕后，最先从队列中移除，其余的任务则按照进入队列的顺序依次处理。需要注意的是，由于每个任务的执行时间各不相同，先处理的任务不一定先结束。

根据任务执行方式的不同，队列主要分为两种，分别如下。

（1）Serial Dispatch Queue（串行队列）。

串行队列底层的线程池只有一个线程，一次只能执行一个任务，前一个任务执行完成之后，才能够执行下一个任务，示意图如图 1-23 所示。

图 1-23　串行队列

由图 1-23 可知，串行队列只能有一个线程，一旦 task1 添加到该队列后，task1 就会首先执行，其余的任务等待，直到 task1 运行结束后，其余的任务才能依次进入处理。

（2）Concurrent Dispatch Queue（并发队列）。

并行队列底层的线程池提供了多个线程，可以按照 FIFO 的顺序并发启动、执行多个任务，示意图如图 1-24 所示。

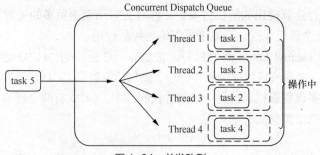

图 1-24　并发队列

由图 1-24 可知，并发队列中有 4 个线程，4 个任务分别分配到任意一个线程后并发执行，这样可以使应用程序的响应性能显著提高。

2. 任务

任务就是用户提交给队列的工作单元，也就是代码块，这些任务会交给维护队列的线程池执行，因此这些任务会以多线程的方式执行。

综上所述，如果开发者要想使用 GCD 实现多线程，仅仅需要两个步骤即可，具体如下：

（1）创建队列；

（2）将任务的代码块提交给队列。

1.3.2 创建队列

要想创建队列，需要获取一个 dispatch_queue_t 类型的对象。为此，iOS 提供了多个创建或者访问队列的函数，大体归纳为 3 种情况，具体介绍如下。

1. 获取全局并发队列（Global Concurrent Dispatch Queue）

全局并发队列可以同时并行地执行多个任务，但并发队列仍然按先进先出的顺序来启动任务。并发队列会在前一个任务完成之前就启动下一个任务并开始执行，它同时执行的任务数量会根据应用和系统动态变化，主要影响因素包括可用核数量、其他进程正在执行的工作数量、其他串行队列中优先任务的数量等。

系统给每个应用提供多个并发的队列，整个应用内全局共享。开发者不需要显式地创建这些队列，只需要使用 dispatch_get_global_queue()函数来获取这些队列，函数定义如下：

```
dispatch_queue_t dispatch_get_global_queue(long identifier, unsigned long flags);
```

在上述代码中，该函数有两个参数，第 2 个参数是供以后使用的，传入 0 即可。第 1 个参数用于指定队列的优先级，包含 4 个宏定义的常量，定义格式如下：

```
#define DISPATCH_QUEUE_PRIORITY_HIGH 2                          // 高
#define DISPATCH_QUEUE_PRIORITY_DEFAULT 0                       // 默认（中）
#define DISPATCH_QUEUE_PRIORITY_LOW (-2)                        // 低
#define DISPATCH_QUEUE_PRIORITY_BACKGROUND INT16_MIN            // 后台
```

由上至下，这些值表示的优先级依次降低，分别表示高、中、低、后台，默认为中。以 DISPATCH_QUEUE_PRIORITY_DEFAULT 举例，获取系统默认的全局并发队列可以通过如下代码完成：

```
dispatch_queue_t queue = dispatch_get_global_queue(DISPATCH_QUEUE_PRIORITY_DEFAULT, 0);
```

2. 创建串行和并行队列（Serial And Concurrent Dispatch Queue）

应用程序的任务如果要按照特定的顺序执行，需要使用串行队列，并且每次只能执行一项任务。尽管应用能够创建任意数量的队列，但不要为了同时执行更多的任务而创建更多的队列。如果需要并发地执行大量的任务，应该把任务提交到全局并发队列。

开发者必须显式地创建和管理所有使用的串行队列，使用 dispatch_queue_create()函数根据指定的字符串创建串行队列，函数定义如下所示：

```
dispatch_queue_t
dispatch_queue_create(const char *label, dispatch_queue_attr_t attr);
```

在上述代码中，该函数有两个参数，第 1 个参数是用来表示队列的字符串，可以选择设置，也可以为 NULL。第 2 个参数用于控制创建的是串行队列还是并发队列，若将参数设置为 "DISPATCH_QUEUE_SERIAL"，则表示串行队列；若将参数设置为 "DISPATCH_QUEUE_CONCURRENT"，则表示并发队列；若设置为 NULL，则默认为串行队列。例如，label 参数的值为 "itcast.queue"，attr 参数的值为 NULL，创建串行队列可以通过如下代码完成：

```
dispatch_queue_t queue = dispatch_queue_create("itcast.queue", NULL);
```

要注意的是，实际应用中，如果要使用并发队列，一般获取全局并发队列即可。

3. 获取主队列（Main Queue）

主队列是 GCD 自带的一个特殊的串行队列，只要是提交给主队列的任务，就会放到主线程中执行。使用 dispatch_get_main_queue() 函数可以获取主队列，函数定义如下：

```
dispatch_queue_t dispatch_get_main_queue(void);
```

在上述代码中，该函数只有一个返回值，而没有参数，获取主线程关联的队列可以通过如下代码完成：

```
dispatch_queue_t queue = dispatch_get_main_queue();
```

1.3.3 提交任务

队列创建完成之后，需要将任务代码块提交给队列。若要向队列提交任务，可通过同步和异步两种方式实现，具体介绍如下。

1. 以同步的方式执行任务

所谓同步执行任务，就是只会在当前线程中执行任务，不具备开启新线程的能力。少数情况下，开发者可能希望同步地调用任务，避免竞争条件或者其他同步错误。通过 dispatch_sync() 和 dispatch_sync_f() 函数能够同步地添加任务到队列，这两个函数会阻塞当前调用线程，直到相应的任务完成执行，这两个函数的定义格式如下：

```
void dispatch_sync(dispatch_queue_t queue, ^(void)block);
void dispatch_sync_f(dispatch_queue_t queue, void *context, dispatch_function_t work);
```

在上述定义格式中，这两个函数都没有返回值，而且第 2 个函数多一个参数，针对它们的介绍如下。

- dispatch_sync() 函数：将代码块以同步的方式提交给指定队列，该队列底层的线程池将负责执行该代码块。其中，第 1 个参数表示任务将添加到的目标队列，第 2 个参数就是将要执行的代码块，也就是要执行的任务。
- dispatch_sync_f() 函数：将函数以同步的方式提交给指定队列，该队列底层的线程池将负责执行该函数。其中，第 1 个参数与前面相同，第 2 个参数是向函数传入应用程序定义的上下文，第 3 个参数是要传入的其他需要执行的函数。

为了大家更好地掌握，接下来，通过一个简单的案例，讲述如何使用同步的方式向串行队列和并发队列提交任务，具体步骤如下。

（1）新建一个 Single View Application 应用，名称为 04-Dispatch Syn。

（2）进入 Main.StoryBoard，从对象库拖曳两个 Button 到程序界面，用于控制串行或并行地执行同步任务，设置两个 Button 的 Title 分别为"串行同步任务"和"并行同步任务"。

（3）采用拖曳的方式，为"串行同步任务"按钮和"并行同步任务"按钮添加两个单击响应事件，分别命名为 synSerial:和 synConcurrent:。进入 ViewController.m，实现这两个响应按钮单击的方法，如例 1-4 所示。

【例 1-4】ViewController.m

```
1   #import "ViewController.h"
2   @interface ViewController ()
3   - (IBAction)synSerial:(id)sender;
4   - (IBAction)synConcurrent:(id)sender;
5   @end
6   @implementation ViewController
7   dispatch_queue_t serialQueue;
8   dispatch_queue_t globalQueue ;
9   - (void)viewDidLoad {
10      [super viewDidLoad];
11      // 创建串行队列
12      serialQueue = dispatch_queue_create("cn.itcast", DISPATCH_QUEUE_SERIAL);
13      // 获取全局并发队列
14      globalQueue =
15      dispatch_get_global_queue(DISPATCH_QUEUE_PRIORITY_DEFAULT, 0);
16   }
17   // 单击"串行同步任务"后执行的行为
18   - (IBAction)synSerial:(id)sender {
19      dispatch_sync(serialQueue, ^{
20          for (int i = 0 ; i<100; i++) {
21              NSLog(@"%@--task1--%d",[NSThread currentThread],i);
22          }
23      });
24      dispatch_sync(serialQueue, ^{
25          for (int i = 0 ; i<100; i++) {
26              NSLog(@"%@--task2--%d",[NSThread currentThread],i);
27          }
28      });
29   }
30   // 单击"并行同步任务"后执行的行为
31   - (IBAction)synConcurrent:(id)sender{
32      dispatch_sync(globalQueue, ^{
33          for (int i = 0 ; i<100; i++) {
34              NSLog(@"%@--task1--%d",[NSThread currentThread],i);
35          }
```

```
36          });
37          dispatch_sync(globalQueue, ^{
38              for (int i = 0 ; i<100; i++) {
39                  NSLog(@"%@--task2--%d",[NSThread currentThread],i);
40              }
41          });
42      }
43  @end
```

在例 1-4 中，第 12～15 行代码创建了两个队列，分别为串行队列和全局并发队列。第 18～29 行代码是对串行队列执行同步任务的响应处理，用 dispatch_sync()函数以同步的方式调度串行队列的两个代码块。第 31～42 行代码是对并发队列执行同步任务的响应处理，用 dispatch_sync()函数以同步的方式调度并发队列的两个代码块。

（4）程序运行成功后，单击"串行同步任务"按钮，运行结果如图 1-25 所示。

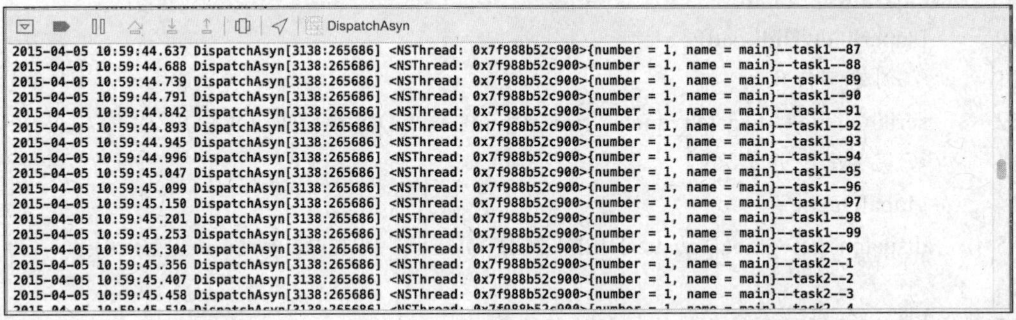

图 1-25　串行队列执行同步任务

从图 1-25 中看出，任务都是在主线程中执行的，而且必须执行完上一个任务之后，才会开始执行下一个任务。

（5）单击"并行同步任务"按钮，运行结果如图 1-26 所示。

图 1-26　并行队列执行同步任务

从图 1-26 中看出，任务依然只在主线程中执行，而且是一个一个按顺序执行，这说明采用同步的方式不会开启新的线程。

2.以异步的方式执行任务

所谓异步执行任务，就是会在新的线程中执行任务，具备开启新线程的能力。当开发者添加一些任务到队列中时，无法确定这些代码什么时候能够执行。通过异步地添加代码块或函数，可以让线程池立即执行这些代码，然后还可以调用线程继续去做其他的事情。开发者应该尽可能地使用 dispatch_async()或 dispatch_async_f()函数异步地调度任务，这两个函数如下：

```
void dispatch_async(dispatch_queue_t queue, ^(void)block);
void dispatch_async_f(dispatch_queue_t queue, void *context, dispatch_function_t work);
```

从上述代码看出，这两个函数都没有返回值，具体传入的参数和同步函数的参数一样，这里就不赘述了，针对它们的介绍如下。

- dispatch_async()函数：将代码块以异步的方式提交给指定队列，该队列底层的线程池将负责执行该代码块。
- dispatch_async_f()函数：将函数以异步的方式提交给指定队列，该队列底层的线程池将负责执行该函数。

需要注意的是，应用程序的主线程一定要异步地调度任务，这样才能及时地响应用户事件。

为了大家更好地掌握，接下来，通过一个简单的案例，讲述如何使用异步的方式向串行队列和并发队列提交任务，具体步骤如下。

（1）新建一个 Single View Application 应用，名称为 05-Dispatch Asyn。

（2）进入 Main.StoryBoard，从对象库拖曳两个 Button 到程序界面，用于控制串行或者并行地执行异步任务，设置两个 Button 的 Title 分别为"串行异步任务"和"并行异步任务"。

（3）采用拖曳的方式，为"串行异步任务"按钮和"并行异步任务"按钮添加两个单击响应事件，分别命名为 asynSerial:和 asynConcurrent:。进入 ViewController.m，实现这两个响应按钮单击的方法，如例 1-5 所示。

【例 1-5】ViewController.m

```
1   #import "ViewController.h"
2   @interface ViewController ()
3   - (IBAction)asynSerial:(id)sender;
4   - (IBAction)asynConcurrent:(id)sender;
5   @end
6   @implementation ViewController
7   dispatch_queue_t serialQueue;
8   dispatch_queue_t concurrentQueue;
9   - (void)viewDidLoad {
10      [super viewDidLoad];
11      // 创建串行队列
12      serialQueue = dispatch_queue_create("cn.itcast", DISPATCH_QUEUE_SERIAL);
13      // 创建并发队列
14      concurrentQueue = dispatch_queue_create("cn.itcast",
15      DISPATCH_QUEUE_CONCURRENT);
16  }
17  // 单击"串行异步任务"后执行的行为
18  - (IBAction)asynSerial:(id)sender {
```

```
19      dispatch_async(serialQueue, ^{
20          for (int i = 0 ; i<100; i++) {
21              NSLog(@"%@--task1--%d",[NSThread currentThread],i);
22          }
23      });
24      dispatch_async(serialQueue, ^{
25          for (int i = 0 ; i<100; i++) {
26              NSLog(@"%@--task2--%d",[NSThread currentThread],i);
27          }
28      });
29  }
30  // 单击"并行异步任务"后执行的行为
31  - (IBAction)asynConcurrent:(id)sender{
32      dispatch_async(concurrentQueue, ^{
33          for (int i = 0 ; i<100; i++) {
34              NSLog(@"%@--task1--%d",[NSThread currentThread],i);
35          }
36      });
37      dispatch_async(concurrentQueue, ^{
38          for (int i = 0 ; i<100; i++) {
39              NSLog(@"%@--task2--%d",[NSThread currentThread],i);
40          }
41      });
42  }
43  @end
```

在例 1-5 中，第 12～15 行代码创建了两个队列，分别为串行队列和并发队列。第 18～29 行代码是对串行队列执行异步任务的响应处理，用 dispatch_asyn()函数以异步的方式调度串行队列的两个代码块。第 31～42 行代码是对并发队列执行异步任务的响应处理，用 dispatch_asyn()函数以异步的方式调度并发队列的两个代码块。

（4）程序运行成功后，单击"串行异步任务"按钮，运行结果如图 1-27 所示。

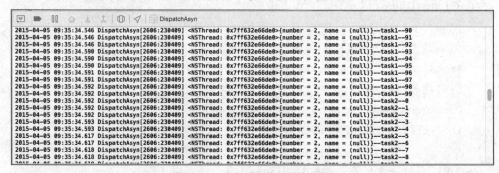

图 1-27　串行队列执行异步任务

从图 1-27 中看出，线程的 number 值为 2，说明创建了一个子线程。两个任务均是在该线程上被执行的，而且执行完成第 1 个任务之后才开始执行第 2 个任务。

（5）单击"并行异步任务"按钮，运行结果如图 1-28 所示。

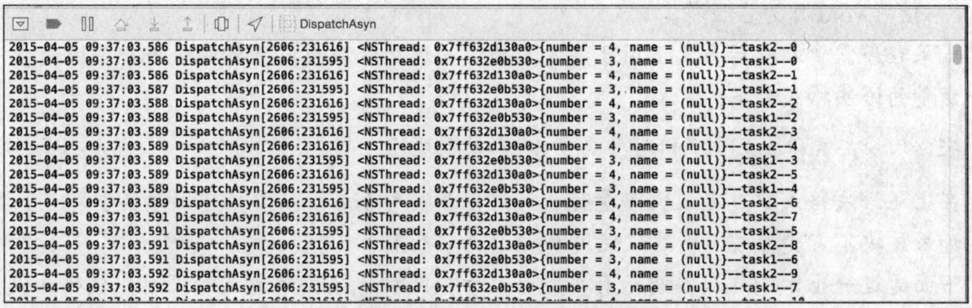

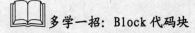

图 1-28　并发队列执行异步任务

从图 1-28 看出，这两个任务开启了两个不同的线程，而且任务完成的先后顺序是无法控制的，这表明两个线程是并发执行的，同时也证明了异步任务会开启新的线程。

注意：

针对不同的队列类型，通过同步或者异步的方式会产生各种不同的执行结果，如图 1-29 所示。

	全局并行队列	创建串行队列	主队列
同步（sync）	□ 没有开启新线程 □ 串行执行任务	□ 没有开启新线程 □ 串行执行任务	□ 会死锁
异步（async）	□ 有开启新线程 □ 并行执行任务	□ 有开启新线程 □ 串行执行任务	□ 没有开启新线程 □ 串行执行任务

图 1-29　各种队列的执行结果

由图 1-29 可知，同步和异步决定了是否要开启新线程，并发和串行决定了任务的执行方式。

📖 **多学一招：Block 代码块**

Block（块）是 Objective-C 对 ANSI C 所做的扩展，使用块可以更好地简化 Objective-C 编程，而且 Objective-C 的很多 API 都依赖于块。接下来，分别从 3 个方面讲解块的内容，具体内容如下。

（1）块的定义和调用

块的语法格式如下：

```
^(块返回值类型)(形参类型 1 形参 1, 形参类型 2 形参 2, …)
{
    // 块执行体
}
```

在上述语法格式中，定义块的语法类似于定义一个函数，但只是定义一个匿名函数。定义代码块与定义函数存在如下差异。

● 定义块必须以"^"开头。

● 定义块的返回值类型是可以省略的，而且经常都会省略声明块的返回值类型。

- 定义块无需指定名字。
- 如果块没有参数，此时参数部分的括号不能省略，但是括号内部可以留空，通常建议使用 void 作为占位符。

如果程序需要在以后多次调用已经定义的块，那么程序应该将该块赋给一个块变量，定义块变量的语法格式如下：

块返回值类型(^块变量名)(形参类型1, 形参类型2, ...);

在上述语法格式中，定义块变量时，无需再声明形参名，只要指定形参类型即可。类似的，如果该块不需要形参，则建议使用 void 作为占位符。

下面通过一个示例代码，演示有参数和无参数两种代码块的定义和调用，代码如例 1-6 所示。

【例1-6】main.m

```
1   #import <Foundation/Foundation.h>
2   int main(int argc, const char * argv[]) {
3       @autoreleasepool {
4           // 定义不带参数、无返回值的块
5           void (^printStr) (void) = ^ (void){
6               NSLog(@"代码块--");
7           };
8           // 调用块
9           printStr();
10          // 定义带参数、有返回值的块
11          int (^sum) (int, int) = ^ (int num1, int num2){
12              return num1 + num2;
13          };
14          // 调用块，输出返回值
15          NSLog(@"%d",sum(10, 15));
16          // 只定义块变量：带参数、无返回值的块
17          void (^print)(NSString *);
18          // 再将块赋给指定的块变量
19          print = ^ (NSString *str){
20              NSLog(@"%@", str);
21          };
22          // 调用块
23          print(@"itcast");
24      }
25      return 0;
26  }
```

在例 1-6 中，第 5~7 行代码定义了不带参数、无返回值的块，第 11~13 行代码定义了带参数、有返回值的块，第 17~21 行代码定义了带参数、无返回值的块，并分别在第 9、15、

23 行代码进行调用，调用块的语法与调用函数完全相同。另外，程序既可以在定义块变量的同时对块变量赋值，也可以先定义块变量，再对块变量赋值。

运行程序，程序的运行结果如图 1-30 所示。

```
2015-09-16 10:11:08.492 01- Block[536:345892] 代码块--
2015-09-16 10:11:08.492 01- Block[536:345892] 25
2015-09-16 10:11:08.493 01- Block[536:345892] itcast
Program ended with exit code: 0
```

图 1-30　程序的运行结果

（2）块与局部变量

块可以访问程序中局部变量的值，当块访问局部变量的值时，不允许修改该值，如例 1-7 所示。

【例 1-7】main.m

```
1    #import <Foundation/Foundation.h>
2    int main(int argc, const char * argv[]) {
3        @autoreleasepool {
4            // 定义一个局部变量
5            int a = 20;
6            void (^print) (void) = ^(void){
7                // 尝试对 a 赋值
8                a = 30;
9                NSLog(@"%d",a); // 访问局部变量的值是允许的
10           };
11           // 再次对 a 赋值
12           a = 40;
13           print(); // 调用块
14       }
15       return 0;
16   }
```

在例 1-7 中，第 6～10 行代码定义了一个块，其中，其 8 行代码尝试对局部变量 a 赋值，该行代码引起了 Variable is not assignable (missing __block type specifier) 错误，下面尝试访问、输出局部变量的值，这是完全允许的。注释第 8 行代码，再次编译、运行该程序，程序的运行结果如图 1-31 所示。

图 1-31　程序的运行结果

从图 1-31 中看出，程序最终的输出结果为 20，却不是 40。这是因为当程序使用块访问局部变量时，系统在定义块时就会把局部变量的值保存在块中，而不是等到执行时才去访问局部变量的值。第 12 行代码虽然将 a 变量赋值给 40，但是这条语句位于块定义之后，因此，在块定义中 a 变量的值已经固定为 20，后面程序对 a 变量修改，对块不存在任何影响。

如果希望在定义块时不把局部变量的值复制到块中，而是等到执行时才去访问局部变量的值，甚至希望块也可以改变局部变量的值，这就可以考虑使用 __block（两个下划线）修饰局部变量。对例 1-7 的代码进行修改，修改后的代码如下：

```
1   #import <Foundation/Foundation.h>
2   int main(int argc, const char * argv[]) {
3       @autoreleasepool {
4           // 定义 __block 修饰的局部变量
5           __block int a = 20;
6           void (^print) (void) = ^(void){
7               // 运行时访问局部变量的值
8               NSLog(@"%d",a);
9               // 尝试对 __block 修饰的局部变量赋值是允许的
10              a = 30;
11              NSLog(@"%d",a);
12          };
13          // 再次对 a 赋值
14          a = 40;
15          print();  // 调用块
16          NSLog(@"块执行完毕后，a 的值为%d",a);
17      }
18      return 0;
19  }
```

在上述代码中，第 5 行代码定义了一个 __block 修饰的局部变量 a，这表明无论任何时候，块都会直接使用该局部变量本身，而不是将局部变量的值复制到块范围内。运行程序，运行结果如图 1-32 所示。

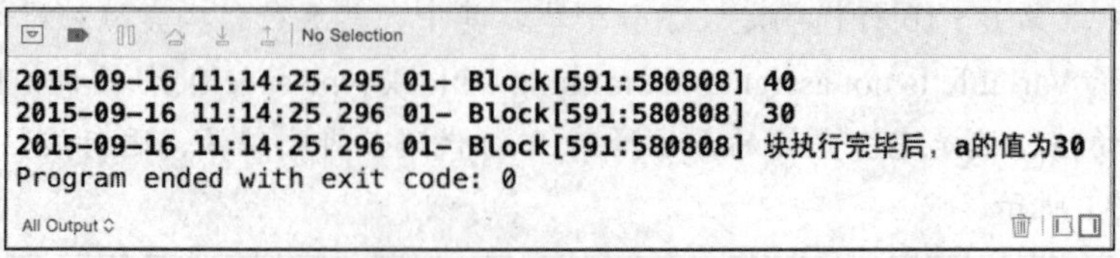

```
2015-09-16 11:14:25.295 01- Block[591:580808] 40
2015-09-16 11:14:25.296 01- Block[591:580808] 30
2015-09-16 11:14:25.296 01- Block[591:580808] 块执行完毕后，a的值为30
Program ended with exit code: 0
```

图 1-32　程序的运行结果

从图 1-32 中可以看出，当程序调用块时，程序直接访问 a 变量的值，第 8 行代码会输出 40；当程序执行到第 10 行代码时，会把 a 变量本身赋值为 30，故第 11 行代码输出 30；当块执行结束以后，程序直接访问 a 变量的值，故第 16 行代码输出 30。这说明块已经成功地修改了 a 局部变量的值。

（3）使用 typedef 定义块变量类型

使用 typedef 可以定义块变量类型，一旦定义了块变量类型，该块变量主要有如下两个用途：
- 复用块变量类型，即使用块变量类型可以重复定义多个块变量；
- 使用块变量类型定义函数参数，这样即可定义带块参数的函数。

使用 typedef 定义块变量类型的语法格式如下：

typedef 块返回值类型(^块变量类型)(形参类型 1, 形参类型 2, ...);

下面通过一个示例代码，演示定义块变量类型，再使用该类型重复定义多个变量，代码如例 1-8 所示。

【例 1-8】main.m

```
1    #import <Foundation/Foundation.h>
2    int main(int argc, const char * argv[]) {
3        @autoreleasepool {
4            // 使用 typedef 定义块变量类型
5            typedef void (^PrintBlock) (NSString *);
6            PrintBlock print = ^ (NSString *str){
7                NSLog(@"%@", str);
8            };
9            // 使用 PrintBlock 定义块变量，并将指定块赋值给该变量
10           PrintBlock print2 = ^ (NSString *str){
11               NSLog(@"%@", str);
12           };
13           // 依次调用两个块
14           print(@"print");
15           print2(@"print2");
16       }
17       return 0;
18   }
```

在例 1-8 中，第 5 行代码定义了一个 PrintBlock 块变量类型，第 10 行代码复用 PrintBlock 类型定义变量，这样就可以简化定义块变量的代码。实际上，程序还可以使用该块变量类型定义更多的块变量，只要块变量的形参、返回值类型与此处定义的相同即可。

运行程序，运行结果如图 1-33 所示。

图 1-33 程序的运行结果

除此之外，利用 typedef 定义的块变量类型可以为函数声明块变量类型的形参，这就要求调用函数时必须传入块变量，示例代码如例 1-9 所示。

【例 1-9】main.m

```
1   #import <Foundation/Foundation.h>
2   // 定义一个块变量类型
3   typedef void (^ProcessBlock) (int);
4   // 使用 ProcessBlock 定义最后一个参数类型为块
5   void array(int array[], unsigned int len, ProcessBlock process)
6   {
7       for (int i = 0; i<len; i++) {
8           // 将数组元素作为参数调用块
9           process(array[i]);
10      }
11  }
12  int main(int argc, const char * argv[]) {
13      @autoreleasepool {
14          // 定义一个数组
15          int arr[] = {2, 4, 6};
16          // 传入块作为参数调用 array()函数
17          array(arr, 3, ^(int num) {
18              NSLog(@"元素的平方为：%d", num * num);
19          });
20      }
21      return 0;
22  }
```

在例 1-9 中，第 3 行代码定义了一个块变量类型，第 5 行代码使用该块变量类型来声明函数形参，这就要求调用该函数时必须传入块作为参数，第 17 行代码调用了 array()函数，该函数的最后一个参数就是块，这就是直接将块作为函数参数、方法参数的用法。

运行程序，运行结果如图 1-34 所示。

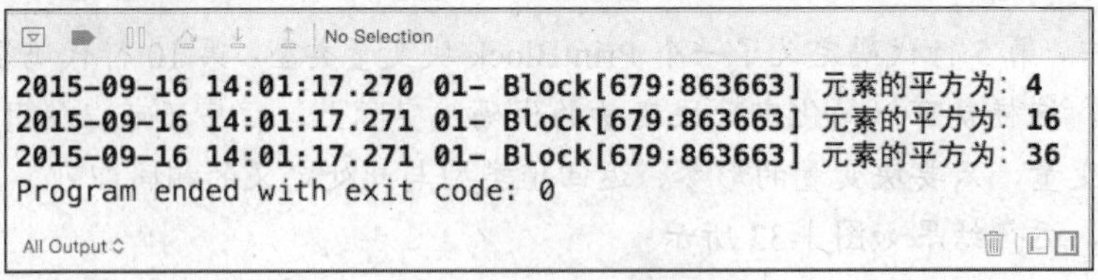
No Selection
2015-09-16 14:01:17.270 01- Block[679:863663] 元素的平方为: 4
2015-09-16 14:01:17.271 01- Block[679:863663] 元素的平方为: 16
2015-09-16 14:01:17.271 01- Block[679:863663] 元素的平方为: 36
Program ended with exit code: 0
All Output

图 1-34　程序的运行结果

1.3.4　实战演练——使用 GCD 下载图片

前面已经使用 NSThread 类实现了下载图片，为了大家更好地理解，依然通过一个下载图片的案例，使用 GCD 来完成多线程的管理，当图片下载完成之后，将图片显示到主线程更新 UI，具体步骤如下。

1. 创建工程，设计界面

新建一个 Single View Application 应用，名称为 06-GCDDownload。进入 Main.storyboard，

从对象库拖曳一个 Image View 到程序界面，用于放置下载后的图片，设计好的界面如图 1-20 的左半部分所示。

2. 完成下载图片的功能

单击模拟器的屏幕，通过异步的方式开启子线程来下载图片，当图片从网络上下载完成后，回到主线程显示图片，代码如例 1-10 所示。

【例 1-10】 HMViewController.m

```
1   #define globalQueue
2   dispatch_get_global_queue(DISPATCH_QUEUE_PRIORITY_DEFAULT, 0)
3   #define mainQueue dispatch_get_main_queue()
4   #import "HMViewController.h"
5   @interface HMViewController ()
6   @property (weak, nonatomic) IBOutlet UIImageView *imageView;
7   @end
8   @implementation HMViewController
9   - (void)touchesBegan:(NSSet *)touches withEvent:(UIEvent *)event
10  {
11      dispatch_async(globalQueue, ^{
12          NSLog(@"donwload---%@", [NSThread currentThread]);
13          //子线程下载图片
14          NSURL *url = [NSURL URLWithString:
15          @"http://www.itcast.cn/images/logo.png"];
16          NSData *data = [NSData dataWithContentsOfURL:url];
17          // 将网络数据初始化为 UIImage 对象
18          UIImage *image = [UIImage imageWithData:data];
19          if (image != nil) {
20              //回到主线程设置图片
21              dispatch_async(mainQueue, ^{
22                  NSLog(@"setting---%@ %@", [NSThread currentThread], image);
23                  self.imageView.image = image;
24              });
25          } else{
26              NSLog(@"图片下载出现错误");
27          }
28      });
29  }
30  @end
```

在例 1-10 中，第 1~3 行代码表示获取全局并发队列和主队列的宏定义，第 11 行代码通过一个异步执行的全局并发队列，开启了一个子线程进行图片下载，第 21~24 行代码将更新 UI 界面的代码交给了主线程进行。

3. 运行程序

单击左上角的运行按钮，程序运行成功后，单击模拟器屏幕，下载完成的页面如图 1-20 的右半部分所示。

注意：

为了获取主线程，GCD 提供了一个特殊的 Dispatch Queue 队列，可以在应用的主线程中执行任务。只要应用主线程设置了 Run Loop，就会自动创建这个队列，并且最后会自动销毁。对于非 Cocoa 应用而言，如果没有显式地设置 Run Loop，就必须显式地调用 dispatch_get_main_queue() 函数来激活这个队列。否则，虽然可以添加任务到队列，但任务永远不会被执行。

调用 dispatch_get_main_queue() 函数可获得应用主线程的 Dispatch Queue，添加到这个队列的任务由主线程串行执行。

1.3.5 单次或重复执行任务

在使用 GCD 时，如果想让某些操作只使用一次，而不重复操作的话，可以使用 dispatch_once() 函数实现。dispatch_once() 函数可以控制提交的代码在整个应用的生命周期内最多执行一次，而且该函数无需传入队列，这就意味着系统将直接使用主线程执行该函数提交的代码块。dispatch_once() 函数的定义格式如下所示：

```
void dispatch_once(dispatch_once_t *predicate, dispatch_block_t block);
```

该函数需要传入两个参数，第 1 个参数是一个 dispatch_once_t 类型的指针，第 2 个参数是要执行的代码块，第 1 个参数用于判断第 2 个参数的代码块是否已经执行过。

在使用 GCD 时，如果想让某些操作多次重复执行的话，可以使用 dispatch_apply() 函数来控制提交的代码块重复执行多次。dispatch_apply() 函数的定义格式如下所示。

```
void dispatch_apply(size_t iterations, dispatch_queue_t queue, void (^block)(size_t));
```

该函数需要传入 3 个参数，第 1 个参数是任务将要重复执行的次数的迭代，第 2 个参数是任务要提交的目标队列，第 3 个参数是要执行的任务代码块，该代码块的 size_t 参数是该函数第 1 个参数迭代的具体值。

为了大家更好地理解，接下来，通过一个简单的模拟演练，讲解如何只执行一次任务和重复执行多次任务，具体步骤如下。

（1）新建一个 Single View Application 应用，命名为 07-TaskExecuteTime。

（2）进入 Main.StoryBoard，从对象库拖曳两个 Button 到程序界面，并分别设置两个 Button 的 Title 为 "单次执行" 和 "重复执行"。

（3）通过拖曳的方式，分别给 "单次执行" 和 "重复执行" 按钮添加两个单击事件，分别命名为 onceClicked:和 moreClicked:。进入 ViewController.m，实现这两个响应按钮单击的方法，代码如例 1-11 所示。

【例 1-11】 HMViewController.m

```
1    #import "HMViewController.h"
2    #import "HMImageDownloader.h"
3    @interface HMViewController ()
4    // 执行一次
```

```
5    - (IBAction)onceClicked:(id)sender;
6    // 重复执行多次
7    - (IBAction)moreClicked:(id)sender;
8    @end
9    @implementation HMViewController
10   - (IBAction)onceClicked:(id)sender
11   {
12       NSLog(@"----touchesBegan");
13       static dispatch_once_t onceToken;
14       dispatch_once(&onceToken, ^{
15           NSLog(@"----once-----");
16       });
17   }
18   // 重复执行多次
19   - (IBAction)moreClicked:(id)sender
20   {
21       dispatch_queue_t queue = dispatch_get_global_queue(
22       DISPATCH_QUEUE_PRIORITY_DEFAULT, 0);
23       dispatch_apply(5, queue, ^(size_t time) {
24           NSLog(@"---执行%lu 次---%@",time,[NSThread currentThread]);
25       });
26   }
27   @end
```

在例 1-11 中，第 13 行代码先创建了一个 dispatch_once_t 类型的静态变量，该变量用于控制函数中提交的代码块只执行一次。第 23 行代码使用 dispatch_apply()函数控制提交的任务代码块执行 5 次，该函数所需的代码块可以带一个参数，这个参数表示当前正在执行第几次。

（4）运行程序，运行成功后单击"单次执行"按钮，程序的运行结果如图 1-35 所示。

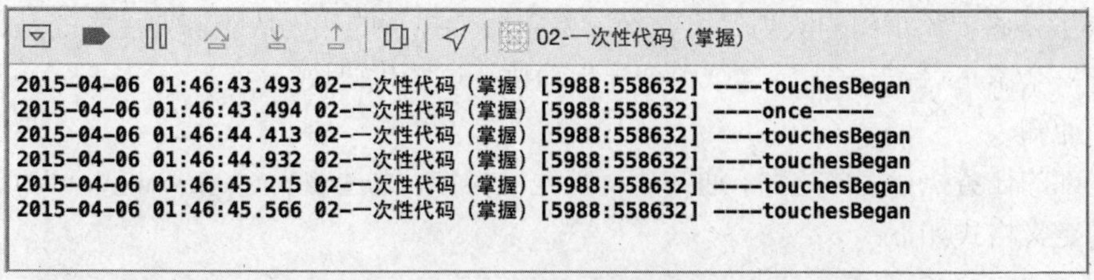

```
2015-04-06 01:46:43.493 02-一次性代码（掌握）[5988:558632] ----touchesBegan
2015-04-06 01:46:43.494 02-一次性代码（掌握）[5988:558632] ----once-----
2015-04-06 01:46:44.413 02-一次性代码（掌握）[5988:558632] ----touchesBegan
2015-04-06 01:46:44.932 02-一次性代码（掌握）[5988:558632] ----touchesBegan
2015-04-06 01:46:45.215 02-一次性代码（掌握）[5988:558632] ----touchesBegan
2015-04-06 01:46:45.566 02-一次性代码（掌握）[5988:558632] ----touchesBegan
```

图 1-35　只执行一次任务

从图 1-35 中看出，第 1 次单击"单次执行"按钮，会打印输出字符串"----once-----"，之后再次单击该按钮，这个字符串不再输出，这说明该任务只会被执行一次。

（5）单击"重复执行"按钮，程序的运行结果如图 1-36 所示。

从图 1-36 中可以看出，由于程序将代码块提交给了并发队列，该队列分配了 4 个线程来重复执行该代码块，其中还包括主线程。

```
2015-04-06 01:42:53.588 02-一次性代码（掌握）[5888:553715] ---执行0次---<NSThread:
0x7fe6a3423f80>{number = 1, name = main}
2015-04-06 01:42:53.588 02-一次性代码（掌握）[5888:555061] ---执行2次---<NSThread:
0x7fe6a3462d90>{number = 7, name = (null)}
2015-04-06 01:42:53.588 02-一次性代码（掌握）[5888:555062] ---执行1次---<NSThread:
0x7fe6a370e230>{number = 6, name = (null)}
2015-04-06 01:42:53.589 02-一次性代码（掌握）[5888:553715] ---执行4次---<NSThread:
0x7fe6a3423f80>{number = 1, name = main}
2015-04-06 01:42:53.589 02-一次性代码（掌握）[5888:555059] ---执行3次---<NSThread:
0x7fe6a370c230>{number = 5, name = (null)}
```

图 1-36　多次重复执行的任务

1.3.6　调度队列组

假设有一个音乐应用，如果要执行多个下载歌曲的任务，这些耗时的任务会被放到多个线程上异步执行，直到全部的歌曲下载完成，弹出一个提示框来通知用户歌曲已下载完成。

针对这个应用场景，可以考虑使用队列组。一个队列组可以将多个 block 组成一组，用于监听这一组任务是否全部完成，直到关联的任务全部完成后再发出通知以执行其他的操作。iOS 提供了如下函数来使用队列组。

（1）创建队列组

要想使用队列组，首当其冲的就是创建一个队列组对象，可以通过 dispatch_group_create() 函数来创建，它的定义格式如下：

```
dispatch_group_t dispatch_group_create(void);
```

在上述格式中，该函数无需传入任何参数，其返回值是 dispatch_group_t 类型的。

（2）调度队列组

创建了 dispatch_group_t 对象后，可以使用 dispatch_group_async() 函数将 block 提交至一个队列，同时将这些 block 添加到一个组里面，函数格式如下：

```
void dispatch_group_async(dispatch_group_t group, dispatch_queue_t queue,dispatch_block_t block);
```

在上述格式中，该函数没有返回值，它需要传入 3 个参数，第 1 个参数是创建的队列组，第 2 个参数是将要添加到的队列，第 3 个参数是将要执行的代码块。需要注意的是，该函数的名称有一个 async 标志，表示这个组会异步地执行这些代码块。

（3）通知

当全部的任务执行完成之后，通知执行其他的操作，通过 dispatch_group_notify() 函数来通知，它的定义格式如下：

```
void dispatch_group_notify(dispatch_group_t group,dispatch_queue_t queue, dispatch_block_t block);
```

在上述定义格式中，该函数需要传入 3 个参数，第 1 个参数表示创建的队列组，第 2 个参数表示其他任务要添加到的队列，第 3 个参数表示要执行的其他代码块。

为了更加深入地理解队列组，接下来，以全局并发队列为例，通过一张图来分析队列组的工作原理，如图 1-37 所示。

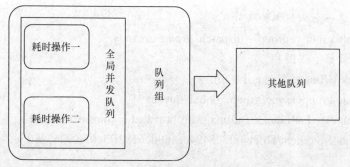

图1-37 队列组的工作原理

从图1-37中看出，将两个耗时的操作放到一个全局并发队列中，同时将这个添加了任务的队列放到队列组中，等到队列组中的所有任务都执行完毕后，才开始执行其他的任务，这样就有效地提高了工作效率，又不会使队列之间相互发生混乱。

为了大家更好地理解，接下来，模拟一个需求，就是从网络上加载两张图片，进行组合后，最终显示到一个 Image View 上，完成一个图片水印的效果。根据这个需求，通过代码完成相应的逻辑，具体步骤如下。

（1）新建一个 single View Application 工程，命名为 08-Dispatch Group。

（2）进入 Main.StoryBoard，从对象库拖曳一个 Image View 到程序界面，用于显示组合后的图片。

（3）通过拖曳的方式，将 Image View 在 viewController.m 文件的类扩展中进行属性的声明。

（4）单击屏幕，依次从网络加载两张图片，直到这两张图片下载完毕，将这两张图片进行组合，最终回到主线程上显示，代码如例1-12所示。

【例1-12】ViewController.m

```
1   #import "ViewController.h"
2   // 宏定义全局并发队列
3   #define global_queue dispatch_get_global_queue(0, 0)
4   // 宏定义主队列
5   #define main_queue dispatch_get_main_queue()
6   @interface ViewController ()
7   @property (weak, nonatomic) IBOutlet UIImageView *imageView;
8   @end
9   @implementation ViewController
10  - (void)touchesBegan:(NSSet *)touches withEvent:(UIEvent *)event
11  {
12      [self groupImage];
13  }
14  /**
15   *  使用队列组组合图片
16   */
17  - (void)groupImage
18  {
```

```objc
19      // 1.创建一个队列组和队列
20      dispatch_group_t group = dispatch_group_create();
21      // 2.下载第 1 张图片
22      __block UIImage *image1 = nil;
23      dispatch_group_async(group, global_queue, ^{
24          image1 = [self downloadImage:@"http://g.hiphotos.baidu.com
25          /image/pic/item/f2deb48f8c5494ee460de6182ff5e0fe99257e80.jpg"];
26      });
27      // 3.下载第 2 张图片
28      __block UIImage *image2 = nil;
29      dispatch_group_async(group, global_queue, ^{
30          image2 = [self downloadImage:@"http://su.bdimg.com
31          /static/superplus/img/logo_white_ee663702.png"];
32      });
33      // 4.合并图片
34      dispatch_group_notify(group, global_queue, ^{
35          // 4.1 开启一个位图上下文
36          UIGraphicsBeginImageContextWithOptions(image1.size, NO, 0.0);
37          // 4.2 绘制第 1 张图片
38          CGFloat image1W = image1.size.width;
39          CGFloat image1H = image1.size.height;
40          [image1 drawInRect:CGRectMake(0, 0, image1W, image1H)];
41          // 4.3 绘制第 2 张图片
42          CGFloat image2W = image2.size.width * 0.3;
43          CGFloat image2H = image2.size.height * 0.3;
44          CGFloat image2Y = image1H - image2H;
45          [image2 drawInRect:CGRectMake(140, image2Y, image2W, image2H)];
46          // 4.4 得到上下文的图片
47          UIImage *fullImage = UIGraphicsGetImageFromCurrentImageContext();
48          // 4.5 结束上下文
49          UIGraphicsEndImageContext();
50          // 4.6 回到主线程显示图片
51          dispatch_async(main_queue, ^{
52              self.imageView.image = fullImage;
53          });
54      });
55  }
56  /**
57   * 封装一个方法,只要传入一个 url 参数,就返回一张网络上下载的图片
58   */
59  - (UIImage *)downloadImage:(NSString *)urlStr{
```

```
60        NSURL *imageUrl = [NSURL URLWithString:urlStr];
61        NSData *data = [NSData dataWithContentsOfURL:imageUrl];
62        return [UIImage imageWithData:data];
63    }
64    @end
```

在例 1-12 中，第 20 行代码创建了一个队列组 group，第 22～32 行代码将下载图片的两个 block 添加到 group 中，其中，第 22、28 行代码分别定义了 __block 修饰的两个属性，这样就能在 block 中修改变量。

运行程序，程序运行成功后，单击模拟器屏幕，可见第 1 张人物图片和第 2 张百度 Logo 图片组合在一起，形成一张图片显示到屏幕上，实现了水印的效果，如图 1-38 所示。

图 1-38　程序的运行结果

1.4　NSOperation 和 NSOperationQueue

前面已经介绍了实现多线程的几种技术，除了 PThread、NSThread、GCD 之外，还有一种非常简单的多线程实现方式，就是 NSOperation 和 NSOperationQueue。

NSOpration 和 NSOperationQueue 的实现方式与 GCD 类似，这是因为它是基于 GCD 来实现的，不过相比较于 GCD 而言，NSOpration 和 NSOperationQueue 使用的是 OC 语言，操作更加面向对象，因此更加容易使用。接下来，本节将针对 NSOperation 类和 NSOperationQueue 类的相关内容进行详细的讲解。

1.4.1　NSOperation 简介

NSOperation 类的实例代表一个多线程任务，这个实例封装了需要执行的操作和执行操作所需的数据，并且能够以并发或非并发的方式执行这个操作。

NSOperation 类本身是一个抽象类，一般用于定义子类公用的方法和属性。为了得知任务当前的状态，NSOperation 类提供了 4 个属性来判断，用于回馈它的状态变化，它们的定义格式如下：

```
@property (readonly, getter=isCancelled) BOOL cancelled;   // 取消
@property (readonly, getter=isExecuting) BOOL executing;   // 运行
@property (readonly, getter=isFinished) BOOL finished;     // 结束
@property (readonly, getter=isReady) BOOL ready;           // 就绪
```

开发者开发时必须处理添加操作的状态，这些状态都是基于 KVO 通知决定的，所以开发者想要手动改变添加操作的状态时，必须要手动发送通知。这 4 个属性都是相互独立的，每个时刻只可能有一个状态是 YES。其中，finished 在操作完成后需要及时设置为 YES，这是因为 NSOperationQueue 所管理的队列中，只有 isFinished 为 YES 时才会将该任务从队列中移除，这点在内存管理的时候非常关键，同时这样做也可以有效地避免死锁。

除此之外，NSOperation 类还提供了一些常用的方法，用于执行它的实例的操作，如表 1-1 所示。

表 1-1　NSOperation 类的常用方法

方法名称	功能描述
- (void)start;	开启 NSOperation 对象的执行
- (void)main;	执行非并发的任务，此方法被默认实现，也可以重写此方法来执行多次需要执行的任务
- (void)cancel;	取消当前 NSOperation 任务
- (void)addDependency:(NSOperation *)op;	添加任务的依赖，当依赖的任务执行完毕后，才会执行当前的任务
- (void)removeDependency:(NSOperation *)op;	取消任务的依赖，依赖的任务关系不会自动消除，必须调用该方法
- (void)setCompletionBlock:(void (^)(void))completion Block;	当前 NSOperation 执行完毕后，设置想要执行的操作

表 1-1 列举了 NSOperation 类一些常见的方法，由表可知，这些方法根据功能的不同，大致可以分为以下操作。

1. 执行操作

要想执行一个 NSOperation 对象，可以通过如下两种方式实现。

（1）第 1 种是手动地调用 start 这个方法，这个方法一旦调用，就会在当前调用的线程进行同步执行，因此在主线程中一定要谨慎调用，否则会把主线程阻塞。

（2）第 2 种是将 NSOperation 添加到 NSOperationQueue 中，这是开发者使用最多且被提倡的方法，NSOperationQueue 会在 NSOperation 被添加进去的时候尽快执行，并且实现异步执行。

总而言之，如果只是想将任务实现同步执行，只需要重写 main 方法，在其内部添加相应的操作；如果想要将任务异步执行，则需要重写 start 方法，同时让 isConcurrent 方法返回 YES。

当把任务添加进 NSOperationQueue 中时，系统将自动调用重写的这个 start 方法，这时将不再调用 main 里面的方法。

2. 取消操作

当操作开始执行之后，默认会一直执行直到完成，但是也可以调用 cancel 方法中途取消操作的执行。当然，这个操作并非常见的取消，实质上取消操作是按照如下方式作用的：

如果这个操作在队列中没有执行，而这个时候取消这个操作，并将状态 finished 设置为 YES，那么这时的取消就是直接取消了；如果这个操作已经在执行，则只能等待这个操作完成，调用 cancel 方法也只是将 isCancelled 的状态设置为 YES。

因此，开发者应该在每个操作开始前，或者在每个有意义的实际操作完成后，先检查下这个属性是不是已经设置为 YES。如果是 YES，则后面的操作都可以不必再执行了。

3. 添加依赖

NSOperation 中可以将操作分解为若干个小任务，通过添加它们之间的依赖关系进行操作，就可以对添加的操作设置优先级。例如，最常用的异步加载图片，第 1 步是通过网络加载图片，第 2 步可能需要对图片进行处理（调整大小或者压缩保存）。当前的操作通过调用 addDependency:方法，可以协调好相应的先后关系。

特别需要注意的是，两个任务间不能添加相互依赖，如 A 依赖 B，同时 B 又依赖 A，这样就会导致死锁。在每个操作完成时，需要将 isFinished 设置为 YES，不然后续的操作是不会开始执行的。

4. 监听操作

如果想在一个 NSOperation 执行完毕后做一些事情，就调用 setCompletionBlock:方法来设置想做的事情。

1.4.2 NSOperationQueue 简介

NSOperationQueue 类的实例代表一个队列，与 GCD 中的队列一样，同样是先进先出的，它负责管理系统提交的多个 NSOperation 对象，NSOperationQueue 底层维护一个线程池，会按照 NSOperation 对象添加到队列中的顺序来启动相应的线程。

NSOperationQueue 负责管理、执行所有的 NSOperation 对象，这个对象会由线程池中的线程负责执行。为此，NSOperationQueue 提供了一些常见的方法，用于操作队列，如表 1-2 所示。

表 1-2　NSOperationQueue 类的常用方法

方法名称	功能描述
- (instancetype)initWithTarget:(id)target selector:(SEL)sel object:(id)arg;	通过传入指定的参数，初始化一个 NSOperationQueue 队列，其中 sel 参数表示要添加的任务所在的方法
+ (NSOperationQueue *)currentQueue;	返回执行当前 NSOperation 对象的 NSOperationQueue 队列
+ (NSOperationQueue *)mainQueue;	返回系统主线程的 NSOperationQueue 队列
- (void)addOperation:(NSOperation *)op;	将 NSOperation 对象添加到 NSOperationQueue 队列中

续表

方法名称	功能描述
– (void)addOperations:(NSArray *)ops waitUntilFinished:(BOOL)wait;	将数组中的 NSOperation 对象添加 NSOperation Queue 队列中去
– (void)addOperationWithBlock:(void (^)(void))block;	向 NSOperationQueue 队列中添加代码块
– (void)cancelAllOperations;	取消 NSOperationQueue 队列中所有的正在排队或者执行的 NSOperation 对象
– (void)waitUntilAllOperationsAreFinished;	阻塞当前线程，直到 NSOperation 队列中所有的 NSOperation 对象执行完毕后才解除该阻塞

表 1-2 列举了 NSOperationQueue 类一些常见的方法，由表可知，这些方法根据功能的不同，大致可以分为以下操作。

1. 添加 NSOperation 到 NSOperationQueue 中

要想执行任务，需要将要执行的 NSOperation 对象添加到 NSOperationQueue 中，由其内部的线程池管理调度。若要添加单个 NSOperation 对象，可以通过 addOperation:方法实现；若想要添加多个 NSOperation 对象到同一个 NSOperationQueue 队列中，可以调用如下方法。

- (void)addOperations:(NSArray *)ops waitUntilFinished:(BOOL)wait

从上述代码看出，该方法包含 2 个参数。其中，第 2 个参数 wait 如果设置为 YES，将会阻塞当前线程，直到提交的全部 NSOperation 对象执行完毕后释放；如果设置为 NO，该方法会立即返回，NSArray 所包含的 NSOperation 对象将以异步的方式执行，不会阻塞当前线程。

另外，还可以通过 block 代码块的形式来添加 NSOperation 对象，可以调用如下方法。

- (void)addOperationWithBlock:(void (^)(void))block

通常情况下，NSOperation 对象添加到队列之后，短时间内就会得到运行。如果多个任务间存在依赖，或者整个队列被暂停，则可能需要等待。

需要注意的是，NSOperation 对象一旦添加到 NSOperationQueue 之后，绝对不要再修改 NSOperation 对象的状态。由于 NSOperation 对象可能会在任何时候运行，改变它的依赖或数据会产生不利的影响。因此，开发者只能查看 NSOperation 对象的状态，如是否正在运行、等待运行、已经完成等。

2. 修改 NSOperation 对象的执行顺序

对于添加到队列中的 NSOperation 对象，它们的执行顺序取决于以下两点。

（1）查看 NSOperation 对象是否已经就绪，这个是由对象的依赖关系确定的。

（2）根据所有 NSOperation 对象的相对优先级来确定执行顺序。

为此，NSOperation 类提供了 queuePriority 属性，用于改变添加到队列中的 NSOperation 对象的优先级，定义格式如下：

@property NSOperationQueuePriority queuePriority;

从上述代码看出，该属性是一个 NSOperationQueuePriority 类型的变量，这是一个枚举类型。优先级等级由低到高，其表示的意义如下。

（1）NSOperationQueuePriorityVeryLow：非常低。
（2）NSOperationQueuePriorityLow：低。
（3）NSOperationQueuePriorityNormal：一般。
（4）NSOperationQueuePriorityHigh：高。
（5）NSOperationQueuePriorityVeryHigh：非常高。

需要注意的是，优先级只能应用于相同队列中的 NSOperation 对象，如果应用有多个队列，那么不同队列之间的 NSOperation 对象的优先级等级是互相独立的。因此，不同队列中优先级低的操作仍然可能比优先级高的操作更早执行。

另外，优先级是不能替代依赖关系的，优先级只是对已经准备好的 NSOperation 对象确定执行顺序。在执行中先满足依赖关系，然后再根据优先级从所有准备好的操作中选择优先级最高的那个执行。

3. 设置或者获取队列的最大并发操作数量

当队列中的线程过多时，显然也会影响到应用程序的执行效率。通过设置队列的最大并发操作数量，可以约束队列中的线程的个数，这样就可以设置队列中最多支持多少个并发线程。

虽然 NSOperationQueue 类设计用于并发执行操作，但是也可以强制单个队列一次只能执行一个操作。maxConcurrentOperationCount 可以配置队列的最大并发操作数量，定义格式如下所示：

```
@property NSInteger maxConcurrentOperationCount;
```

当 maxConcurrentOperationCount 设为 1 时，就表示队列每次只能执行一个操作，但是串行化的 NSOperationQueue 并不等同于 GCD 中的串行 Dispatch Queue。

4. 等待 NSOperation 操作执行完成

在实际开发中，为了优化应用的性能，开发者应该尽可能将应用设计为异步操作，让应用在操作正在执行时可以去处理其他事情。如果需要在当前线程中处理操作之前插入其他操作，通过 NSOperation 类的 waitUntilFinished 方法来阻塞当前线程，示例如下：

```
// 会阻塞当前线程，等到某个 NSOperation 执行完毕
[operation waitUntilFinished];
```

从上述代码看出，operation 表示一个操作，该操作会等到其余的某个操作执行完毕后再执行。但是应该注意避免编写这样的代码，这不仅影响整个应用的并发性，而且也降低了用户的体验。

另外，NSOperationQueue 类提供了一个方法，用于表示某个操作可以在执行的同时等待一个队列中的其他全部操作，示例如下：

```
// 阻塞当前线程，等待 queue 的所有操作执行完毕
[queue waitUntilAllOperationsAreFinished];
```

需要注意的是，在等待一个 queue 时，应用的其他线程仍然可以向队列中添加其他操作，因此可能会加长线程的等待时间。绝对不要在应用的主线程中等待一个或者多个 NSOperation，而要在子线程中进行等待，否则主线程阻塞将会导致应用无法响应用户事件，应用也将表现为无响应。

5. 暂停和继续 NSOperationQueue 队列

开发者如果想临时暂停 NSOperationQueue 队列中所有的 NSOperation 操作的执行，可以

将 suspended 属性设置为 YES，定义格式如下：

```
@property (getter=isSuspended) BOOL suspended;
```

需要注意的是，暂停一个 NSOperationQueue 队列不会导致正在执行的 NSOperation 操作在中途暂停，只是简单地阻止调度新的 NSOperation 操作执行。可以在响应用户请求时，暂停一个 NSOperation 操作来暂停等待中的任务，然后根据用户的请求，再次设置 suspended 属性为 NO 来继续 NSOperationQueue 队列中的操作执行。

综上所述，将 NSOperation 和 NSOperationQueue 这两个类结合使用，就能够实现多线程，大体分为如下 4 个步骤。

（1）将需要执行的操作封装到一个 NSOperation 对象中。
（2）将 NSOperation 对象添加到 NSOperationQueue 对象中。
（3）系统自动将 NSOperationQueue 对象中的 NSOperation 对象取出来。
（4）将取出的 NSOperation 对象封装的操作放到一个新线程中执行。

1.4.3 使用 NSOperation 子类操作

因为 NSOperation 本身是抽象基类，表示一个独立的计算单元，因此如果要创建对象的话，必须使用它的子类。Foundation 框架提供了两个具体子类直接供开发者使用，它们就是 NSInvocationOperation 和 NSBlockOperation 类。除此之外，还可以自定义子类，只要继承于 NSOperation 类，实现内部相应的方法即可。针对这 3 种情况的详细讲解如下。

1. NSInvocationOperation

NSInvocationOperation 类用于将特定对象的特定方法封装成 NSOperation，基于一个对象和 selector 来创建操作。如果已经有现有的方法来执行需要的任务，就可以使用这个类。

接下来，新建一个 single View Application 工程，命名为 09-NSInvocationOperation，具体代码如例 1-13 所示。

【例 1-13】ViewController.m

```
1   #import "ViewController.h"
2   @interface ViewController ()
3   @end
4   @implementation ViewController
5   - (void)viewDidLoad
6   {
7       [super viewDidLoad];
8       // 创建操作
9       NSInvocationOperation *operation = [[NSInvocationOperation alloc]
10          initWithTarget:self selector:@selector(download) object:nil];
11      // 创建队列
12      NSOperationQueue *queue = [[NSOperationQueue alloc] init];
13      // 添加操作到队列中，会自动异步执行
14      [queue addOperation:operation];
15  }
16  - (void)download
```

```
17    {
18        NSLog(@"download-----%@", [NSThread currentThread]);
19    }
20    @end
```

运行程序，结果如图 1-39 所示。

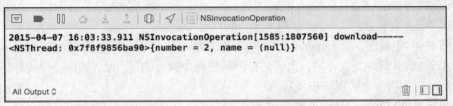

图 1-39　程序的运行结果

从图 1-39 中看出，第 14 行调用 addOperation:方法让操作异步执行。若要使操作同步执行，则将第 14 行代码改为调用 start 方法开启即可。

2. NSBlockOperation

NSBlockOperation 类用于将代码块封装成 NSOperation，能够并发地执行一个或者多个 block 对象，所有相关的 block 代码块都执行完之后，操作才算完成。

接下来，新建一个 single View Application 工程，命名为 10-NSBlockOperation，具体代码如例 1-14 所示。

【例 1-14】ViewController.m

```
1    #import "ViewController.h"
2    @interface ViewController ()
3    @end
4    @implementation ViewController
5    - (void)viewDidLoad
6    {
7        [super viewDidLoad];
8        NSBlockOperation *operation = [[NSBlockOperation alloc] init];
9        [operation addExecutionBlock:^{
10           NSLog(@"---下载图片----1---%@", [NSThread currentThread]);
11       }];
12       [operation addExecutionBlock:^{
13           NSLog(@"---下载图片----2---%@", [NSThread currentThread]);
14       }];
15       [operation addExecutionBlock:^{
16           NSLog(@"---下载图片----3---%@", [NSThread currentThread]);
17       }];
18       [operation start];
19    }
20    @end
```

运行程序，结果如图 1-40 所示。

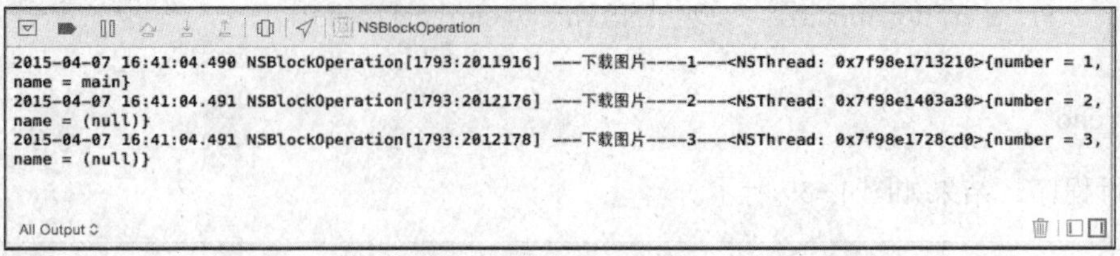

```
2015-04-07 16:41:04.490 NSBlockOperation[1793:2011916] ----下载图片----1----<NSThread: 0x7f98e1713210>{number = 1, name = main}
2015-04-07 16:41:04.491 NSBlockOperation[1793:2012176] ----下载图片----2----<NSThread: 0x7f98e1403a30>{number = 2, name = (null)}
2015-04-07 16:41:04.491 NSBlockOperation[1793:2012178] ----下载图片----3----<NSThread: 0x7f98e1728cd0>{number = 3, name = (null)}
```

图 1-40　程序的运行结果

从图 1-40 中看出，尽管 operation 对象是通过调用 start 方法来开启线程的，但是 operation 添加的 3 个 block 是并发执行的，也就是在不同线程中执行的。因此，当同一个操作中的任务量大于 1 时，该操作会实现异步执行。

3. 自定义 NSOperation 子类

如果 NSInvocationOperation 和 NSBlockOperation 对象不能满足需求，开发者可以自定义操作来直接继承 NSOperation，并添加任何想要的行为，这要取决于需要自定义的类是想要实现非并发还是并发的 NSOperation。

定义非并发的 NSOperation 要简单许多，只需要重载 main 这个方法，在这个方法里面执行主任务，并正确地响应取消事件。对于并发 NSOperation 操作，必须重写 NSOperation 的多个基本方法进行实现。

1.4.4　实战演练——自定义 NSOperation 子类下载图片

前面已经介绍了 NSOperation 的两个子类，使用极其方便。如果这两个子类无法满足需求，我们可以自定义一个继承自 NSOperation 的类。接下来，通过一个下载图片的案例，讲解如何使用自定义的 NSOperation 子类，这里暂时先介绍非并发的 NSOperation，具体内容如下。

（1）新建一个 single View Application 工程，命名为 "11-CustomNSOperation"。

（2）进入 Main.StoryBoard，从对象库拖曳 1 个 Image View 到程序界面，设置 Image View 的 Mode 模式为 Center，设置一个背景颜色，并且用拖曳的方式对这个控件进行属性声明。

（3）新建一个类 DownloadOperation，继承于 NSOperation 类，表示下载操作。在 DownloadOperation.m 文件中，重写 main 方法，并且为该自定义类创建一个代理，并为该代理提供一个下载图片的方法，DownloadOperation 类的声明和实现文件如例 1-15 和例 1-16 所示。

【例 1-15】DownloadOperation.h

```
1   #import <Foundation/Foundation.h>
2   #import <UIKit/UIKit.h>
3   @class DownloadOperation;
4   // 定义代理
5   @protocol DownloadOperationDelegate <NSObject>
6   // 下载操作方法
7   - (void)downloadOperation:(DownloadOperation *)operation
8   image:(UIImage *)image;
9   @end
10  @interface DownloadOperation : NSOperation
```

```
11      // 需要传入图片的 URL
12      @property (nonatomic,strong) NSString *url;
13      // 声明代理属性
14      @property (nonatomic,weak) id<DownloadOperationDelegate> delegate;
15      @end
```

【例 1-16】DownloadOperation.m

```
1   #import "DownloadOperation.h"
2   @implementation DownloadOperation
3   - (void)main
4   {
5       @autoreleasepool {
6           // 获取下载图片的 URL
7           NSURL *url = [NSURL URLWithString:self.url];
8           // 从网络下载图片
9           NSData *data = [NSData dataWithContentsOfURL:url];
10          // 生成图像
11          UIImage *image = [UIImage imageWithData:data];
12          // 在主操作队列通知调用方更新 UI
13          [[NSOperationQueue mainQueue] addOperationWithBlock:^{
14              NSLog(@"图片下载完成......");
15              if ([self.delegate respondsToSelector:
16                  @selector(downloadOperation:image:)]) {
17                  [self.delegate downloadOperation:self image:image];
18              }
19          }];
20      }
21  }
22  @end
```

在例 1-16 中，main 方法实现了下载操作的功能，并通过 downloadOperation:image:方法将下载好的图片通过代理的方式传递给代理方。

（4）在 ViewController.m 文件中，创建 NSOperationQueue 队列，设置 ViewController 成为 DownloadOperation 的代理对象，创建自定义操作，并将自定义操作对象添加到 NSOperationQueue 队列中，最后刷新界面，如例 1-17 所示。

【例 1-17】ViewController.m

```
1   #import "ViewController.h"
2   #import "DownloadOperation.h"
3   @interface ViewController ()<DownloadOperationDelegate>
4   @property (weak, nonatomic) IBOutlet UIImageView *imageView;
5   @end
```

```
6   @implementation ViewController
7   - (void)viewDidLoad {
8       [super viewDidLoad];
9       // 创建队列
10      NSOperationQueue *queue = [[NSOperationQueue alloc] init];
11      // 队列添加操作
12      DownloadOperation *operation = [[DownloadOperation alloc] init];
13      operation.delegate = self;
14      operation.url = @"http://www.itcast.cn/images/logo.png";
15      // 将下载操作添加到操作队列中去
16      [queue addOperation:operation];
17  }
18  // 执行下载操作
19  - (void)downloadOperation:(DownloadOperation *)operation image:(UIImage *)image
20  {
21      self.imageView.image = image;
22  }
23  @end
```

运行程序，运行结果如图 1-41 所示。

图 1-41　程序的运行结果

从图 1-41 中可以看出，自定义的 NSOperation 的子类同样实现了图片下载操作。

1.4.5 实战演练——对 NSOperation 操作设置依赖关系

一个队列中执行任务的先后顺序是不一样的，如果队列的操作是并发执行的，则会创建多个线程，每个操作的优先级更是不固定。通过任务间添加依赖，可以为任务设置执行的先后顺序。为了大家更好地理解，接下来，通过一个案例来演示设置依赖的效果。

新建一个 single View Application 工程，命名为"12-NSOperationAddDependency"。进入 ViewController.m 文件，通过一个模拟演示，讲解如何对操作设置依赖关系，代码如例 1-18 所示。

【例 1-18】ViewController.m

```
1   #import "ViewController.h"
2   @interface ViewController ()
3   @end
4   @implementation ViewController
5   - (void)viewDidLoad {
6       [super viewDidLoad];
7       // 创建队列
8       NSOperationQueue *queue = [[NSOperationQueue alloc] init];
9       // 创建操作
10      NSBlockOperation *operation1 = [NSBlockOperation
11      blockOperationWithBlock:^(){
12          NSLog(@"执行第 1 次操作，线程：%@", [NSThread currentThread]);
13      }];
14      NSBlockOperation *operation2 = [NSBlockOperation
15      blockOperationWithBlock:^(){
16          NSLog(@"执行第 2 次操作，线程：%@", [NSThread currentThread]);
17      }];
18      NSBlockOperation *operation3 = [NSBlockOperation
19      blockOperationWithBlock:^(){
20          NSLog(@"执行第 3 次操作，线程：%@", [NSThread currentThread]);
21      }];
22      // 添加依赖
23      [operation1 addDependency:operation2];
24      [operation2 addDependency:operation3];
25      // 将操作添加到队列中去
26      [queue addOperation:operation1];
27      [queue addOperation:operation2];
28      [queue addOperation:operation3];
29  }
30  @end
```

在例 1-18 中，第 23～24 行代码通过对操作设置依赖来改变操作的执行顺序，按照此依赖关系，最先执行 operation3，然后执行 operation2，最后执行 operation1。运行两次程序，两次的运行结果如图 1-42 和图 1-43 所示。

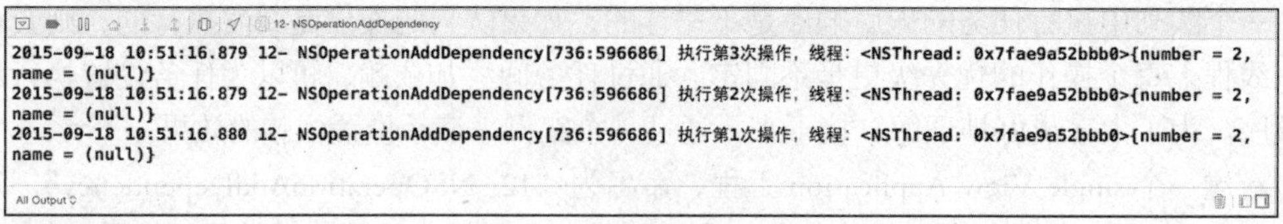

图 1-42　程序运行的第 1 次结果

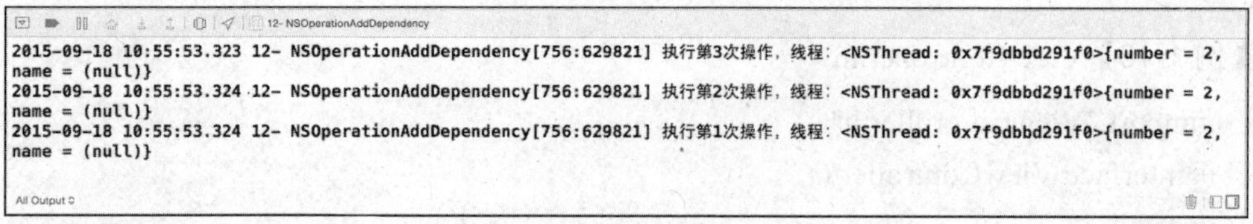

图 1-43　程序运行的第 2 次结果

从图 1-42 和图 1-43 中可以看出，队列中的操作执行的先后顺序，确实是按照最先执行 operation3，然后执行 operation2，最后执行 operation1 的顺序来的，说明给操作添加依赖关系可以很好地设置操作执行的先后顺序。

1.4.6　实战演练——模拟暂停和继续操作

表视图开启线程下载远程的网络界面，滚动页面时势必会有影响，降低用户的体验。针对这种情况，当用户滚动屏幕的时候，暂停队列；用户停止滚动的时候，继续恢复队列。为了大家更好地理解，接下来，通过一个案例，演示如何暂停和继续操作，具体内容如下。

（1）新建一个 single View Application 工程，命名为 "13-SuspendAndContinue"。

（2）进入 Main.StoryBoard，从对象库拖曳 3 个 Button 到程序界面，分别设置 Title 为 "添加""暂停"和"继续"，并且用拖曳的方式给这 3 个控件进行单击响应的声明，分别对应着添加操作、暂停操作、继续操作。

（3）进入 ViewController.m 文件，在单击"添加"按钮后激发的方法中，首先设置操作的最大并发操作数为 1，向创建的队列中添加 20 个操作，然后为线程设置休眠时间为 1.0s，相当于 GCD 的异步串行操作。

（4）当队列中的操作正在排队时，则将调用 setSuspended:方法传入 YES 参数将其挂起；当队列中的操作被挂起的时候，则调用 setSuspended:方法传入 NO 参数让它们继续排队，代码如例 1-19 所示。

【例 1-19】ViewController.m

```
1   #import "ViewController.h"
2   @interface ViewController ()
3   @property (nonatomic,strong) NSOperationQueue *queue;
4   - (IBAction)addOperation:(id)sender;
5   - (IBAction)pause:(id)sender;
6   - (IBAction)resume:(id)sender;
7   @end
8   @implementation ViewController
9   - (void)viewDidLoad {
```

```objc
10      [super viewDidLoad];
11      self.queue = [[NSOperationQueue alloc] init];
12  }
13  // 添加 operation
14  - (IBAction)addOperation:(id)sender {
15      // 设置操作的最大并发操作数
16      self.queue.maxConcurrentOperationCount = 1;
17      for (int i = 0; i < 20; i++) {
18          [self.queue addOperationWithBlock:^{
19              // 模拟休眠
20              [NSThread sleepForTimeInterval:1.0f];
21              NSLog(@"正在下载 %@ %d", [NSThread currentThread], i);
22          }];
23      }
24  }
25  // 暂停
26  - (IBAction)pause:(id)sender {
27      // 判断队列中是否有操作
28      if (self.queue.operationCount == 0) {
29          NSLog(@"没有操作");
30          return;
31      }
32      // 如果没有被挂起,才需要暂停
33      if (!self.queue.isSuspended) {
34          NSLog(@"暂停");
35          [self.queue setSuspended:YES];
36      } else{
37          NSLog(@"已经暂停");
38      }
39  }
40  // 继续
41  - (IBAction)resume:(id)sender {
42      // 判断队列中是否有操作
43      if (self.queue.operationCount == 0) {
44          NSLog(@"没有操作");
45          return;
46      }
47      // 如果没有被挂起,才需要暂停
48      if (self.queue.isSuspended) {
49          NSLog(@"继续");
```

```
50          [self.queue setSuspended:NO];
51      } else{
52          NSLog(@"正在执行");
53      }
54 }
55 @end
```

运行程序，程序的运行结果如图 1-44 所示。

图 1-44　程序的运行结果

从图 1-44 中可以看出，当单击"暂停"按钮后，有一个线程还要继续并执行完毕，这是因为当队列执行暂停的时候，这个线程仍在运行，只有其余排队的线程被挂起。

1.5　本章小结

本章主要介绍了多线程开发的相关知识，首先介绍了线程和进程之间的关系，接着介绍了 iOS 中几种实现多线程的技术，包括 NSThread、GCD、NSOperation 和 NSOperationQueue，并且针对这 3 种技术进行了详细的介绍，因为使用 PThread 和 NSThread 来管理多线程，线程间的安全和通信比较复杂和难以控制，所以推荐使用 GCD 和 NSOperation 来操作管理多线程。但是在实际开发中，对于一般开发者来说，因为有封装好的第三方框架提供使用，所以很少由自己创建多线程，但是了解多线程的使用对开发者来说是必不可少的。

【思考题】
1. 简述不同的队列类型通过同步或者异步的方式派发会产生什么结果。
2. 简述进程和线程的关系。

第 2 章 网络编程

学习目标

- 了解网络的基本概念，包括 URL、TCP/IP、Socket
- 理解 NSURLConnection 的工作原理
- 掌握数据解析的原理，会解析 XML 和 JSON 文档
- 掌握 HTTP 请求，会提交 GET 和 POST 请求
- 掌握文件上传与下载的原理
- 掌握第三方框架，会使用 SDWebImage 和 AFNetworking

在移动互联网时代，几乎所有的应用程序都离不开网络，如 QQ、微博、百度地图等，这些应用持续地通过网络进行数据更新，使应用保持着新鲜与活力。一旦没有了网络，应用就缺失了数据的变化，即便外观再华丽，终将只是一潭死水。网络编程是一种实时更新应用数据的常用手段，本章将针对网络编程的内容进行详细的讲解。

2.1 网络基本概念

如果数据不在本地，而是放在远程服务器上，那么如何获得这些数据呢？服务器能给我们提供一些服务，这些服务大多数都是基于超级文本传输协议（HTTP）的。HTTP 基于请求和应答，需要的时候建立连接提供服务，不需要的时候断开连接。本节将针对网络编程的一些基本概念进行详细的介绍。

2.1.1 网络编程的原理

网络编程，就是通过使用套接字来达到进程间通信目的的技术。接下来，通过一张示意图来描述网络编程的工作机制，如图 2-1 所示。

图 2-1 展示了网络编程的流程，在网络编程中，有如下几个比较重要的概念。

（1）客户端（Client）：移动应用（iOS、Android）。

（2）服务器（Server）：为客户端提供服务、提供数据、提供资源的机器。

（3）请求（Request）：客户端向服务器索取数据的一种行为。

（4）响应（Response）：服务器对客户端的请求做出的反应，一般指返回数据给客户端。

由图 2-1 可知，客户端要想访问数据，首先要提交一个请求，用于告知服务器想要的数

据。服务器接收到请求后，根据这个请求到数据库查找相应的资源，无论服务器是否成功拿到资源，都会将结果返回给客户端，这个过程就是响应。

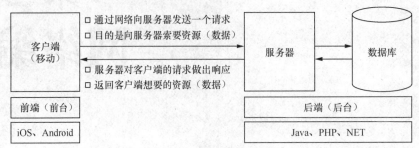

图 2-1 网络编程的示意图

值得一提的是，网络上所有的数据都是二进制数据，并且以二进制流的形式从一个节点到另一个节点。

2.1.2 URL 介绍

URL 的全称是 Uniform Resource Locator，即统一资源定位符，通过一个 URL 可以找到互联网上唯一的资源，类似于计算机上一个文件的路径。为了大家更好地理解，接下来，通过图 2-2 来描述。

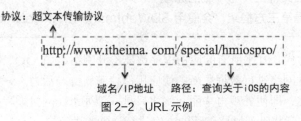

图 2-2 URL 示例

图 2-2 展示了一个 URL 的示例，实际上，上述 URL 省略了端口号，一个完整的 URL 是由 4 部分组成，分别是协议、IP 地址、端口和路径，接下来，针对这几部分进行详细讲解。

1. 协议

指定使用的传输协议，就可以告诉浏览器如何处理将要打开的文件。不同的协议（Protocol）表示不同的资源查找以及传输方式，最常用的协议如表 2-1 所示。

表 2-1 常见的协议

常见协议	代表类型	示例
File	访问本地计算机的资源	file:///Users/itcast/Desktop/book/basic.html
FTP	访问共享主机的文件资源	ftp://ftp.baidu.com/movies
HTTP	超文本传输协议，访问远程网络资源	http://image.baidu.com/channel/wallpaper
HTTPS	安全的 SSL 加密传输协议，访问远程网络资源	https://image.baidu.com/channel/wallpaper
Mailto	访问电子邮件地址	mailto:null@itcast.cn

表 2-1 列举了一些常见的协议，最常用的就是 http 协议，它规定了客户端和服务器之间的数据传输格式，使客户端和服务器能够有效地进行数据沟通。值得一提的是，file 后面无需

添加主机地址。

2. IP 地址

IP 地址（Hostname）被用来给 Internet 上的每台电脑一个编号，也叫主机地址，但是 IP 地址不容易记忆。例如，打开 Safari，在地址栏中输入"http://180.97.33.107"，单击"return"键打开了百度的首页，这表示该地址就是百度的 IP 地址，只是这个地址不易被人们记忆，故使用域名 www.baidu.com 替代以访问网站，相当于一个速记符号。

3. 端口

IP 地址后面有时还跟一个冒号和一个端口号，这是为了在一台设备上运行多个程序，人为地设计了端口（Port）的概念，类似于公司内部的分机号码。每个网络程序，无论是客户端还是服务器端，都对应一个或多个特定的端口号，常用的端口号如表 2-2 所示。

表 2-2 服务器的常见端口号

协议	端口	说明	全拼
HTTP	80	超文本传输协议	Hypertext transfer protocol
HTTPS	443	超文本传输安全协议	Hyper Text Transfer Protocol over Secure Socket Layer
FTP	20，21，990	文件传输协议	File Transfer Protocol
POP3	110	邮局协议（版本 3）	Post Office Protocol – Version 3
SMTP	25	简单邮件传输协议	Simple Mail Transfer Protocol
telnet	23	远程终端协议	teletype network

表 2-2 列举了一些常见的端口号。由表可知，每个传输协议都有默认的端口号。它是一个整数，如果输入时省略，则会使用方案的默认端口。若要采用非标准的端口号，这时的 URL 是不能省略端口号一项的。

4. 路径

路径（Path）是由 0 或者多个"/"符号隔开的字符串，一般用于表示主机上的一个目录或者文件的地址。

总而言之，一个完整的 URL 是由协议、主机地址、端口号、路径 4 个部分组成，基本格式如下。

协议：// 主机地址：端口号 /路径

2.1.3 TCP/IP 和 TCP、UDP

TCP/IP（Transmission Control Protocol/Internet Protocol，传输控制协议/因特网互联协议）是一种网络通信协议，它规范了网络上的所有通信设备，尤其是一个主机和另一个主机之间的数据往来格式及传送方式。提到协议分层，很容易联想到 OSI 的七层协议经典架构，而基于 TCP/IP 的参考模型将协议分成 4 个层次。两者的比较如图 2-3 所示。

图 2-3 所示是 OSI 模型和 TCP/IP 模型的对照图。由图可知，TCP/IP 的层次比较简单，共分为 4 层，分别为应用层、传输层、网络互连层和网络接口层，详细内容如下。

（1）应用层：应用层对应于 OSI 参考模型的高层，主要负责应用程序的协议，如 HTTP、FTP。

（2）传输层：传输层对应于 OSI 参考模型的传输层，负责为应用层实体提供端到端的通信功能。该层定义了两个主要的协议，分别为传输控制协议（TCP）和用户数据报协议（UDP）。

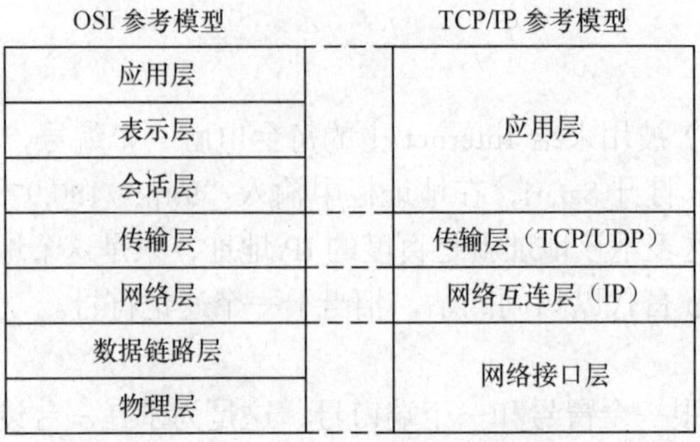

OSI 参考模型	TCP/IP 参考模型
应用层	应用层
表示层	
会话层	
传输层	传输层（TCP/UDP）
网络层	网络互连层（IP）
数据链路层	网络接口层
物理层	

图 2-3 OSI 模型与 TCP/IP 模型

（3）网络互连层：网络互连层对应于 OSI 参考模型的网络层，主要用于将传输的数据进行分组，并且将分组后的数据发送到目标计算机或者网络。该层包含网际协议（IP）、地址解析协议（ARP）、互联网组管理协议（IGMP）、互联网控制报文协议（ICMP）4 个主要协议。其中，IP 是国际互联层最重要的协议，它提供的是一个不可靠、无连接的数据报传递服务。

（4）网络接口层：网络接口层对应于 OSI 参考模型的数据链路层、物理层，负责监听数据在主机与网络之间的交换。

前面已经提到过，关于传输层有两个非常重要的协议，分别是 TCP 和 UDP。其中，TCP 是面向连接的通信协议，而 UDP 是面向非连接的通信协议，详细内容如下。

1. 面向连接的 TCP

面向连接是指正式通信前必须要与对方建立起连接，例如，你给别人打电话，只有等到线路接通，对方拿起话筒才能相互通话。TCP（Transmission Control Protocol，传输控制协议）是基于连接的协议，也就是说在正式收发数据之前，必须和对方建立可靠的连接。

一个 TCP 连接必须要经过"三次握手"才能建立起来，通信完成时需要拆除连接，关于连接建立和连接终止这两个过程，具体内容如下。

（1）连接建立

建立连接的流程是：主动方发出 SYN 连接请求以后，等待对方回答 SYN+ACK，并且最终对对方的 SYN 执行 ACK 确认。这为两台计算机之间可靠无差错的数据传输提供了基础，流程如图 2-4 所示。

图 2-4 展示了 TCP 连接建立的过程，大体分为如下 3 个步骤。

① 客户端发送 SYN 报文给服务器端，进入 SYN_SEND 状态。
② 服务器端收到 SYN 报文，回应一个 SYN +ACK 报文，进入 SYN_RECV 状态；
③ 客户端收到服务器端的 SYN 报文，回应一个 ACK 报文，进入 Established 状态。

经历上面的 3 个步骤，完成了三次握手，客户端与服务器端成功地建立了连接，这时就可以传输数据了。

（2）连接终止

建立一个连接需要三次握手，而终止一个连接要经过四次握手，这是由于 TCP 的半关闭所造成的，即从执行被动关闭的一端到执行主动关闭的一端流动数据是可能的。具体过程如图 2-5 所示。

图 2-5 展示了 TCP 连接终止的过程，大体分为如下 4 个步骤。

① 一个应用程序首先调用 close，该端就执行了"主动关闭"（active close），于是该端的 TCP 发送一个 FIN 分节，表示数据发送完毕。
② 接收到 FIN 的另一端执行"被动关闭"（passive close），这个 FIN 由 TCP 确认。

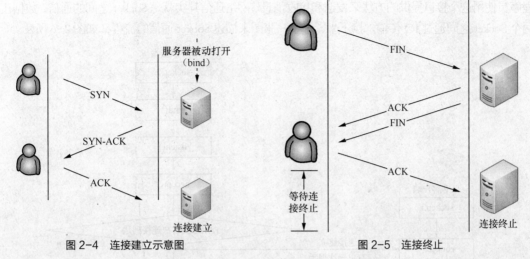

图 2-4　连接建立示意图　　　　　图 2-5　连接终止

③ 一段时间后，接收到这个文件结束符的应用进程将调用 close 关闭它的套接字。这导致它的 TCP 也发送一个 FIN。

④ 接收这个最终 FIN 的原发送端 TCP（即执行主动关闭的那一端）确认这个 FIN。

2. 面向非连接的 UDP

"面向非连接"是指在正式通信前不必与对方先建立连接，不管对方状态如何均可以直接发送。与手机发送短信非常相似，仅输入对方的号码就能够发送信息。

UDP（User Data Protocol，用户数据报协议）与 TCP 正好相反，它是面向非连接的协议，无需与对方建立连接，直接把数据包发送过去即可。因此，UDP 适用于一次只传递少量数据，且可靠性要求不高的应用环境，如 QQ。

综上所述，TCP 和 UDP 虽然都用于传输，但是两者却有着各自独特的特点，如表 2-3 所示。

表 2-3　TCP 和 UDP 的区别

协议	TCP（传输控制协议）	UDP（用户数据报协议）
是否连接	建立连接，形成传输数据的通道	将数据源和目的封装成数据包中，不需要建立连接
应用场合	连接中进行大数据传输（数据大小不受限制）	少量数据（每个数据报的大小限制在 64KB 之内）
传输可靠性	通过三次握手完成连接，是可靠协议，安全送达	只管发送，不确定对方是否接收到。因为不需建立连接，因此也是不可靠协议
速度	速度慢	速度快

从表 2-3 中可以看出，TCP 和 UDP 各有所长、各有所短，适用于不同要求的通信环境。由于 TCP 面向连接的特性，这就保证了传输数据的安全性，故它是一个被广泛采用的协议。

2.1.4　Socket 介绍

在网络中，两个程序之间是通过一个双向的通信连接来实现数据交换的。这个连接的一端称为一个 Socket，又称"套接字"，包含了终端的 IP 地址、端口和传输协议等信息，是系统提供的用于实现网络通信的方法。

Socket 是对 TCP/IP 的封装，但它并不是一个协议，只是给程序员提供了一个发送消息的接口，程序员使用这个接口提供的方法来发送和接收消息。网络通信其实就是 Socket 之间的通信，数据在两个 Socket 之间通过 IO 传输。接下来，通过一张图来描述 Socket 通信的流程，如图 2-6 所示。

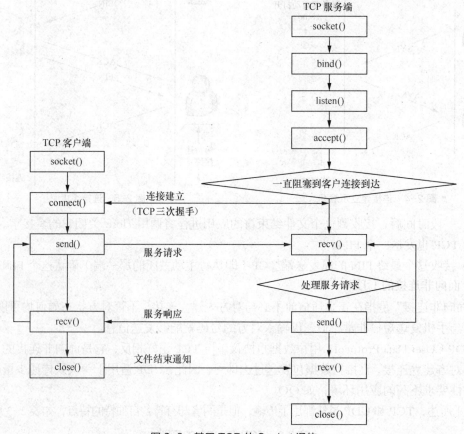

图 2-6　基于 TCP 的 Socket 通信

从图 2-6 中可以看出，左侧是客户端，右侧是服务器端，开发时注意力要集中在客户端。首先通过 socket() 建立一个 Socket 对象，connect() 建立一个到服务器的连接，然后通过 send() 给服务器发送数据，发送完成后等待服务器响应，服务器根据接收到的数据也做出一个响应，这样可以一直循环，最后执行 close() 关闭即可。

要想实现 Socket 的通信，大致需要经历 3 个步骤，分别是创建一个 Socket 并建立连接、发送和接收信息、断开连接，详细介绍如下。

1. 创建 Socket，建立连接

首先，创建一个 Socket 对象，通过 socket() 函数来实现。该函数的定义格式如下：

int socket(int domain, int type, int protocol);

在上述定义中，该函数包含 3 个 int 类型的参数，针对这 3 个参数的介绍如下。

（1）domain：协议域或者协议族，它决定了 Socket 的地址类型，通信中必须采用对应的地址，例如，AF_INET 决定了要用 IPv4 地址（32 位的）与端口号（16 位的）的组合。

（2）type：指定 Socket 类型，常用的类型有 SOCK_STREAM、SOCK_DGRAM、SOCK_RAW、SOCK_PACKET 等。

（3）protocol：指定协议，常用的协议有 IPPROTO_TCP、IPPROTO_UDP、IPPROTO_

SCTP、IPPROTO_TIPC，分别对应 TCP、UDP、STCP、TIPC 传输协议。

需要注意的是，type 和 protocol 不能够随意组合，若第 3 个参数为 0 时，会自动选择第 2 个参数类型对应的默认协议。一旦返回值大于 0 时，则表示创建成功。接下来，需要建立连接，通过一个 connect()函数实现，定义格式如下：

int PASCAL FAR connect(SOCKET s, const struct sockaddr FAR* name, int namelen);

在上述定义中，该函数包含 3 个参数，其中第 1 个参数表示客户端的 Socket，第 2 个参数是一个指向数据结构 sockaddr 的指针，它包括目的端口和 IP 地址，表示服务器的结构体地址，第 3 个参数表示该结构体的长度，返回值为 0 表示连接成功。

值得一提的是，系统针对 Socket 开发提供了一个辅助工具 NetCat，是可以通过终端来调试和检查网络的工具包。进入终端，输入如下命令：

nc –lk 端口号

一旦在终端中输入上述命令，就会始终监听本地计算机该端口号的往来数据。

2. 发送和接收信息

当连接建立成功之后，就可以发送和接收信息了。发送信息通过 send()函数实现，定义格式如下：

ssize_t send(int, const void *, size_t, int) __DARWIN_ALIAS_C(send);

从上述格式看出，该函数包含 4 个参数，其中，第 1 个参数表示客户端的 Socket，第 2 个参数表示发送内容的地址，第 3 个参数表示发送内容的长度，第 4 个参数表示发送内容的标志，一般为 0。如果发送成功，则返回信息内容的字节数。

客户端将信息发送给服务器后，服务器端会接收这个信息，通过 recv()函数实现，定义格式如下：

ssize_t recv(int, void *, size_t, int) __DARWIN_ALIAS_C(recv);

在上述定义中，该函数包含 4 个参数，其中，第 1 个参数表示客户端的 Socket，第 2 个参数表示接收内容的缓冲地址，第 3 个参数表示接收内容的长度，第 4 个参数表示接收标志，若为 0，表示阻塞式，即会一直等待服务器返回数据。

3. 断开连接

给服务器发送完信息，服务器回复了信息后，需要断开连接，通过 close()函数实现，定义格式如下：

int close(int);

2.1.5 实战演练——Socket 聊天

Socket 提供了发送和接收信息的接口，通过这个接口实现了客户端与服务器端的通信。为了大家更好地理解，接下来，通过一个项目演示如何实现 Socket 聊天，具体步骤如下。

1. 创建工程，设计界面

（1）新建一个 Single View Application 应用，命名为 01-Socket 聊天。进入 Main.storyboard，从对象库拖曳 1 个 Label、2 个 Button、2 个 View、3 个 Text Field，其中，View 表示容器视图，用于放置其他的小控件，2 个 Button 的 Title 分别为"连接"和"发送"。

（2）一旦屏幕的尺寸发生改变，UI 元素的位置和大小也需要做出相应的调整，这时就会用到自动布局，后面章节会有详细地介绍。在平面直角坐标系中，要想准确描述一个视图的位置需要确定以下 4 个布局属性，即水平位置 X（左侧）、垂直位置 Y（顶部）、宽度 W、高度 H。单击编辑窗口右下角的第 2 个"pin"按钮，弹出如图 2-7 所示的窗口。

从图 2-7 中可以看出，可以通过该窗口来指定一个控件的位置。若一个视图要想在垂直或者水平方向上居中显示，需要添加对齐约束。单击编辑窗口右下角的第 1 个"Align"按钮，弹出如图 2-8 所示的窗口。

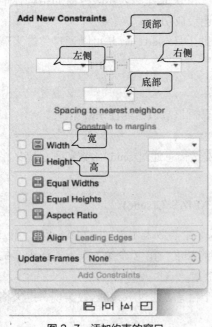
图 2-7　添加约束的窗口

图 2-8　添加对齐的窗口

（3）以容器视图 View 为例，该视图应该距离顶部、左侧、右侧的位置固定，高度是固定值，这样依次确定了 Y 值、X 值、W 值、H 值。选中程序界面的任意一个容器 View，单击"pin"按钮，在该窗口上进行设置，如图 2-9 所示。

图 2-9 中所示文本框的数值都是自动检测的，依次将距离顶部、左侧、右侧的虚线单击成实线，勾选"Height"对应的复选框，单击"Add 4 Constraints"按钮，这样就成功地确定了 View 的位置。

（4）按照以上方式，完成其他控件约束的添加。单击运行按钮，模拟器自动根据"iPhone 6"的运行方案，弹出一个 4.7 英寸的模拟器，如图 2-10 所示。

2. 创建控件对象的关联

（1）单击 Xcode 右上角的 ⊘ 图标，进入控件与代码关联的界面，依次给 3 个 Text Field 和 1 个 Label 添加 4 个属性，分别命名为 hostText、portText、msgText、recvLabel，用于表示主机名、端口号、发送的信息、回复的信息。

（2）依次选中 2 个 Button，以同样的方式，分别添加两个单击事件，命名为 conn、send。

3. 实现 Socket 聊天

按照实现 Socket 通信的 3 个步骤，模拟完成一个客户端与服务器端聊天的功能，详细步骤介绍如下。

图 2-9 给 View 添加约束

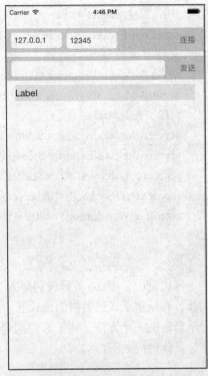

图 2-10 设计好的界面

（1）自定义一个方法，通过传入一个 IP 地址和端口号连接到服务器，具体代码如下：

```
1   #import "ViewController.h"
2   #import <sys/socket.h>
3   #import <netinet/in.h>
4   #import <arpa/inet.h>
5   @interface ViewController ()
6   // 主机名
7   @property (weak, nonatomic) IBOutlet UITextField *hostText;
8   // 端口号
9   @property (weak, nonatomic) IBOutlet UITextField *portText;
10  // 发送的信息
11  @property (weak, nonatomic) IBOutlet UITextField *msgText;
12  // 回复的信息
13  @property (weak, nonatomic) IBOutlet UILabel *recvLabel;
14  @property (nonatomic, assign) int clientSocket; // Socket
15  @end
16  @implementation ViewController
17  /**
18   * 连接到服务器
19   */
20  - (BOOL)connectToHost:(NSString *)host port:(int)port{
```

```
21      // 1. 创建 Socket 对象
22      self.clientSocket = socket(AF_INET, SOCK_STREAM, 0);
23      // 2. 建立连接
24      struct sockaddr_in serverAddress;
25      serverAddress.sin_family = AF_INET;        // 协议族
26      // IP，查找机器
27      serverAddress.sin_addr.s_addr = inet_addr(host.UTF8String);
28      serverAddress.sin_port = htons(port);      //端口，查找程序
29      return (connect(self.clientSocket,
30          (const struct sockaddr *)&serverAddress,
31          sizeof(serverAddress)) == 0);
32  }
33  @end
```

在上述代码中，第 2~4 行代码导入了必要的头文件，第 24~28 行代码声明了一个服务器结构体，并设置了该服务器的协议族、IP 地址、端口。

（2）自定义一个方法，用于客户端向服务器端发送一条信息，服务器端向客户端回复一条信息，具体代码如下：

```
1   /**
2    *  发送和接收
3    */
4   - (NSString *)sendAndRecv:(NSString *)message
5   {
6       // 1.发送信息
7       ssize_t sendLen = send(self.clientSocket, message.UTF8String,
8           strlen(message.UTF8String), 0);
9       // 2.接收信息
10      // 2.1 定义一个数组
11      uint8_t buffer[1024];
12      ssize_t recvLen =  recv(self.clientSocket, buffer, sizeof(buffer), 0);
13      // 2.2 获取服务器返回的二进制数据
14      NSData *data = [NSData dataWithBytes:buffer length:recvLen];
15      // 2.3 转换为字符串
16      NSString *str = [[NSString alloc] initWithData:data
17          encoding:NSUTF8StringEncoding];
18      return str;
19  }
```

（3）自定义一个断开连接的方法，用于中断之前建立的连接，代码如下：

```
1   /**
2    *  断开连接
3    */
```

```
4    - (void)disconnection
5    {
6        close(self.clientSocket);
7    }
```

（4）单击"连接"按钮，提示连接"成功"或者"失败"的信息；单击"发送"按钮，"发送"按钮自动改为不可用状态，将接收到的信息显示到标签上，具体代码如下：

```
1    // 单击"连接"后执行的行为
2    - (IBAction)conn {
3        BOOL result = [self connectToHost:self.hostText.text
4            port:self.portText.text.intValue];
5        self.recvLabel.text = result ? @"成功" : @"失败";
6    }
7    // 单击"发送"按钮后执行的行为
8    - (IBAction)send {
9        self.recvLabel.text = [self sendAndRecv:self.msgText.text];
10   }
```

4. 运行程序

（1）单击 Xcode 工具的运行按钮，在模拟器上运行程序。程序运行成功后，打开终端，输入 nc –lk 12345。单击模拟器的"连接"按钮，底部的标签提示"成功"字样；在中间的文本框输入"hello"，单击"发送"按钮，该按钮呈不可用状态，这时终端成功监听到了"hello"，如图 2-11 所示。

（2）图 2-11 中的终端中输入"hi"，单击"return"键。这时，模拟器的底部标签提示"hi"，成功地实现了 Socket 聊天，运行结果如图 2-12 所示。

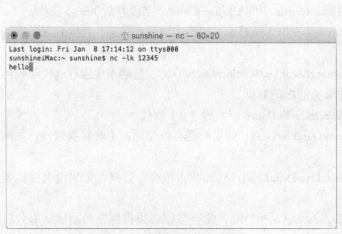

图 2-11　程序运行的部分场景图

图 2-12　程序运行的结果图

2.2 原生网络框架 NSURLConnection

iOS 2.0 推出了发送 HTTP 请求的一种方案 NSURLConnection，至今已经有十余年的历史。NSURLConnection 是一种最古老的、最经典的、最直接的方案，迄今为止没有做过太大的改动。尽管 iOS 9 已经废弃了 NSURLConnection，但是作为一个资深的 iOS 程序员，是有必要了解细节的。本节将针对 NSURLConnection 的相关内容进行简单的介绍。

2.2.1 NSURLRequest 类

一个 NSURLRequest 对象就表示一个请求，通过一个 URL 来创建一个请求对象，为此，NSURLRequest 类提供了初始化的方法，定义格式如下：

```
// 创建并返回一个 URL 请求，指向一个指定的 URL，采用默认缓存策略和超时响应时长
+ (instancetype)requestWithURL:(NSURL *)URL;
//创建并返回一个初始化的 URL 请求，采用指定的缓存策略和超时时长
+ (instancetype)requestWithURL:(NSURL *)URL
cachePolicy:(NSURLRequestCachePolicy)cachePolicy
timeoutInterval:(NSTimeInterval)timeoutInterval;
//返回一个 URL 请求，指向一个指定的 URL，采用默认的缓存策略和超时响应时长
- (instancetype)initWithURL:(NSURL *)URL;
//返回一个 URL 请求，采用指定的缓存策略和超时时长
- (instancetype)initWithURL:(NSURL *)URL
cachePolicy:(NSURLRequestCachePolicy)cachePolicy
timeoutInterval:(NSTimeInterval)timeoutInterval;
```

值得一提的是，默认的缓存策略是 NSURLRequestUseProtocolCachePolicy，默认的超时时长是 60s。要想指定缓存策略，需要传入一个 NSURLRequestCachePolicy 类型的值，这是一个枚举类型，包含如下几个值。

（1）NSURLRequestUseProtocolCachePolicy：默认的缓存策略，如果没有缓存，则直接到服务器端获取；如果有缓存，会根据 response 中的 Cache-Control 字段判断下一步操作。

（2）NSURLRequestReloadIgnoringLocalCacheData：忽略本地缓存数据，直接到服务器端请求数据。

（3）NSURLRequestReloadIgnoringLocalAndRemoteCacheData：忽略本地缓存、代理服务器和其他中介的缓存，直接请求源服务器端的数据。

（4）NSURLRequestReloadIgnoringCacheData：已经被（2）取代。

（5）NSURLRequestReturnCacheDataElseLoad：如果有缓存就使用，不管其有效性；如果没有缓存就请求服务端。

（6）NSURLRequestReturnCacheDataDontLoad：只加载本地缓存数据，如果没有，就表示失败。

（7）NSURLRequestReloadRevalidatingCacheData：缓存数据必须得到服务端确认有效后才使用。

NSURLRequest 对象封装了一个请求，它保存着发给服务器的全部数据，包括一个 NSURL 对象、请求方法、请求头、请求体、请求超时等。为此，NSURLRequest 类声明了一些属性，如表 2-4 所示。

表 2-4 NSURLRequest 类的常用属性

属性声明	功能描述
@property (readonly, copy) NSString *HTTPMethod;	设置请求的方法
@property (readonly, copy) NSData *HTTPBody;	设置请求体
@property (readonly) NSTimeInterval timeoutInterval;	设置请求超时等待时间，超过这个时间就表示请求失败

表 2-4 列举了 NSURLRequest 类的一些常用属性，由表可知，这 3 个属性都是 readonly 修饰的，仅仅只能生成对应的 get 方法。针对这个情况，iOS 提供了一个 NSURLRequest 类的子类 NSMutableURLRequest，表示可变的 URL 请求，它重新声明了这 3 个属性，修改为可读写类型。另外，该类还声明了一个常用的方法，用于设置请求头，定义格式如下：

- (void)setValue:(NSString *)value forHTTPHeaderField:(NSString *)field;

例如，如果告诉服务器要使用的设备是 iPhone，传入第 1 个参数是 "iPhone"，第 2 个参数为 "User-Agent" 即可。

2.2.2 NSURLConnection 介绍

为了读取服务器的数据或者向服务器提交数据，iOS 提供了一个 NSURLConnection 类，用于建立客户端与服务器的连接。NSURLConnection 类通过使用一个 NSURLRequest 对象，向远程服务器发送同步或者异步请求，并收集来自服务器的响应数据，如图 2-13 所示。

图 2-13 NSURLConnection 连接的示意图

从图 2-13 中可以看出，NSURLConnection 是以 NSURLRequest 为载体，建立客户端与服务器的连接的。要想使用 NSURLConnection 类发送一个请求，大体可分为如下 3 个步骤。

（1）创建一个 NSURL 对象，设置请求的路径。
（2）根据 NSURL 创建一个 NSURLRequest 对象，设置请求头和请求体。
（3）使用 NSURLConnection 发送 NSURLRequest 对象。

值得一提的是，要想使用 NSURLConnection 发送请求，通常可以通过同步请求和异步请求两种方式实现，它们的定义格式如下：

```
//发送同步请求
+ (NSData *)sendSynchronousRequest:(NSURLRequest *)request returningResponse:
 (NSURLResponse **)response error:(NSError **)error;
//发送异步请求
+ (void)sendAsynchronousRequest:(NSURLRequest*) request queue:(NSOperationQueue*)
 queue completionHandler: (void (^)(NSURLResponse* response, NSData* data, NSError* connection
 Error)) handler;
```

其中，第 1 个方法是用于发送同步请求的，第 2 个方法是用于发送异步请求的，针对它们的详细介绍如下。

1. 同步请求

该方法有 1 个 NSData 类型的返回值，表示根据 URL 请求返回的数据。此外，该方法需要传递 3 个参数，针对它们的介绍如下。

（1）request：表示加载的 URL 请求。

（2）response：表示服务器返回的 URL 响应头信息。

（3）error：如果处理请求时出现错误，可使用该参数。

需要注意的是，这个方法会阻塞当前线程，直至服务器返回数据，才能执行其他的操作。通常情况下，如果要请求大量数据或者网络不畅时不建议使用。

2. 异步请求

开发者无需考虑开启线程，或者创建队列。异步请求的方法没有返回值，该方法包含 3 个参数，针对它们的介绍如下。

（1）request：表示加载的 URL 请求。

（2）queue：completionHandler 会运行在这个队列。

（3）handler：请求回调的 block。该 block 包含 3 个参数，其中，response 表示服务器的响应，通常用于下载功能；data 表示服务器返回的二进制数据，这是开发者最关心的内容；connectionError 表示连接错误，任何网络访问都有可能出现错误。

这个方法会将之前创建好的 request 异步发送给服务器，当接收到服务器的响应之后，由 queue 负责调度 completionHandler 的执行。completionHandler 表示网络访问已经结束，接收到服务器响应数据后的回调方法。

根据对服务器返回数据处理方式的不同，可以分为两种情况，分别为 block 回调和代理，上述方式属于 block 回调。除此之外，还可以通过给 NSURLConnection 设定一个代理，监听 NSURLConnection 与服务器响应的状态，为此，NSURLConnection 类提供了 3 个方法，它们的定义格式如下。

```
+ (NSURLConnection*)connectionWithRequest:(NSURLRequest *)request delegate:(id)delegate;
- (id)initWithRequest:(NSURLRequest *)request delegate:(id)delegate;
- (id)initWithRequest:(NSURLRequest *)request delegate:(id)delegate startImmediately:(BOOL)
 startImmediately;
```

在上述定义中，第 1 个和第 2 个方法均需要传递两个参数，第 3 个方法需要传递 3 个参数，其中，startImmediately 表示是否立即下载数据，若设置为 NO，需要调用 start 方法开始发送请求。

若要监听服务器返回的数据，前提是要遵守 NSURLConnectionDataDelegate 协议，该协议包含如下几个常用方法：

```
//开始接收到服务器的响应时调用
- (void)connection:(NSURLConnection *)connection didReceiveResponse:
(NSURLResponse *)response;
//接收到服务器返回的数据时调用（若返回的数据比较大时会调用多次）
- (void)connection:(NSURLConnection *)connection didReceiveData:
(NSData *)data;
//服务器返回的数据完全接收完毕后调用
- (void)connectionDidFinishLoading:(NSURLConnection *)connection;
//请求出错时调用，如请求超时
- (void)connection:(NSURLConnection *)connection didFailWithError:
(NSError *)error;
```

在开发中，代理对象只要重写某个方法，就能够针对不同的状态进行一些处理。例如，若要获取服务器返回的数据，只要重写 connection: didReceiveData:方法即可。

综上所述，NSURLConnection 提供了很多灵活的方法下载 URL 内容，也提供了一个简单的接口去创建和放弃连接，同时使用很多的 delegate 方法去支持连接过程的反馈和控制。

2.2.3　Web 视图

在 iOS 中，Web 视图使用 UIWebView 类表示，它是一个内置浏览器控件，用于浏览网页或者文档。UIWebView 可以在应用中嵌入网页的内容，通常情况下是 html 格式，它也支持加载 pdf、docx、txt 等格式的文件。下面通过图 2-14 来描述 UIWebView 的使用场景。

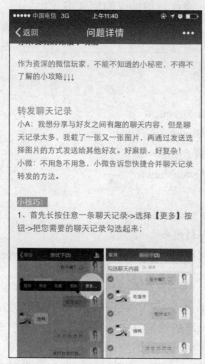 

图 2-14　微信的帮助文档

图 2-14 是微信应用的帮助文档。由图可知，UIWebView 主要用于加载静态页面，这是应用程序显示内容的一种方式，iPhone 的 Safari 浏览器就是通过 UIWebView 实现的。

要想在程序中使用 UIWebView 加载网页，最简单的方式是直接将对象库中的 Web View 拖曳到程序界面中，还可以通过创建 UIWebView 类的对象实现，同时，UIWebView 类定义一些常用的属性，如表 2-5 所示。

表 2-5 UIWebView 的常用属性

属性声明	功能描述
@property (nonatomic, assign) id <UIWebViewDelegate> delegate;	设置代理
@property (nonatomic) BOOL detectsPhoneNumbers;	是否自动检测网页上的电话号码
@property (nonatomic) UIDataDetectorTypes dataDetectorTypes;	需要进行检测的数据类型
@property (nonatomic, readonly, getter=canGoBack) BOOL canGoBack;	是否能够回退
@property (nonatomic, readonly, getter=canGoForward) BOOL canGoForward;	是否能够前进
@property (nonatomic, readonly, getter=isLoading) BOOL loading;	是否正在加载
@property (nonatomic) BOOL scalesPageToFit;	是否缩放内容至适应屏幕当前的尺寸

表 2-5 列举了 UIWebView 些常见的属性。其中，delegate 为代理属性，如果一个对象想要监听 Web 视图的加载过程，如 Web 视图完成加载，该对象可以成为 Web 视图的代理来实现监听，但是前提是要遵守 UIWebViewDelegate 协议，该协议的定义格式如下：

```
@protocol UIWebViewDelegate <NSObject>
@optional
// 当 Web 视图被指示载入内容时会得到通知
- (BOOL)webView:(UIWebView *)webView
shouldStartLoadWithRequest:(NSURLRequest *)request
navigationType:(UIWebViewNavigationType)navigationType;
// 当 Web 视图已经开始发送一个请求后会得到通知
- (void)webViewDidStartLoad:(UIWebView *)webView;
//当 Web 视图请求完毕时会得到通知
- (void)webViewDidFinishLoad:(UIWebView *)webView;
//当 Web 视图在请求加载中发生错误时会得到通知
- (void)webView:(UIWebView *)webView didFailLoadWithError:(NSError *)error;
@end
```

在上述代码中，UIWebViewDelegate 声明了 4 个供代理监听的方法，这些方法会在不同的状态下被调用。例如，webViewDidFinishLoad:方法就是 Web 视图完成一个请求的加载时调用的方法。

除此之外，UIWebView 类还提供了一些常见的方法，用于管理浏览器的导航动作，如回退和前进,如表 2-6 所示。

表 2-6　UIWebView 的常用方法

方法声明	功能描述
- (void)reload;	重新加载
- (void)stopLoading;	停止加载
- (void)goBack;	回退
- (void)goForward;	前进

2.2.4　实战演练——Web 视图加载百度页面

UIWebView 可以创建一个网页浏览器,类似于 Safari。为了大家更好地理解,接下来,通过一个案例来演示如何通过 Web 视图加载网页,具体如下。

1. 创建工程,设计界面

(1)新建一个 Single View Application 应用,命名为 02-UIWebView。进入 Main.storyboard,从对象库拖曳 1 个 Web View 到故事板,该视图是全屏的。

(2)为了让 Web View 适应屏幕的调整,需要对其进行自动布局。选中 Web View,单击 "pin" 按钮弹出一个窗口,在该窗口中依次添加 Web View 距离顶部、底部、左侧、右侧的约束,当屏幕发生变化时,让 Web View 始终保持全屏,设计完成的界面如图 2-15 所示。

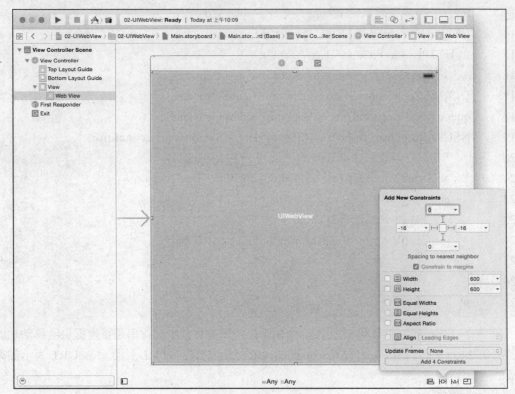

图 2-15　设计完成的界面

2. 创建控件对象的关联

单击 Xcode 右上角的 图标,进入控件与代码关联的界面,给 Web View 添加 1 个属性,命名为 webView。

3. 实现 Web 视图加载百度页面

要想通过 Web 视图加载网络资源，需要 3 个步骤，即确定要访问的资源；建立请求，向服务器索要数据；建立网络连接，将请求异步发送给服务器，等待服务器的响应。针对这 3 个步骤的示例代码如例 2-1 所示。

【例 2-1】 ViewController.m

```
1   #import "ViewController.h"
2   @interface ViewController ()
3   @property (weak, nonatomic) IBOutlet UIWebView *webView;
4   @end
5   @implementation ViewController
6   - (void)viewDidLoad {
7       [super viewDidLoad];
8       // 1.确定要访问的资源
9       NSURL *url = [NSURL URLWithString:@"http://m.baidu.com"];
10      // 2.建立请求，向服务器索要资源
11      NSMutableURLRequest *request = [NSMutableURLRequest
12      requestWithURL:url];
13      // 2.1 告诉服务器我是 iPhone，支持苹果的 Web 套件
14      [request setValue:@"iPhone AppleWebKit"
15      forHTTPHeaderField:@"User-Agent"];
16      // 3.建立网络连接，将异步请求发送到服务器
17      [NSURLConnection sendAsynchronousRequest:request
18      queue:[[NSOperationQueue alloc] init] completionHandler:^(
19      NSURLResponse *response, NSData *data, NSError *connectionError) {
20          // 3.1 将二进制数据 data 转换为字符串
21          NSString *html = [[NSString alloc] initWithData:data
22          encoding:NSUTF8StringEncoding];
23          // 3.2 Web 视图显示 HTML
24          [self.webView loadHTMLString:html baseURL:url];
25      }];
26  }
27  @end
```

在例 2-1 中，第 9 行代码根据字符串创建了一个 url，其中字符串是百度提供给移动端的域名。第 24 行代码调用 loadHTMLString: baseURL:方法加载 HTML 页面，baseURL 表示加载资源的参照路径。

4. 运行程序

单击 Xcode 工具的运行按钮，在模拟器上运行程序。程序运行成功后，百度的网页出现在模拟器屏幕上，如图 2-16 所示。

图 2-16　Web 视图加载百度页面

注意：

使用 Web View 加载 HTML 网页，能够实现类似于 Safari 浏览器的效果，功能非常强大，但是内存的消耗也是非常直观的。运行程序，随意选择一个视频观看，同时打开 Xcode 的调试导航面板，如图 2-17 所示。

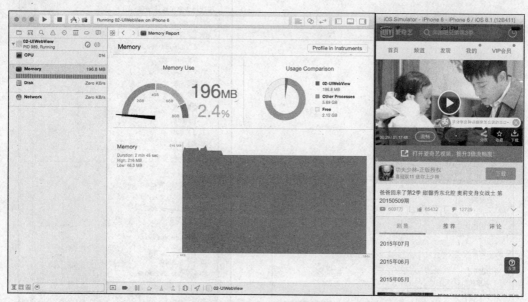

图 2-17　内存消耗示意图

从图 2-17 中可以看出，最高峰值已经达到了 196MB，内存消耗相当严重。

2.3 数据解析

前面已经能够获取服务器的数据，但是这些数据都是二进制的，故需要对其进行解析。在 iOS 开发中，最常用的数据格式就是 JSON 格式，偶尔也会有 XML 格式，无论是 JSON 还是 XML 格式，它们都是一种特殊格式的字符串，按照一定的规则来描述的数据结构。接下来，本章将针对数据解析的相关内容进行详细的讲解。

2.3.1 配置 Apache 服务器

为了能够有一个免费测试的服务器，需要配置一个 Web 服务器。Apache 是使用最广的 Web 服务器，它是 Mac 自带的服务器，只要修改几个配置就可以使用，相对而言比较简单快捷，针对一些特殊的服务器功能，Apache 都能够有很好的支持。

要想配置 Apache，准备工作是要设置用户密码，避免计算机"裸奔"到互联网。打开 Finder 中的"系统偏好设置"，单击"用户与群组"，切换到当前的用户后，单击"更改密码"按钮，弹出一个如图 2-18 所示的窗口。

按照图 2-18 所示的窗口，输入正确的信息即可。用户密码设置完成之后，接下来就是配置服务器的工作，大致分为以下 4 个步骤。

1. 创建一个文件夹，放到 Users 目录下

（1）打开 Finder 的"偏好设置"，弹出"Finder 偏好设置"的对话框。单击"边栏"选项，该窗口列举了边栏可以显示的项目，中间位置有一个小房子图标，后面跟着 Mac 的用户名，勾选其对应的复选框即可，如图 2-19 所示。

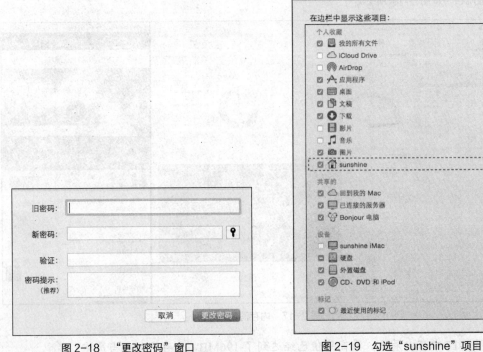

图 2-18　"更改密码"窗口

图 2-19　勾选"sunshine"项目

（2）单击 Finder 快捷图标，弹出任意一个 Finder 窗口，该窗口的左侧边栏显示出 sunshine（当前用户名）文件夹，其对应路径就是/Users/sunshine。

（3）选中 sunshine，右侧窗口切换到该目录。使用 ⌘⇧N 快速创建一个空文件夹，命名为"Sites"，该名称是随意的。这样，网络用户就可以访问该目录了。

2．通过终端修改配置文件中的两个路径，指向 Sites 文件夹

（1）打开终端，默认工作目录为 sunshine。切换工作目录到 apache2，输入如下命令：

$ cd /etc/apache2

需要注意的是，以"$"符号开头的命令可以复制，但不要复制"$"符号。输入上述命令后，单击"return"键，切换至配置 apache 的目录。为了确认当前目录，可输入如下命令来检测：

$ pwd

另外，如果要以列表的形式查看当前目录的全部内容，可输入如下命令：

$ ls

（2）由于需要改动 httpd.conf 文件，为了避免出现错误，最好备份该文件，输入如下命令：

$ sudo cp httpd.conf httpd.conf.bak

其中，httpd.conf 表示源文件，httpd.conf.bak 表示目标文件。若后续出现错误，需要恢复之前备份的 httpd.conf 文件，输入如下命令：

$ sudo cp httpd.conf.bak httpd.conf

（3）备份完成后，单击"return"键，输入之前设定的密码。需要注意的是，输入密码时，终端没有任何相关的回应。

（4）密码输入完成后，单击"return"键，再次回到 apache2 目录。输入"ls"命令，可以看到该目录下确实增加了一个 httpd.conf.bak，如图 2-20 所示。

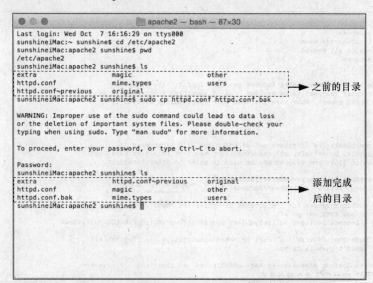

图 2-20　查看 apache2 目录的内容

(5)接下来,就可以编辑 httpd.conf 文件了,通过 vim 编辑该文件,输入如下命令:

$ sudo vim httpd.conf

需要注意的是,vim 是一个编辑器,在其中只能使用键盘的方向键滚动,无法使用鼠标操作。单击"return"键,这时终端打开了 httpd.conf 文件。

(6)通过键盘直接输入"/DocumentRoot",用于查找 DocumentRoot,单击"return"键,光标自动定位到 DocumentRoot 位置,如图 2-21 所示。

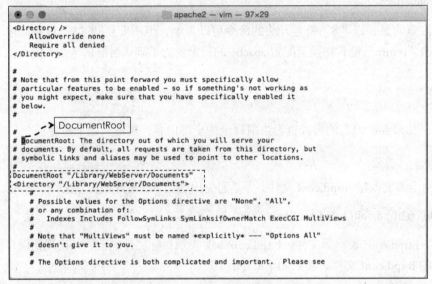

图 2-21 查找 DocumentRoot

这时,在光标定位的下面会看到两个路径,这就是要修改的路径。

(7)按住键盘的"↓"键,移动到第 1 个路径所在的那一行,再按住"→"键,移动到该行最后的右双引号位置,输入"i"命令,这时会看到底部显示"--INSERT--"字样,表示进入编辑模式,如图 2-22 所示。

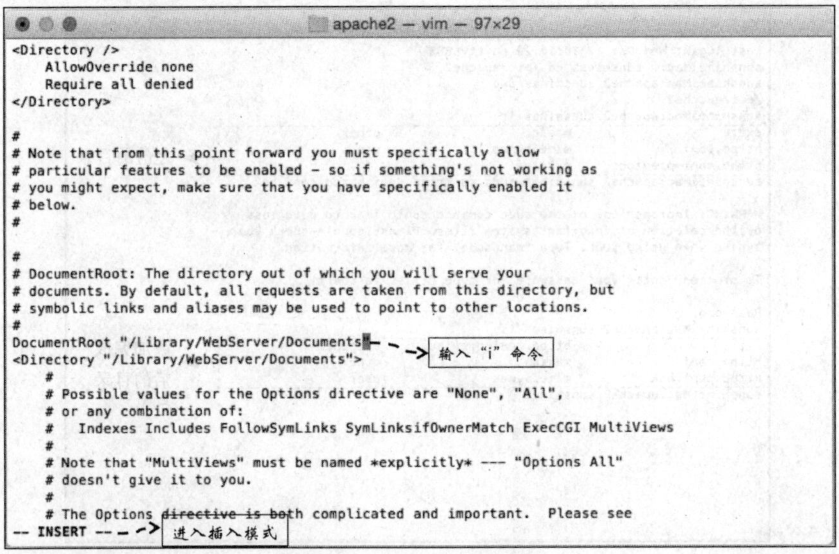

图 2-22 进入编辑模式

（8）按住键盘的"Delete"键，删除右引号与左引号之间的内容，输入"/Users/sunshine/Sites"。同样，将下面一行双引号之间的内容也更改为"/Users/ sunshine/Sites"。需要注意的是，中间的 sunshine 表示当前的用户名。

（9）按住键盘的"↓"键，继续向下查找"Options FollowSymLinks Multiviews"内容，将该内容修改为"Options Indexes FollowSymLinks Multiviews"。需要注意的是，如果 Mac 的版本为 10.9，则可以直接忽略该操作。

（10）单击键盘的"Esc"键，退出编辑模式，返回到命令行模式。输入"/php"命令，查找 php，单击"return"键，光标自动定位到带有 php 的内容。输入"0"，光标自动移动的该行的首字母，再输入"x"删除行首的注释符"#"，最后输入":wq"命令保存并退出。

3. 复制 php.ini 文件

（1）这时，命令行已经返回到跳入前的状态。切换到 etc 目录，输入如下命令：

```
$ cd /etc
```

输入完成后，单击"return"键，再次输入"pwd"命令，用于确认当前目录是否正确。接下来，就可以复制 php.ini 文件了，输入如下命令：

```
$ sudo cp php.ini.default php.ini
```

输入完成后，单击"return"键，再次输入一遍密码。

（2）输入"sudo apachectl -k restart"命令，重新启动 apache 服务器。单击"return"键，由于没有 DNS 服务器，提示一个错误信息，如图 2-23 所示。

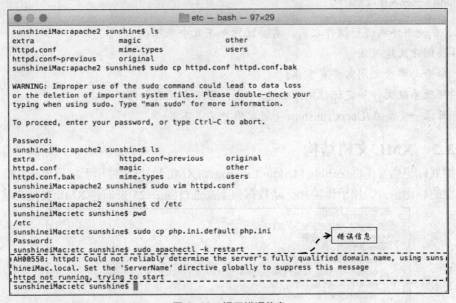

图 2-23　提示错误信息

值得一提的是，提示图 2-23 所示的错误是正常的，若提示其他错误则表示不正常。

4. 验证

配置工作完成之后，可以通过如下方式进行验证。打开 Safari，在地址栏中输入"localhost"，单击"return"键，出现的页面如图 2-24 所示。

图 2-24 展示的页面是一个文件列表，这个目录对应着"/sunshine/Sites"路径。如果要在

该页面中添加内容，只要在 Finder 中找到 Sites 文件夹，将要添加进去的文件拖曳到该文件夹目录下，单击图 2-24 中所示的"刷新"按钮即可。

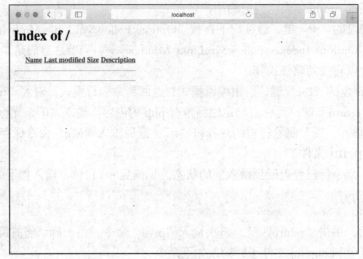

图 2-24　配置成功的服务器

注意：

（1）每次启动计算机后，Apache 服务器默认是不自动启动的，故需要打开终端，输入如下命名：

```
$ sudo apachectl -k start
```

（2）在使用终端进行操作之前，需要注意如下几个事项：
- 关闭中文输入法；
- 命令与参数之间需要有空格；
- 修改系统文件一定记住输入 sudo 命令，否则会没有权限；
- 目录一定要在 /Users/sunshine（当前用户名）下。

2.3.2　XML 文档结构

可扩展标记语言（Extensible Markup Language，XML），是一种用于标记电子文件使其具有结构性的标记语言，用于传输和存储数据。下面通过图 2-25 来描述 XML 文档的结构。

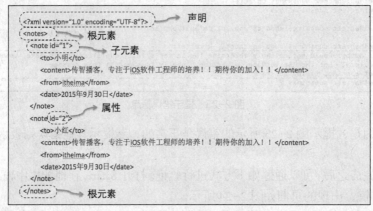

图 2-25　XML 结构示意图

图 2-25 展示了 XML 文档的结构图。由图可知，XML 文档由开始标签 "<flag>" 和结束标签 "</flag>" 组成，它们就像一个括号一样将数据括起来。XML 文档结构要遵守一定的格式规范，只有按照规范编写的 XML 文档才是有效的文档，从图中看出，XML 文档的基本构架分为以下 3 个部分。

（1）声明

位于 XML 文档的最前面，用于声明一个 XML 文档的类型，这个是必须要编写的。通常情况下，最简单的是声明一个版本。另外，还可以说明文档的字符编码，格式如图 2-25 所示的第 1 行内容。

（2）元素

一个元素包含了开始标签和结束标签，这两个标签必须保持一致。一个 XML 文档只有一个根元素，其他元素都是根元素的子孙元素，一个元素可以嵌套若干个子元素（不可交叉嵌套）。如果开始标签和结束标签之间没有内容，可以缩写成 "</flag>"，称为"空标签"。

（3）属性

属性定义在开始标签中，一个元素可以拥有多个属性，且属性值必须使用双引号或者单引号括住。例如图 2-25 中的第 3 行内容，id= "1" 是 note 元素的一个属性，id 是属性名，1是属性值。

2.3.3 解析 XML 文档

XML 文档的操作包括"读"与"写"，读入 XML 文档并分析的过程称为"解析"，要想从 XML 文档中提取有用的信息，必须要学会解析 XML 文档。针对解析 XML 文档，目前有两种流行的模式，分别为 DOM 解析和 SAX 解析，详细介绍如下。

（1）DOM 解析：一次性地将整个 XML 文档加载到内存中，比较适合解析小文件。

（2）SAX 解析：从根元素开始，按照顺序一个元素一个元素向下解析，比较适合解析大文件，iOS 重点推荐使用 SAX 解析。

基于上述两种模式，iOS 提供了 NSXML 和 libxml2 两个原生框架，此外还有一个第三方框架 GDataXML，针对它们的介绍如下。

（1）NSXML：它是基于 Objective-C 语言的 SAX 解析框架，是 iOS SDK 默认的 XML 解析框架，不支持 DOM 模式。

（2）libxml2：它是基于 C 语言的 XML 解析器，被苹果整合在 iOS SDK 中，支持 SAX 和 DOM 模式。

（3）GDataXML：它是基于 DOM 模式的解析库，由 Google 开发，可以读写 XML 文档，支持 XPath 查询。

2.3.4 实战演练——使用 NSXMLParser 解析 XML 文档

NSXML 是 iOS SDK 自带的，也是苹果默认的解析框架，通过采用 SAX 模式解析，是 SAX 解析模式的代表。NSXML 框架的核心是 NSXMLParser 和其委托协议 NSXMLParserDelegate，其中，最主要的解析工作是在 NSXMLParserDelegate 的实现类中完成的，该协议定义了很多回调方法，例如，遇到一个开始标签时触发某个方法。接下来，列举该协议中最常用的 5 个方法，定义格式如下：

```
//在文档开始的时候触发
- (void)parserDidStartDocument:(NSXMLParser *)parser;
```

```
//遇到一个开始标签时触发，其中 namespaceURI 部分是命名空间，
//qualifiedName 是限定名，attributes 是字典类型的属性集合
- (void)parser:(NSXMLParser *)parser didStartElement:
(NSString *)elementName namespaceURI:(NSString *)namespaceURI
qualifiedName:(NSString *)qName attributes:(NSDictionary *)attributeDict;
//遇到字符串时触发
- (void)parser:(NSXMLParser *)parser foundCharacters:(NSString *)string;
//遇到一个结束标签时触发
- (void)parser:(NSXMLParser *)parser didEndElement:(NSString *)elementName
namespaceURI:(NSString *)namespaceURI qualifiedName:(NSString *)qName;
//在文档结束的时候触发
- (void)parserDidEndDocument:(NSXMLParser *)parser;
```

上述 5 个方法依次按照解析文档的顺序来触发，理解它们的先后顺序是很重要的。接下来，通过一张图来描述它们的触发顺序，如图 2-26 所示。

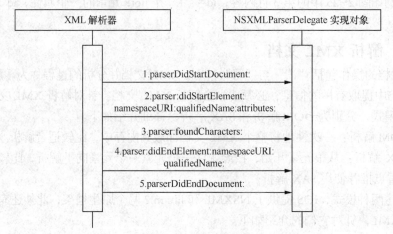

图 2-26　UML 时序图

图 2-26 所示是 UML 时序图，由图可知，对于同一个元素而言，触发顺序是按照图 2-26 所示的顺序执行的。在整个解析的过程中，方法 1 和方法 5 是一对，只会触发一次；方法 2 和方法 4 是一对，可触发多次；方法 3 在方法 2 和方法 4 之间触发，且会触发多次。触发的字符包括换行符和回车符等特殊字符，编程时需要注意。

为了大家更好地理解，接下来，通过一个案例演示如何使用 NSXMLParser 类解析 XML 文档，具体步骤如下。

1. 创建工程，设计界面

新建一个 Single View Application 应用，命名为 03-XML 解析。进入 Main.storyboard，删掉故事板带有的 View Controller，拖曳一个 Table View Controller 到程序界面，指定其为初始化的控制器，并设置 Table View Controller 的 Class 为 ViewController，前提是要将 View Controller 的父类更改为 UITableViewController。

2. 分析 XML 文档解析思路

通过前面的讲解，大家已经安装了一个服务器，通过命令行启动服务器，并将 videos.xml

文件添加到该服务器中。单击 Safari 快捷图标，在地址栏中输入 localhost，在弹出的页面中打开 videos.xml，如图 2-27 所示。

图 2-27　Safari 打开的 videos.xml 文件

由图 2-27 可知，videos 实质上是一个数组集合，其内部有多个 video 模型，每个 video 模型有多个属性，一个开始标签和一个结束标签将该属性对应的值括起来，解析 XML 文档按照从上至下的原则。接下来，通过一张图来分析该文件对应的解析思维，如图 2-28 所示。

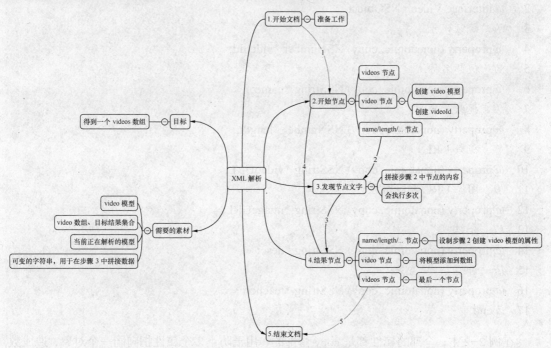

图 2-28　videos.xml 解析思维导图

图 2-28 所示是针对 videos.xml 文件分析的思维导图，由图可知，解析的目的在于获取一个 videos 数组，要想达到这个目的，需要经历 5 个步骤，具体如下。

（1）开始文档：提前做一些准备工作。

（2）开始节点：若开始节点是 videos，无需做任何操作；若开始节点是 video，创建一个 video 模型，并设置 videoId 的值；若开始节点是 name、length 等属性，无需做任何操作。

（3）发现节点文字：该步骤会执行多次，每次会拼接步骤（2）中节点的内容。

（4）结束节点：若结束节点是 name、length 等属性时，设置步骤（2）中的 video 模型的属性；若结束节点是 video 时，将 video 模型添加到 videos 数组。其中，步骤（2）~（4）是一直在循环执行的。

（5）结束文档：若结束节点是 videos，则结束解析文档。

综上所述，要想使用代码完成相应的逻辑，需要准备如下素材，首先需要创建一个 video 模型，其内部包含 name、length 等属性；其次，需要创建一个 videos 数组，用于保存多个 video 模型对象；再次，需要定义一个当前正在解析的模型成员变量，用于拼接数据；最后，需要定义一个可变字符串，用于拼接步骤（3）中的内容。

需要注意的是，Safari 默认打开的效果与图 2-27 所示稍有差异。若要调整为同样的效果，打开 Safari，在屏幕顶部的菜单项"Safari"的下拉菜单中选择"偏好设置"，选中"高级"，勾选底部的"在菜单栏中显示'开发'菜单"复选框。

3. 创建 video 模型

（1）选中项目文件夹，添加一个分组 Model。选中该分组，创建一个类 Video，继承自 NSObject，按照 videos.xml 文件中的子元素，在 Video.h 中定义 7 个属性，如例 2-2 所示。

【例 2-2】Video.h

```
1    #import <Foundation/Foundation.h>
2    @interface Video : NSObject
3    /// 视频代号
4    @property (nonatomic, copy) NSNumber *videoId;
5    /// 视频名称
6    @property (nonatomic, copy) NSString *name;
7    /// 视频长度
8    @property (nonatomic, copy) NSNumber *length;
9    /// 视频 URL
10   @property (nonatomic, copy) NSString *videoURL;
11   /// 图像 URL(相对路径)
12   @property (nonatomic, copy) NSString *imageURL;
13   /// 介绍
14   @property (nonatomic, copy) NSString *desc;
15   /// 讲师
16   @property (nonatomic, copy) NSString *teacher;
17   @end
```

在例 2-2 中，全部的属性都是 copy 修饰的，用于防止多个属性指向同一个对象，造成数据混乱的情况。

（2）由于 imageURL 是一个相对路径，而且 length 表示视频的时长，它的值是一个整数，无法很直观地反应视频的时长。为此，需要自定义两个属性，分别用于表示图片的全路径和时长的字符串，代码如下：

```
1    ///  图像 URL(完整路径)
2    @property (nonatomic, strong) NSURL *imageFullURL;
3    ///  时长字符串
4    @property (nonatomic, copy) NSString *timeString;
```

（3）在 Video.m 文件中，拼接图片的完整路径，并且转换视频时长的格式，代码如例 2-3 所示。

【例 2-3】Video.m

```
1    #import "Video.h"
2    #define BASE_URL [NSURL URLWithString:@"http://127.0.0.1/"]
3    @implementation Video
4    - (NSURL *)imageFullURL
5    {
6        if (_imageFullURL == nil) {
7            _imageFullURL = [NSURL URLWithString:self.imageURL
8                                   relativeToURL:BASE_URL];
9        }
10       return _imageFullURL;
11   }
12   - (void)setLength:(NSNumber *)length
13   {
14       _length = length.copy;
15       int len = self.length.intValue;
16       _timeString = [NSString stringWithFormat:
17                      @"%02d:%02d:%02d", len / 3600, (len % 3600) / 60, len % 60];
18   }
19   @end
```

在例 2-3 中，第 2 行代码定义了一个宏，用于表示服务器的基本 URL，包括服务器的协议头和域名。

4. 封装解析 XML 文档的操作

定义一个方法，外界只需要传入一个解析器对象，通过一个回调的 block，就能够得到解析完成的数据，具体步骤如下。

（1）选中 Model 分组，创建一个继承自 NSObject 的类 SAXVideo，表示用于解析 XML 文档的功能类。在 SAXVideo.h 文件中，定义一个供外界调用的类方法，代码如例 2-4 所示。

【例 2-4】SAXVideo.h

```
1    #import <Foundation/Foundation.h>
2    @interface SAXVideo : NSObject
3    + (void)saxParser:(NSXMLParser *)parser
```

```
4      finished:(void(^)(NSArray *videos))finished;
5   @end
```

在例 2-4 中，第 3 行代码定义了一个类方法，该方法有两个参数，parser 表示需要传入的 NSXMLParser 对象，finished 表示解析完成后回调的 block。

（2）要想使用 NSXMLParser 类解析，前提是要遵守 NSXMLParserDelegate 协议。在 SAXVideo.m 中，依次定义 3 个属性，并采用懒加载的方法进行初始化，代码如下：

```
1   #import "SAXVideo.h"
2   #import "Video.h"
3   @interface SAXVideo() <NSXMLParserDelegate>
4   // 可变数组，用于保存 video 模型
5   @property (nonatomic, strong) NSMutableArray *videos;
6   // 当前正在解析的模型
7   @property (nonatomic, strong) Video *currentVideo;
8   // 元素内容
9   @property (nonatomic, strong) NSMutableString *elementString;
10  @end
11  @implementation SAXVideo
12  #pragma mark - 懒加载
13  - (NSMutableArray *)videos {
14      if (_videos == nil) {
15          _videos = [NSMutableArray array];
16      }
17      return _videos;
18  }
19  - (NSMutableString *)elementString {
20      if (_elementString == nil) {
21          _elementString = [NSMutableString string];
22      }
23      return _elementString;
24  }
25  @end
```

在上述代码中，currentVideo 属性表示当前正在解析的模型，由于 currentVideo 是动态变化的，故无法使用懒加载的方法初始化。

（3）指定传入参数 parser 的代理为 SAXVideo 对象，并记录回调的 block。为此，定义一个 block 变量，用于记录回调的 block，代码如下：

```
1   // block 变量
2   @property (nonatomic, copy) void (^finishedBlock)(NSArray *);
```

接下来，实现 saxParser:finished:方法，在该方法中记录回调的 block，并设定代理，代码如下：

```
1   + (void)saxParser:(NSXMLParser *)parser
2   finished:(void (^)(NSArray *))finished{
3       SAXVideo *sax = [[SAXVideo alloc] init];
4       // 记录回调的 block
5       sax.finishedBlock = finished;
6       // 指定解析器的代理
7       parser.delegate = sax;
8       // 解析器开始解析
9       [parser parse];
10  }
```

在上述代码中，第 5 行代码记录了回调的块 finished，第 7 行代码指定了 parser 的代理，第 9 行代码通过调用 parse 方法开始解析。

（4）依次实现协议中的 5 个方法，完成 videos.xml 文件的解析。首先，依照思维导图的思路，在开始解析文档时，清空数组的内容，代码如下：

```
1   /**
2    *  1.开始文档
3    */
4   - (void)parserDidStartDocument:(NSXMLParser *)parser
5   {
6       // 清空数组
7       [self.videos removeAllObjects];
8   }
```

（5）当遇到开始标签时，若元素的名称为 video，创建一个 video 模型，并且设置 videoId，代码如下：

```
1   /**
2    *  2.遇到开始标签
3    */
4   - (void)parser:(NSXMLParser *)parser
5   didStartElement:(NSString *)elementName
6   namespaceURI:(NSString *)namespaceURI qualifiedName:(NSString *)qName
7   attributes:(NSDictionary *)attributeDict{
8       // 如果开始标签是 video
9       if ([elementName isEqualToString:@"video"]) {
10          // 创建模型
11          self.currentVideo = [[Video alloc] init];
12          // 设置 videoId
13          self.currentVideo.videoId = @([attributeDict[@"videoId"]
14  integerValue]);
15      }
```

```
16        // 清空字符串内容
17        [self.elementString setString:@""];
18    }
```

在上述代码中，第 17 行代码清空了 elementString 的内容，保证每次只能拼接一个元素的完整内容。

（6）当发现元素字符时，将检测到的字符串追加，代码如下：

```
1   /**
2    *   3.发现字符
3    */
4   - (void)parser:(NSXMLParser *)parser foundCharacters:(NSString *)string
5   {
6       // 拼接字符串
7       [self.elementString appendString:string];
8   }
```

（7）当遇到结束标签时，若元素的名称为 video，将解析完的模型添加到 videos 数组中；若元素的名称为其他元素，给每个元素赋值即可，代码如下：

```
1   /**
2    *   4.遇到结束标签
3    */
4   - (void)parser:(NSXMLParser *)parser
5   didEndElement:(NSString *)elementName
6   namespaceURI:(NSString *)namespaceURI qualifiedName:(NSString *)qName{
7       // 如果 elementName 是 video，添加到数组
8       if ([elementName isEqualToString:@"video"]) {
9           [self.videos addObject:self.currentVideo];
10      } else if (![elementName isEqualToString:@"videos"]){
11          [self.currentVideo setValue:self.elementString forKey:elementName];
12      }
13  }
```

在上述代码中，第 11 行代码使用 KVC 的方式，将每次拼接完整的 elementString 间接地赋值给对应的 elementName。

（8）当遇到元素 videos 时，表示 videos 数组解析完成，调用之前记录的回调 block，将该数组传递过去，代码如下：

```
1   /**
2    *   5.结束文档
3    */
4   - (void)parserDidEndDocument:(NSXMLParser *)parser
5   {
```

```
6       dispatch_async(dispatch_get_main_queue(),^{
7           self.finishedBlock(self.videos.copy);
8       });
9   }
```

5. 自定义单元格

由于系统的单元格样式无法满足需求，而且全部单元格的样式比较统一，故通过 Storyboard 实现自定义单元格，具体步骤如下。

（1）进入 Main.storyboard，从对象库拖曳 1 个 Image View、3 个 Label，并分别对这 4 个控件添加约束，当屏幕发生改变时，保证页面元素位置的统一，设计好的界面如图 2-29 所示。

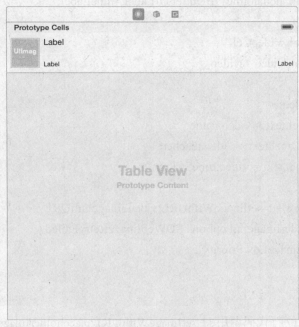

图 2-29 设计好的界面

（2）给项目添加一个分组 View，选中 View 分组，新建一个表示单元格的类 VideoCell，继承自 UITableViewCell。进入 Main.storyboard，选中 Cell，设置 Class 为 VideoCell 类，设置 Identifier 为 Cell，给单元格指定一个标识符。

（3）在 VideoCell.h 文件中，定义一个 Video 对象，用于接收外界传递的模型数据，代码如例 2-5 所示。

【例 2-5】VideoCell.h

```
1   #import <UIKit/UIKit.h>
2   #import "Video.h"
3   @interface VideoCell : UITableViewCell
4   @property (nonatomic, strong) Video *video;
5   @end
```

（4）给项目文件夹添加一个 Lib 分组，导入一个第三方框架 SDWebImage，用于下载网络上的图片，并且在 VideoCell.m 文件中导入 UIImageView+WebCache.h 头文件。

（5）在 VideoCell.m 文件中，采用拖曳的方式，给故事板中单元格的每个子控件添加一个属性。重写 video 的 setter 方法，分别给每个子控件设置数据，代码如例 2-6 所示。

【例 2-6】 VideoCell.m

```
1    #import "VideoCell.h"
2    #import "UIImageView+WebCache.h"
3    @interface VideoCell()
4    @property (weak, nonatomic) IBOutlet UIImageView *iconView;      // 图片
5    @property (weak, nonatomic) IBOutlet UILabel *titleLabel;        // 标题
6    @property (weak, nonatomic) IBOutlet UILabel *teacherLabel;      // 讲师
7    @property (weak, nonatomic) IBOutlet UILabel *timeLabel;         // 时长
8    @end
9    @implementation VideoCell
10   - (void)setVideo:(Video *)video
11   {
12       _video = video;
13       self.titleLabel.text = video.name;
14       self.teacherLabel.text = video.teacher;
15       self.timeLabel.text = video.timeString;
16       // 设置图像
17       [self.iconView sd_setImageWithURL:video.imageFullURL
18           placeholderImage:nil options:SDWebImageRetryFailed |
19           SDWebImageLowPriority];
20   }
21   @end
```

在例 2-6 中，第 17 行代码调用 sd_setImageWithURL:placeholderImage:options:方法从网络上下载图片。其中，options 传入两个参数值，SDWebImageRetryFailed 表示图片下载失败时不添加到黑名单，SDWebImageLowPriority 表示滚动表格时暂停下载。

6. 表格展示数据

通过一个数组接收解析完成的数据，并且展示到表格中，每次下拉表格刷新时，实时地更新数据，具体步骤如下。

（1）进入 Main.storyboard，选中 View Controller，设置 Refreshing 为 Enabled。这时，文档大纲区增加了一个 Refresh Control，用于实现下拉刷新的控件，如图 2-30 所示。

（2）在 ViewController.m 中，定义一个数组来保存表格绑定的数据，并在其 setter 方法中刷新数据，代码如下：

```
1    #import "ViewController.h"
2    #import "Video.h"
3    #import "VideoCell.h"
4    #import "SAXVideo.h"
5    @interface ViewController ()
```

```
6     // 表格绑定的数据
7     @property (nonatomic, strong) NSArray *dataList;
8     @end
9     @implementation ViewController
10    - (void)setDataList:(NSArray *)dataList
11    {
12        _dataList = dataList;
13        // 刷新数据
14        [self.tableView reloadData];
15        // 结束刷新
16        [self.refreshControl endRefreshing];
17    }
18    @end
```

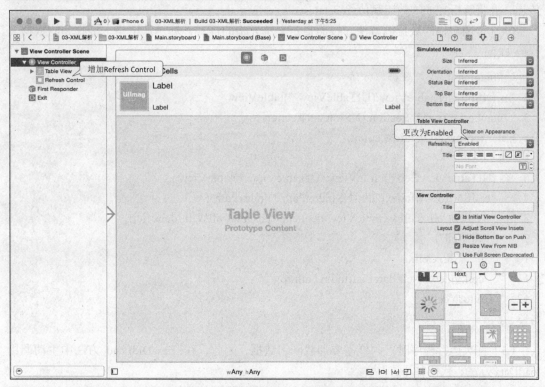

图 2-30　文档大纲增加一个 Refresh Control

（3）采用拖曳的方法，为 Refresh Control 绑定一个方法，每当下拉刷新表格时，重新到网络上请求数据，代码如下：

```
1    - (IBAction)loadData
2    {
3        // 请求数据
4        NSURL *url = [NSURL URLWithString:@"http://localhost/videos.xml"];
5        NSURLRequest *request = [NSURLRequest requestWithURL:url];
```

```
6    [NSURLConnection sendAsynchronousRequest:request
7        queue:[[NSOperationQueue alloc] init]
8        completionHandler:^(NSURLResponse *response,
9        NSData *data, NSError *connectionError) {
10           // 创建解析器
11           NSXMLParser *parser = [[NSXMLParser alloc] initWithData:data];
12           // 解析器开始解析,后续的解析工作全部由代理完成
13           [SAXVideo saxParser:parser finished:^(NSArray *videos) {
14               self.dataList = videos;
15           }];
16       }];
17   }
```

在上述代码中,第 11 行代码创建了一个 NSXMLParser 类的对象,第 13 行代码将 parser 传递,并将解析完成的数组赋值给 dataList。

(4)实现表格的数据源方法,按照自定义单元格的样式,展示从网络上接收到的数据,代码如下:

```
1    #pragma mark - 数据源方法
2    - (NSInteger)tableView:(UITableView *)tableView
3    numberOfRowsInSection:(NSInteger)section {
4        return self.dataList.count;
5    }
6    - (UITableViewCell *)tableView:(UITableView *)tableView
7      cellForRowAtIndexPath:(NSIndexPath *)indexPath {
8        VideoCell *cell = [tableView dequeueReusableCellWithIdentifier:
9        @"Cell"];
10       // 设置 Cell...
11       cell.video = self.dataList[indexPath.row];
12       return cell;
13   }
```

(5)首次运行程序时,同样需要加载网络数据,因此,在 viewDidLoad 方法中主动调用 loadData 方法,代码如下:

```
1    - (void)viewDidLoad {
2        [super viewDidLoad];
3        [self loadData];
4    }
```

7. 运行程序

单击"运行"按钮运行程序,程序运行成功后,模拟器屏幕上面展示了一个表格,每行单元格都包括图片、视频标题、讲师和视频时长的相关信息,下拉表格出现一个指示器,2s 左右就消失了,如图 2-31 所示。

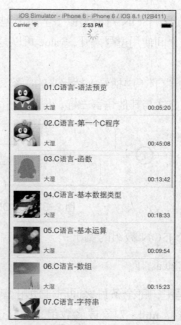

图 2-31 程序的运行结果

值得一提的是，一旦更改了 videos.xml 文件的内容，只要下拉刷新表格，就能够根据服务器的信息自动更新表格数据。

2.3.5 JSON 文档结构

JSON（JavaScript Object Notation）是一种轻量级的数据交换格式，它采用完全独立于语言的文本格式，也使用了 C 语言"家族"的习惯，使其成为理想的数据交换语言。

所谓轻量级，是指与 XML 文档结构相比而言，描述项目的字符少，故描述相同数据所需的字符个数要少，传输速度就得到提高，从而减少用户的流量。JSON 文档主要分为两种结构，分别为对象和数组，详细介绍如下。

1. 对象

对象表示为"{}"括起来的内容，数据结构为{key: value, key: value, … }的键值对的结构，其中，key 为对应的属性，value 为该属性对应的值。若要获取值，直接通过"对象.属性"来获取该属性的值。JSON 对象的语法表如图 2-32 所示。

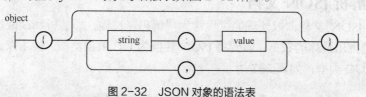

图 2-32 JSON 对象的语法表

下面是一个 JSON 对象的例子：

```
{
    "name" : "Jay",
    "age" : 30,
    "sex" : ture
}
```

在上述代码中，JSON 对象类似于字典类型，可读性更好。它是一个无序的集合，key 必须使用双引号，值之间使用逗号隔开，value 可以是数值、字符串、数组、对象等几种类型。

2. 数组

数组表示为"[ ]"（中括号）括起来的内容，数据结构为"[value, value, value,…]"。它是值的有序集合，取值方式与其他语言一样，根据索引获取即可。JSON 数组的语法表如图 2-33 所示。

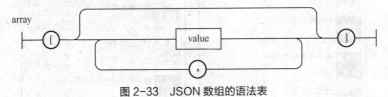

图 2-33　JSON 数组的语法表

下面是一个 JSON 数组的例子：

["it","cast","itcast"]

在上述代码中，每个条目之间同样使用逗号隔开，value 可以是双引号括起来的字符串、数值、true、false、null、对象或者数组，而且这些结构可以嵌套，如图 2-34 所示。

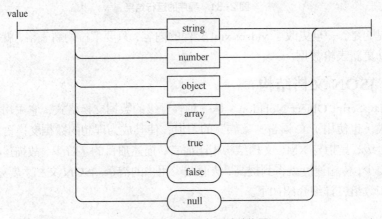

图 2-34　JSON 值的语法结构图

总而言之，对象和数组这两种结构可以嵌套，从而组合成更加复杂的数据结构。

2.3.6　解析 JSON 文档

将数据从 JSON 文档读取处理的过程称为"解码"过程，即解析和读取过程。要想解析 JSON 文档，挖掘出具体的数据，需要将 JSON 转换为 OC 数据类型。接下来，通过一张表来比较 JSON 与 OC 类型，如表 2-7 所示。

表 2-7　JSON 与 OC 转换对照表

JSON	OC
{}（大括号）	NSDictionary
[ ]（中括号）	NSArray
""（双引号）	NSString
数字	NSNumber

由于 JSON 技术比较成熟，在 iOS 平台上，也有很多框架可以进行 JSON 的编码或者解码，常见的解析方案有如下 4 种。

- SBJson：它是一个比较老的 JSON 编码或解码框架，该框架现在更新仍然很频繁，支持 ARC，源码下载地址为 https://github.com/stig/json-framework。
- TouchJSON：它也是比较老的一个框架，支持 ARC 和 MRC，源码下载地址为 https://github.com/TouchCode/TouchJSON。
- JSONKit：它是更为优秀的 JSON 框架，它的代码很小，但是解码速度很快，不支持 ARC，源码下载地址为 https://github.com/johnezang/JSONKit。
- NSJSONSerialization：它是 iOS 5 之后苹果提供的 API，是目前非常优秀的 JSON 编码或解码框架，支持 ARC，iOS 之后的 SDK 已经包含了这个框架，无需额外安装或者配置。

其中，前面 3 个框架都是由第三方提供的，最后一个是苹果自身携带的。如果要考虑 iOS 5 之前的版本，JSONKit 是一个不错的选择，只是它不支持 ARC，使用起来有点麻烦，需要安装和配置到工程环境中去；如果使用 iOS 5 之后的版本，NSJSONSerialization 应该是首选。

2.3.7　实战演练——使用 NSJSONSerialization 解析天气预报

使用 NSJSONSerialization 类解析 JSON 文档，该类提供了两种常见方法，用于序列化或者反序列化网络数据，它们的定义格式如下：

```
//将指定 NSData 中包含的 JSON 数据转换为 OC 对象（NSDictionary 或者 NSArray）
+ (id)JSONObjectWithData:(NSData *)data options:(NSJSONReadingOptions)opt error:(NSError **)error;
// 将指定的 JSON 对象转化为 NSData 对象
+ (NSData *)dataWithJSONObject:(id)obj options:(NSJSONWritingOptions)opt error:(NSError **)error;
```

在上述定义中，第 1 种方法有 1 个 opt 参数，它是 NSJSONReadingOptions 类型的。该类型是一个位移枚举类型，定义格式如下：

```
typedef NS_OPTIONS(NSUInteger, NSJSONReadingOptions) {
    NSJSONReadingMutableContainers = (1UL << 0),
    NSJSONReadingMutableLeaves = (1UL << 1),
    NSJSONReadingAllowFragments = (1UL << 2)
};
```

该位移枚举类型包含如下 3 个值。

- NSJSONReadingMutableContainers：返回可变容器，NSMutableDictionary 或 NSMutableArray。
- NSJSONReadingMutableLeaves：返回的 JSON 对象中字符串的值为 NSMutableString。
- NSJSONReadingAllowFragments：顶级节点可以不是 NSArray 或者 NSDictionary 类型的。

如果 opt 参数传入 0，也就是参数的值为 NSJSONReadingMutableContainers 时，表示任何附加操作都不做，这时的效率最高。

接下来，通过使用 NSJSONSerialization 类解析天气的数据，带领大家完成一个天气预报的案例，具体步骤如下。

1. 分析 JSON 文档解析思路

在 Safari 中打开 http://www.cnblogs.com/wangjingblogs/p/3192953.html 页面，该页面是国家气象局提供的天气预报接口，选择第 1 个接口地址打开，该窗口展示了一个 JSON 文档，整理后如下：

```
{"weatherinfo":
    {
        "city":"北京",
        "cityid":"101010100",
        "temp":"10",
        "WD":"东南风",
        "WS":"2 级",
        "SD":"26%",
        "WSE":"2",
        "time":"10:25",
        "isRadar":"1",
        "Radar":"JC_RADAR_AZ9010_JB",
        "njd":"暂无实况",
        "qy":"1012"
    }
}
```

在上述文档中，最顶层是一个 JSON 对象，该对象内部包含一个"名称-值"对，key 是 weatherinfo，value 又是一个 JSON 对象，该对象内部包含多个"名称-值"对。依据表 2-7 的转换类型得知，最终会得到两个嵌套的 NSDictionary 对象，只要根据固定的属性名称，获取需要的值即可。

2. 解析 JSON 文档

新建一个 Single View Application 应用，命名为 04-JSON 解析。在 ViewController.m 文件中，定义一个加载数据的方法，用于解析天气预报的数据，代码如例 2-7 所示。

【例 2-7】ViewController.m

```
1    #import "ViewController.h"
2    @interface ViewController ()
3    @end
4    @implementation ViewController
5    - (void)viewDidLoad {
6        [super viewDidLoad];
7        [self loadData];
8    }
9    /**
10    *  加载网络数据
```

```
11      */
12      - (void)loadData
13      {
14          // 根据请求，加载网络数据
15          NSURL *url = [NSURL URLWithString:
16                        @"http://www.weather.com.cn/adat/sk/101010100.html"];
17          NSURLRequest *request = [NSURLRequest requestWithURL:url
18                        cachePolicy:0 timeoutInterval:10.0];
19          [NSURLConnection sendAsynchronousRequest:request
20                        queue:[NSOperationQueue mainQueue]
21                        completionHandler:^(NSURLResponse *response, NSData *data,
22                        NSError *connectionError) {
23              // 将二进制数据转换为字典
24              NSDictionary *result = [NSJSONSerialization JSONObjectWithData:data
25                              options:0 error:NULL];
26              NSLog(@"%@ 市温度 %@ 风向 %@ 风力 %@",
27                    result[@"weatherinfo"][@"city"],
28                    result[@"weatherinfo"][@"temp"],
29                    result[@"weatherinfo"][@"WD"],
30                    result[@"weatherinfo"][@"WS"]);
31          }];
32      }
33      @end
```

运行程序，运行结果如图 2-35 所示。

图 2-35　程序的运行结果

注意：

反序列化：从服务器接收到数据之后，将二进制数据转换成 NSArray 或者 NSDictionary 类型。

序列化：在向服务器发送数据之前，将 NSArray 或者 NSDictionary 类型转换为二进制数据。

2.4　HTTP 请求

HTTP 和 HTTPS 是最常用的传输协议，针对 HTTP 请求，iOS 提供了多个方法，最常用

的就是 GET 和 POST 方法。接下来，本节将针对 HTTP 的相关内容进行详细的介绍。

2.4.1 HTTP 和 HTTPS

首先对 HTTP 和 HTTPS 进行介绍，具体如下。

1. HTTP

HTTP 是 HyperText Transfer Protocol 的缩写，即超文本传输协议。网络中使用的基本协议是 TCP/IP，目前广泛采用的 HTTP、HTTPS、FTP、Archie 和 Gopher 等均是建立在 TCP/IP 之上的应用层协议，不同的协议对应着不同的应用。

HTTP 是一个属于应用层的面向对象的协议，其简捷、快速的方式适用于分布式超文本信息的传输。HTTP 于 1990 年提出，经过多年的使用与发展，得到了不断完善和扩展。HTTP 支持 C/S 网络结构，是无连接协议，也就是说，每一次请求时建立连接，服务器处理完客户端的请求后，应答给客户端后断开连接，不会一直占用网络资源。

HTTP 共定义了 8 种请求方法，分别是 OPTIONS、HEAD、GET、POST、PUT、DELETE、TRACE 和 CONNECT，最重要的是 GET 和 HEAD 方法。

GET 方法是向指定的资源发出请求，发送的信息"显式"地跟在 URL 后面。GET 方法应该只用在读取数据，例如，从服务器端读取静态图片等。GET 方法有点像使用明信片给别人写信，信的内容写在外面，接触到的人都可以看到，因此它是不安全的。

POST 方法是向指定资源提交数据，请求服务器进行处理，例如，提交表单或者上传内容文件等，数据被包含在请求体中。POST 方法像是把"信内容"装入信封中，接触到的人都看不到，因此它是安全的。

2. HTTPS

HTTPS 是 HypertextTransfer Protocol Secure 的缩写，即超文本传输安全协议，它是超文本传输协议和 SSL 的组合，用于提供加密通信及对网络服务器身份的鉴定。接下来，通过一张图描述 HTTP 与 HTTPS 的区别，如图 2-36 所示。

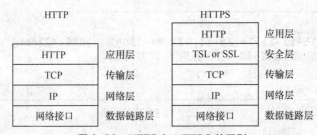

图 2-36 HTTP 与 HTTPS 的区别

简单地说，HTTPS 是 HTTP 的升级版，它们之间的区别是，HTTPS 使用 https://代替 http://，HTTPS 使用的端口为 443，而 HTTP 使用端口 80 来与 TCP/IP 进行通信。

SSL 使用 40 位关键字作为 RC4 流加密算法，这对于商业信息的加密是合适的。HTTPS 和 SSL 支持使用 X.509 数字认证，如果需要的话，用户可以确认发送者是谁。

2.4.2 GET 和 POST 方法

前面已经简单地介绍了 GET 和 POST 方法，它们有着很大的不同。下面通过多个角度进行比较，以深入地理解这两个方法的独特之处，具体内容如下。

1. 数据传递

从直观的角度来说，GET 请求会将参数直接暴露在 URL 中，但是容易被外界发现，操作相对比较简单。不同的是，POST 请求会将参数包装到一个数据体里面，该请求相对而言比较复杂，它需要将参数与地址分开，如图 2-37 所示。

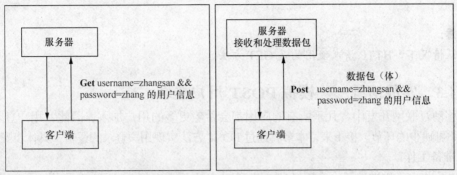

图 2-37　GET 和 POST 请求示意图

从图 2-37 中可以看出，采用 GET 方法发送请求时，用户名和密码会以特定的格式拼接到 URL 中，相对而言安全性不高，且地址最多 255 字节。而采用 POST 方法发送请求时，参数并未暴露在 URL 中，它们被包装成二进制的数据体，服务器只能通过解包的形式查看，才会响应正确的信息。这样就提高了安全性，不易被外界所捕获。

2. 缓存

从字面上来说，GET 表示获取，即从服务器拿数据，效率更高。只要路径相同，拿到的资源永远只会是同一份，故 GET 请求能够被缓存。

从字面意义上讲，POST 表示发送，即向服务器发送数据，也可以获取服务器处理后的结果，效率相对不高。由于数据体的不同，导致同一个路径访问到的资源可能会不同，故 POST 请求不会被缓存。

3. 数据大小

针对 GET 请求而言，并没有明确对请求的数据大小限制，不过因为浏览器不同，一般限制在 2~8KB。

针对 POST 请求而言，它提交的数据比较大，大小由服务器的设定值限制，PHP 通常限定为 2MB。

4. 参数格式

所谓参数就是传递给服务器的具体数据，如登录的账号和密码。GET 请求的 URL 需要拼接参数，格式要求如下。

（1）资源路径末尾添加一个"？"（问号），表示追加参数。

（2）每一个变量和值按照"变量名=变量值"方式设定，中间不能包含空格或者中文，如果要包含中文或者空格等，需要添加百分号转义。

（3）多个参数之间需要使用"&"连接。

下面是一个带有参数的 URL 示例。

http://ww.test.com/login?username=123&pwd=234&type=JSON

对于 POST 请求而言，参数被包装成二进制的数据体，格式与上面基本一致，只是不包含"？"。

综上所述，GET 和 POST 方法各有所长，根据不同的使用场合，选取合适的方法即可。如果要传递大量的数据，只能使用 POST 请求；如果是要传递包含机密或者敏感的信息，建议使用 POST 请求；如果仅仅只是索取数据，建议使用 GET 请求；如果需要增加、修改、删除数据，建议使用 POST 请求。

注意：
默认情况下，HTTP 请求使用的是 GET 方法。

2.4.3 实战演练——模拟 POST 用户登录

在移动互联网开发中，几乎所有的应用都会希望更多的用户加入，因此，用户登录是一个应用不可缺少的环节。接下来，本节将通过 POST 方法实现用户登录的逻辑，具体步骤如下。

1. 准备工作

在 2.3 节中我们搭建了一个服务器，找到 Sites 文件夹，将 login.html 和 login.php 这两个文件拖曳到该文件夹下，其中，login.html 是用于让用户输入的脚本，login.php 是用于处理用户登录的脚本。打开 Safari 中的 login.html 文件，如图 2-38 所示。

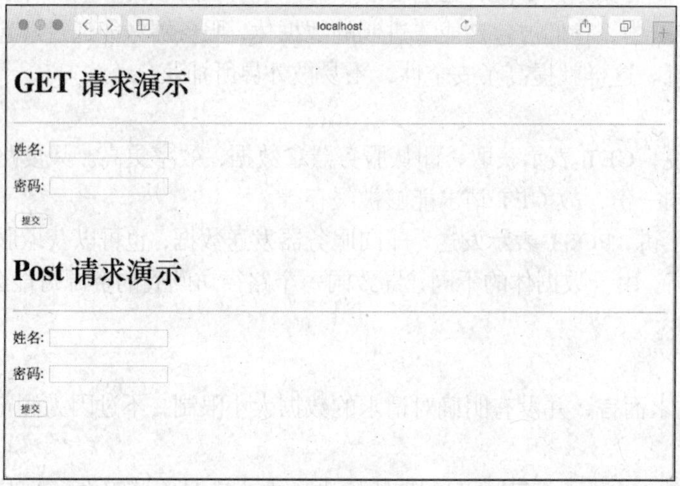

图 2-38　Safari 打开的 login.html

从图 2-38 中可以看出，上半部分是一个 GET 登录的页面，下半部分是一个 POST 登录的页面。只要输入姓名 "zhangsan"，密码 "zhang"，单击 "提交" 按钮，就会跳转到如图 2-39 所示的页面。

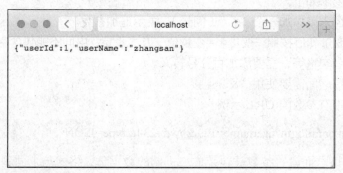

图 2-39　Safari 打开的 login.php

需要注意的是，如果姓名文本框和密码文本框为空，单击"提交"按钮，会提示"没有输入用户名或密码"；如果姓名或者密码文本框内容输入有误，单击"提交"按钮，会提示"账号密码不正确"。

2. 创建工程，设计界面

（1）新建一个 Single View Application 应用，命名为 05-用户登录。

（2）进入 Main.storyboard，从对象库拖曳 1 个 View、2 个 Text Field、1 个 Button 到程序界面，其中，2 个 Text Field 分别用于输入用户名和密码，Button 表示登录按钮，View 表示容器视图，其他控件均是 View 的子控件。

（3）选中 View，设置其高度、宽度、距离顶部的距离固定，并且水平方向居中，添加这 4 个约束，设计好的页面如图 2-40 所示。

3. 创建控件对象的关联

（1）单击 Xcode 6.1 界面右上角的 ⊙ 图标，进入控件与代码的关联界面。依次选中两个 Text Field，分别添加表示用户名和密码文本框的属性。

（2）同样的方式，选中 Button，添加一个 Touch Up Inside 事件，命名为 login。

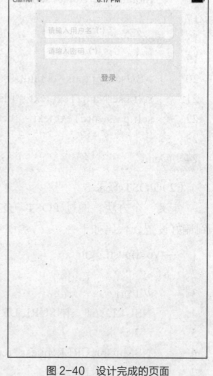

图 2-40　设计完成的页面

4. 通过代码实现用户登录的功能

按照文本框的提示，输入用户名和密码后，单击"登录"按钮，如果登录成功，将用户登录信息保存到沙盒，再次运行程序，将沙盒获取到的用户名或者密码显示到对应的文本框位置，具体步骤如下。

（1）保存和加载用户信息

定义两个属性，分别表示用户名和密码。定义两个方法，分别用于保存用户的偏好设置和读取用户的偏好设置，代码如下：

```
1    #import "ViewController.h"
2    @interface ViewController () <UITextFieldDelegate>
3    @property (nonatomic, copy) NSString *username;    // 用户名
4    @property (nonatomic, copy) NSString *password;    // 密码
5    @property (weak, nonatomic) IBOutlet UITextField *userNameText;
6    @property (weak, nonatomic) IBOutlet UITextField *passwordText;
7    @end
8    @implementation ViewController
9    #pragma mark - 保存和加载用户信息
10   #define UserNameKey @"UserNameKey"
11   #define PasswordKey @"PasswordKey"
12   - (void)saveUserInfo
13   {
14       NSUserDefaults *defaults = [NSUserDefaults standardUserDefaults];
```

```
15      [defaults setObject:self.username forKey:UserNameKey];
16      [defaults setObject:self.password forKey:PasswordKey];
17  }
18  - (void)loadUserInfo
19  {
20      NSUserDefaults *defaults = [NSUserDefaults standardUserDefaults];
21      self.userNameText.text = [defaults stringForKey:UserNameKey];
22      self.passwordText.text = [defaults stringForKey:PasswordKey];
23  }
24  @end
```

（2）POST 登录

定义一个方法，通过 POST 方法实现用户登录，如果登录成功，将登录的用户信息保存到偏好设置，代码如下：

```
1   - (void)postLogin
2   {
3       // 1.url
4       NSURL *url = [NSURL URLWithString:@"http://localhost/login.php"];
5       //2.请求
6       NSMutableURLRequest *request = [NSMutableURLRequest
7                                       requestWithURL:url];
8       //2.1 请求方法
9       request.HTTPMethod = @"POST";
10      //2.2 请求体
11      NSString *bodyStr = [NSString
12      stringWithFormat:@"username=%@&password=%@",self.username,
13                          self.password];
14      request.HTTPBody = [bodyStr dataUsingEncoding:NSUTF8StringEncoding];
15      //3.发送请求
16      [NSURLConnection sendAsynchronousRequest:request
17          queue:[NSOperationQueue mainQueue] completionHandler:
18          ^(NSURLResponse *response, NSData *data, NSError *connectionError){
19          // 反序列化数据
20          NSDictionary *result = [NSJSONSerialization
21                              JSONObjectWithData:data options:0 error:NULL];
22          NSLog(@"%@", result);
23          // 判断是否登录成功
24          if ([result[@"userId"] intValue] > 0) {
25              [self saveUserInfo];
26          }
27      }];
28  }
```

在上述代码中，第 9 行代码设置 HTTPMethod 属性为 POST，第 14 行代码通过 dataUsingEncoding:方法将字符串转换为 NSData 类型，并赋值给 HTTPBody 属性，第 20~21 行代码将 JSON 文档转换为 NSDictionary 类型。值得一提的是，一个请求默认采用的是 GET 方法。

（3）实现登录方法

单击"登录"按钮，设置用户名和密码，实现 POST 登录，代码如下：

```
1    - (IBAction)login {
2        // 设置用户名和密码
3        self.username = self.userNameText.text;
4        self.password = self.passwordText.text;
5        // 登录
6        [self postLogin];
7    }
```

（4）加载偏好设置的用户信息

一旦将用户信息存储到偏好设置后，只要运行程序，就会将用户名或者密码显示到对应的文本框内，代码如下：

```
1    - (void)viewDidLoad {
2        [super viewDidLoad];
3        [self loadUserInfo];
4    }
```

（5）处理多个文本框的逻辑

单击用户名文本框，屏幕弹出键盘，单击"return"键切换到密码文本框，再次单击"return"键，直接用户登录。通过拖曳的方式，设置 View Controller 为两个 Text Field 的代理，并遵守 UITextFieldDelegate 协议，实现该协议的相应的方法，代码如下：

```
1    #pragma mark - UITextFieldDelegate
2    - (BOOL)textFieldShouldReturn:(UITextField *)textField
3    {
4        if (textField == self.userNameText) {    // 切换到密码
5            [self.passwordText becomeFirstResponder];
6        } else {
7            [self login];                         // 登录
8        }
9        return YES;
10   }
```

5. 运行程序

（1）单击"运行"按钮运行程序，程序运行成功后，在模拟器的文本框输入"itcast"和"123"，如图 2-41 所示。

单击"登录"按钮，这时的用户信息是错误的，一旦判断信息有误，控制台会输出错误对应的提示信息，如图 2-42 所示。

图 2-41　用户名和密码错误

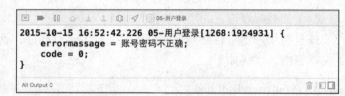

图 2-42　控制台输出错误信息

（2）再次在文本框中输入正确的用户名和密码，单击"登录"按钮后，控制台会输出相应的提示信息，如图 2-43 所示。

图 2-43　控制台输出正确信息

2.4.4　数据安全——MD5 算法

用户安全登录有两个原则，一是不能在网络上传输用户隐私数据的明文，另一个是不能在本地存储用户隐私数据的明文。试想密码以明文的形式保存在沙盒中，一旦泄露是极其危险的。对于数据安全方面提出了多种解决方案，其中 MD5 使用最为广泛。

消息摘要算法第 5 版（Message-Digest Algorithm 5，MD5）是计算机安全领域广泛使用的一种散列函数，用于提供消息的完整性保护。通过对任意一个二进制数据抽取特征码，得到一个 32 个字符的定长字符串，故 MD5 存在以下两个特点：

- 相同的字符串，使用相同的算法，每次加密的结果是固定的；
- 根据最终输出的值，无法得到原始的明文，即过程是不可逆的。

要想使用 MD5，需要引用一个分类 NSString+Hash，它已经封装了关于 MD5 加密的方法。接下来，通过多个方案循序渐进的方式，深入剖析如何通过 MD5，让同一个密码的加密结果不同，详细内容如下。

方案一：直接使用 MD5

直接调用 md5String 方法，实现密码字符串的加密，可通过如下代码实现：

```
password = password.md5String;
```

网络上推出了破解 MD5 算法的工具，因此，现在的 MD5 算法不是绝对安全的。

方案二：MD5 加盐

为了增加解密的难度，提供了加盐的方式。所谓加盐，就是在明文密码的固定位置插入一个随机字符串，再直接调用 md5String 方法，可通过如下代码实现：

```
static NSString salt = @"ABCabc123！@#";
password= [password stringByAppendingString:salt].md5String;
```

值得一提的是，salt 字符串一定要够复杂，否则会失去意义，这种方法近几年用得相对而言比较少。

方案三：HMAC

直接调用 hmacMD5StringWithKey:方法，该方法需要传入一个 NSString 类型的 Key，底层使用这个 Key 对密码加密，再调用 md5String 方法，重复执行一次这个步骤，可通过如下代码实现：

```
password = [password hmacMD5StringWithKey:@"itcast"];
```

使用 itcast 与 password 拼接，即对 password 加盐，再对拼接字符串进行 MD5 加密。重复前面的步骤，对加密后的数据再次拼接 itcast 字符串，即再次加盐，再对拼接字符串进行 MD5 加密。相较于前面的方案而言，安全级别高很多。但是，对于同一个字符串，每次的结果是一样的，这样会存在暴力破解的潜在风险。

方案四：时间戳密码

为了让同一个字符串的加密结果不同，可以拼接一个当前时间的字符串，可通过如下代码实现：

```
- (NSString *)timePassword {
    // 1. 生成 key
    NSString *key = @"itcast".md5String;
    // 2. 对密码进行 hmac 加密
    NSString *pwd = [self.password hmacMD5StringWithKey:key];
    // 3. 获取当前系统时间
    NSDateFormatter *fmt = [[NSDateFormatter alloc] init];
    fmt.locale = [NSLocale localeWithLocaleIdentifier:@"zh"];// 指定时区
    fmt.dateFormat = @"yyyy-MM-dd HH:mm";
    NSString *dateStr = [fmt stringFromDate:[NSDate date]];
    // 4. 将系统时间拼接在第一次加密密码的末尾
    pwd = [pwd stringByAppendingString:dateStr];
    // 5. 返回再次 hmac 的结果
    return [pwd hmacMD5StringWithKey:key];
}
```

为了大家更好地理解，按照上述代码的思路，讲述客户端与服务器端对接的思路，如图 2-44 所示。

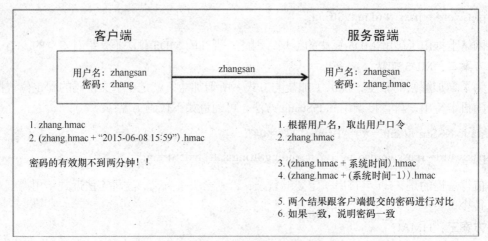

图 2-44 客户端和服务端对接示意图

从图 2-44 中可以看出，若要让客户端与服务器端实现对接，大致流程如下。

（1）用户注册时，客户端输入用户名 zhangsan 和密码 zhang，由于服务器端不会明文记住用户的密码，故用户提交时的密码会采用 HMAC 方式加密，服务器端的数据库会记录加密后的信息。

（2）用户登录时，客户端的密码依旧是 zhang，为了与服务器端密码保持一致，客户端首先用 HMAC 加密得到 zhang.hmac，之后让 zhang.hmac 拼接客户端的系统时间，得到一个新字符串，最后对该字符串再次采用 HMAC 加密，最终记录的结果为"(zhang.hmac + "2015-06-08 15：59").hmac"。

（3）服务器端首先根据用户名取出用户口令 zhang.hmac，然后让 zhang.hmac 字符串拼接服务器端的系统时间，再次采用 HMAC 加密，最终记录的结果为"(zhang.hmac + "系统时间").hmac"。

（4）只要时间的分钟发生变化，密码可能就会失效，例如，客户端的时间是 15：59：59，服务器端的时间是 16：00：01。为此，服务器端需要再记录一次比系统时间少一分钟的情况，结果为"(zhang.hmac + "系统时间-1").hmac"。这样，服务器端会依据这两次的结果进行比较。

综上所述，第 4 种方案的安全级别更高，目前使用比较广泛。但是第 4 种方案需要服务器脚本的支持，而且客户端的时间与服务器端的时间是不同步的。

方案五：服务器时间戳密码

为了解决客户端与服务器端时间不同步的问题，需更改时间戳的代码，将获取当前系统时间的代码修改为获取服务器时间的代码，可通过如下代码实现：

```
/// 生成时间戳密码
- (NSString *)timePassword:(NSString *)pwd {
    // 1. 以 itcast.md5 作为 hmac key
    NSString *key = @"itcast".md5String;
    // 2. 对密码进行 HAMC 加密
```

```
    NSString *pwd = [self.pwd hmacMD5StringWithKey:key];
    // 3. 获取服务器的时间
    NSData *data = [NSData dataWithContentsOfURL:[NSURL
    URLWithString:@"http://localhost/hmackey.php"]];
    NSDictionary *dict = [NSJSONSerialization JSONObjectWithData:data
    options:0 error:NULL];
    NSString *dateStr = dict[@"key"];
    // 4. 拼接时间字符串
    pwd = [pwd stringByAppendingString:dateStr];
    // 5. 再次使用 HMAC 散列密码
    return [pwd hmacMD5StringWithKey:key];
}
```

其中，hmackey.php 是用于获取服务器时间的脚本。客户端通过获取服务器端的时间，解决了时间不同步的问题，这个方案是最好的选择。

2.4.5 钥匙串访问

MD5 保存在本地的密码是不可逆的，用户若要从本地文件获取用户信息，显而易见，密码只能获取到加密后的，影响用户的体验。为此，苹果在 iOS 7.0.3 版本加入了 iCloud 钥匙串功能。

钥匙串访问采用 256 位 AES 加密技术，保证了用户密码的安全，并且是可逆的，能返回用户的原始密码，增强用户体验。钥匙串访问的接口是纯 C 语言的，代码不易于阅读，针对这种情况，建议使用一个第三方框架 sskeychain，官网地址为 https://github.com/soffes/sskeychain，该框架提供了几个常用的方法，如表 2-8 所示。

表 2-8　SSKeychain 类的常用方法

属性声明	功能描述
+ (NSArray *)allAccounts;	获取所有的账户
+ (NSArray *)accountsForService:(NSString *)serviceName;	获取所有的账户信息
+ (NSString *)passwordForService:(NSString *)serviceName account:(NSString *)account;	获取账户的密码
+ (BOOL)deletePasswordForService:(NSString *)serviceName account:(NSString *)account;	删除账户的密码
+ (BOOL)setPassword:(NSString *)password forService:(NSString *)serviceName account:(NSString *)account;	将账户密码保存在钥匙串

从表 2-8 中可以看出，后 4 种方法都带有一个 NSString 类型的参数 serviceName，表示服务名称，建议使用 bundleId，可通过如下代码获取：

```
NSString *bundleId = [NSBundle mainBundle].bundleIdentifier;
```

2.4.6 实战演练——模拟用户安全登录

前面介绍了安全登录的一些技巧，为了大家更好地理解，接下来，更改用户登录案例的部分内容，将密码采用 MD5 算法进行加密，增加用户登录的安全性，具体步骤如下。

1. 准备工作

前面搭建了一个服务器，找到其对应的 Sites 文件夹，将 loginhmac.php 和 hmackey.php 这两个文件拖曳到给该目录下，其中，loginhmac.php 是用于用户安全登录的脚本，hmackey.php 是用于取出当前系统时间的脚本。打开 hmackey.php 文件，页面如图 2-45 所示。

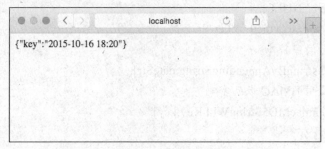

图 2-45　Safari 中打开 hmackey.php 文件

从图 2-45 中可以看出，它是一个 JSON 文档，该文档中只有一个属性，Key 为 "key"，Value 为当前获取的系统时间。

2. 创建工程，设计界面

（1）新建一个 Single View Application 应用，命名为 06-用户安全登录。将 Main.storyboard 的名称修改为 Login.storyboard，进入 Login.storyboard，搭建一个如图 2-40 所示的登录界面。

（2）使用⌘N 快捷键，新建一个 Storyboard，命名为 Home。进入 Home.storyboard，从对象库拖曳一个 Navigation Controller 到程序界面，默认带有一个 Table View Controller 的根视图控制器。从对象库拖曳一个 Bar Button Item 到导航条的右侧，双击输入按钮标题为"注销"，并设置该控制器的标题为"主页"，如图 2-46 所示。

（3）选中根节点的项目，在对应的编辑窗口中找到"Deployment Info"选项，该选项包含一个 Main Interface，默认是 Main.storyboard，删除后面文本框的内容。

3. 创建控件对象的关联

（1）选中 Login.storyboard，单击右上角的 ◎ 图标，进入控件与代码的关联界面。依次选中两个 Text Field，分别添加表示用户名和密码文本框的属性。

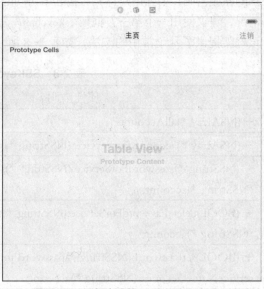

图 2-46　添加完成的 Home.Storyboard

（2）同样的方式，选中 Button，添加一个 Touch Up Inside 事件，命名为 login。

4. 封装网络工具类

在应用程序开发中，通常要建立一个网络请求管理器的单例，用于将用户登录的细节屏蔽起来，具体步骤如下。

（1）新建一个网络工具类 NetworkTools，继承自 NSObject。在 NetworkTools.h 文件中，定义一个供外界访问的类方法，代码如例 2-8 所示。

【例2-8】 NetworkTools.h

```
1   #import <Foundation/Foundation.h>
2   @interface NetworkTools : NSObject
3   /**
4    *  全局的访问点
5    */
6   + (instancetype)sharedTools;
7   // 用户登录
8   - (void)userLoginFailed:(void(^)())failed;
9   // 用户名
10  @property (nonatomic, copy) NSString *username;
11  // 密码
12  @property (nonatomic, copy) NSString *password;
13  @end
```

在上述代码中，第8行代码定义了一个用户登录的方法，并指定了一个登录失败回调的block。

（2）导入NSString+Hash分类，引入NSString+Hash.h头文件。在NetworkTools.m文件中，定义一个方法，用于生成带有服务器时间戳的密码，代码如下：

```
1   /**
2    *  生成带时间戳记的密码
3    */
4   - (NSString *)timePassword
5   {
6       // 1.key
7       NSString *key = @"itheima".md5String;
8       // 2.用key对密码进行hmac
9       NSString *password = [self.password hmacMD5StringWithKey:key];
10      // 3.获取当前服务器的系统时间
11      NSURL *url = [NSURL URLWithString:@"http://localhost/hmackey.php"];
12      // 3.1 使用同步获取时间
13      NSData *data = [NSData dataWithContentsOfURL:url];
14      // 3.2 反序列化数据
15      NSDictionary *result = [NSJSONSerialization JSONObjectWithData:data
16          options:0 error:NULL];
17      // 3.3 取出时间字符串
18      NSString *dateStr = result[@"key"];
19      // 4.组合密码和时间
20      password = [password stringByAppendingString:dateStr];
21      return [password hmacMD5StringWithKey:key];
22  }
```

在上述代码中，第11~18行代码通过 hmackey.php 脚本获取了服务器的系统时间。

（3）添加第三方框架 SSKeychain 到项目中，导入 SSKeychain.h 头文件，定义一个方法，将用户名保存到沙盒，将密码保存到钥匙串；定义另一个方法，用于访问沙盒中的用户名和钥匙串中的密码，代码如下：

```
1    #pragma mark - 保存和加载用户信息
2    #define UserNameKey @"UserNameKey"
3    - (void)saveUserInfo
4    {
5        NSUserDefaults *defaults = [NSUserDefaults standardUserDefaults];
6        [defaults setObject:self.username forKey:UserNameKey];
7        // 保存到钥匙串
8        NSString *bundleId = [NSBundle mainBundle].bundleIdentifier;
9        [SSKeychain setPassword:self.password forService:bundleId
10            account:self.username];
11   }
12   - (void)loadUserInfo
13   {
14       NSUserDefaults *defaults = [NSUserDefaults standardUserDefaults];
15       self.username = [defaults stringForKey:UserNameKey];
16       // 从钥匙串访问密码
17       NSString *bundleId = [NSBundle mainBundle].bundleIdentifier;
18       self.password = [SSKeychain passwordForService:bundleId
19           account:self.username];
20   }
```

（4）实现供全局访问的类方法，保证 NetworkTools 类的实例仅有一个，代码如下：

```
1    // 实际工作中，单例只写这一个方法即可
2    + (instancetype)sharedTools
3    {
4        static id instance;
5        static dispatch_once_t onceToken;
6        dispatch_once(&onceToken, ^{
7            instance = [[self alloc] init];
8        });
9        return instance;
10   }
```

（5）重写 init 方法，在该方法中加载用户信息，代码如下：

```
1    - (instancetype)init
2    {
3        if (self = [super init]) {
```

```
4          // 加载用户信息
5          [self loadUserInfo];
6      }
7      return self;
8  }
```

（6）实现用户登录的方法，第 1 次登录时判断用户名或者密码是否存在，如果存在，通过 POST 方法加载数据，代码如下：

```
1   /**
2    * 用户登录
3    */
4   - (void)userLoginFailed:(void (^)())failed
5   {
6       NSAssert(failed != nil, @"必须传入回调");
7       // 1.判断用户名或者密码是否存在
8       if (!(self.username.length > 0 && self.password.length > 0)) {
9           failed();
10          return;
11      }
12      // 2.对密码进行 MD5 处理
13      NSString *pwd = [self timePassword];
14      // 3.url
15      NSURL *url = [NSURL URLWithString:@"http://localhost/loginhmac.php"];
16      // 4.请求
17      NSMutableURLRequest *request = [NSMutableURLRequest
18                                      requestWithURL:url];
19      // 4.1 请求方法
20      request.HTTPMethod = @"POST";
21      // 4.2 请求体
22      NSString *bodyStr = [NSString stringWithFormat:
23          @"username=%@&password=%@",self.username, pwd];
24      request.HTTPBody = [bodyStr dataUsingEncoding:NSUTF8StringEncoding];
25      // 5.发送请求
26      [NSURLConnection sendAsynchronousRequest:request
27          queue:[NSOperationQueue mainQueue] completionHandler:
28          ^(NSURLResponse *response, NSData *data, NSError *connectionError) {
29              // 反序列化数据
30              NSDictionary *result = [NSJSONSerialization JSONObjectWithData:data
31                                      options:0 error:NULL];
32              // 判断是否登录成功
33              if ([result[@"userId"] intValue] > 0) {
```

```
34              [self saveUserInfo];
35          }else{ // 登录失败回调
36              failed();
37          }
38      }];
39  }
```

在上述代码中,第 33~37 行代码对登录结果进行逻辑判断,如果 userId 的值大于 0,表示登录成功,这时需要保存用户的信息;如果 userId 的值小于 0,表示登录失败,这时调用 failed 代码块,以方便向外界传递"登录失败"的信息。

5. 用户登录

(1)单击"登录"按钮,通过网络工具单例类实现登录的功能。在 ViewController.m 文件中,实现 login 方法,代码如下:

```
1   #import "ViewController.h"
2   #import "NetworkTools.h"
3   @interface ViewController () <UITextFieldDelegate>
4   @property (weak, nonatomic) IBOutlet UITextField *userNameText;
5   @property (weak, nonatomic) IBOutlet UITextField *passwordText;
6   @end
7   @implementation ViewController
8   - (IBAction)login {
9       NetworkTools *tools = [NetworkTools sharedTools];
10      // 设置用户名和密码
11      tools.username = self.userNameText.text;
12      tools.password = self.passwordText.text;
13      // 登录
14      [tools userLoginFailed:^{
15          // 提示用户
16          UIAlertView *alertView = [[UIAlertView alloc]
17          initWithTitle:@"提示" message:@"用户名或密码错误" delegate:nil
18          cancelButtonTitle:@"OK" otherButtonTitles:nil, nil];
19          [alertView show];
20      }];
21  }
```

在上述代码中,第 9 行代码获取了 NetworkTools 单例,第 11~12 行代码将文本框输入的用户信息传递给该单例,用于记录用户名和密码,第 14 行代码调用 userLoginFailed:方法安全登录,当登录失败后,提示"用户名或密码错误"的信息。

(2)程序启动后,默认会根据 NetworkTools 单例的内容进行自动登录,代码如下:

```
1   #pragma mark - 保存和加载用户信息
2   - (void)loadUserInfo
```

```
3    {
4        // 从单例获取用户信息
5        NetworkTools *tools = [NetworkTools sharedTools];
6        self.userNameText.text = tools.username;
7        // 从钥匙串访问密码
8        self.passwordText.text = tools.password;
9    }
10   - (void)viewDidLoad {
11       [super viewDidLoad];
12       [self loadUserInfo];
13   }
```

（3）处理多个文本框的逻辑，单击"return"键切换到下一个文本框，直到最后一个文本框切换到登录按钮。通过拖曳的方式设置 ViewController 为 Text Field 的代理，ViewController 需要遵守 UITextFieldDelegate 协议，并实现相应的代理方法，代码如下：

```
1    #pragma mark - UITextFieldDelegate
2    - (BOOL)textFieldShouldReturn:(UITextField *)textField
3    {
4        if (textField == self.userNameText) { // 切换到密码
5            [self.passwordText becomeFirstResponder];
6        } else {
7            [self login]; // 登录
8        }
9        return YES;
10   }
```

6. 切换 Storyboard

程序首次启动后，显示登录页面，输入正确的用户信息，切换到主页；当用户再次启动后，根据沙盒和钥匙串保存的用户信息，自动登录到主页页面。这个过程需要通过网络工具类传递登录信息，且需要在两个页面切换，通过 Window 对象切换，采用通知实现，具体步骤如下。

（1）在 NetworkTools.h 文件中，定义一个表示通知名称的宏，代码如下：

```
1    #define CZUserLoginStatusChangedNotification
2    @"CZUserLoginStatusChangedNotification"
```

（2）在 NetworkTools.m 文件中，在登录成功的部分，插入如下代码：

```
1    // 发送通知
2    [[NSNotificationCenter defaultCenter] postNotificationName:
3    CZUserLoginStatusChangedNotification object:@"Main"];
```

在上述代码中，第 2~3 行代码获取了 NSNotificationCenter 单例，调用 postNotificationName: object:方法发送通知。

（3）在 AppDelegate.m 文件中，由于没有启动的 Storyboard，需要手动创建 UIWindow，代码如下：

```
1   - (BOOL)application:(UIApplication *)application
2   didFinishLaunchingWithOptions:(NSDictionary *)launchOptions {
3       // 如果没有启动的 StoryBoard，需要手动实例化 window
4       self.window = [[UIWindow alloc] initWithFrame:
5       [UIScreen mainScreen].bounds];
6       self.window.backgroundColor = [UIColor whiteColor];
7       [self.window makeKeyAndVisible];
8       // 注册通知
9       [[NSNotificationCenter defaultCenter] addObserver:self
10      selector:@selector(switchStoryboard:)
11      name:CZUserLoginStatusChangedNotification object:nil];
12      // 用户登录
13      [[NetworkTools sharedTools] userLoginFailed:^{
14          [self switchStoryboard:nil];
15      }];
16      return YES;
17  }
```

当程序启动后，首先调用如上方法。在上述代码中，第 9 行代码注册了一个监听器，并指定了监听方法 switchStoryboard:。

（4）实现 switchStoryboard:方法，根据 notification 的 object 属性来判断使用哪个 Storyboard 的控制器，代码如下：

```
1   - (void)switchStoryboard:(NSNotification *)notification
2   {
3       NSString *sbName = notification.object != nil ? notification.object : @"Login";
4       // 显示主界面
5       UIStoryboard *sb = [UIStoryboard storyboardWithName:sbName bundle:nil];
6       // 切换视图控制器
7       self.window.rootViewController = sb.instantiateInitialViewController;
8   }
```

在上述代码中，第 3 行代码定义了一个三目运算符，根据 sbName 判断，若 sbName 没值，直接显示登录页面，反之则显示主页面。

7. 注销按钮

（1）新建一个表示主页的类 HomeTableViewController，继承自 UITableViewController，并设置该类为 Home.storyboard 的关联类。

（2）通过拖曳的方式给"注销"按钮绑定一个单击事件，命名为 loginout:方法。

（3）在 HomeTableViewController.m 文件中，实现 loginout:方法，代码如下：

```
1  - (IBAction)loginout:(UIBarButtonItem *)sender {
2      // 利用通知注销
3      [[NSNotificationCenter defaultCenter] postNotificationName:
4      CZUserLoginStatusChangedNotification object:@"Login"];
5  }
```

8. 运行程序

（1）单击"运行"按钮，运行程序，程序运行成功后，输入"zhangsan"和"zhang"，单击"登录"按钮，切换到主页界面，如图 2-47 所示。

图 2-47　程序的运行结果

（2）再次运行程序，程序直接进入主页界面，实现自动登录的效果。单击主页右上角的"注销"按钮，程序成功地切换到登录页面，实现退出登录的功能。

2.5　文件的上传与下载

在 iOS 开发中，经常会涉及文件的上传和下载功能，前面已经简单介绍了 NSURLConnection 的下载，但是容易出现瞬间内存峰值，为此，iOS 7 推出了一个 NSURLSession 类。本节将针对文件上传和下载的内容进行详细的介绍。

2.5.1　上传文件的原理

要想上传文件，需要依赖于 POST 请求，通过将上传的文件编码到 POST 请求体中，将该请求体一并发送到服务器。接下来，安装一个 Firefox（火狐浏览器），该浏览器可以安装多个插件，方便开发人员调试，通过该浏览器来跟踪 POST 请求的信息，可分为上传单个文件和多个文件，详细介绍如下。

1. 上传单个文件

（1）安装火狐浏览器

双击 Firefox 安装包，按照提示逐步完成。打开 Firefox 浏览器，将一个名称为 firebug.xpi

的插件拖曳到该浏览器，弹出一个提示安装的窗口，如图 2-48 所示。

图 2-48　安装插件的提示窗口

单击图 2-48 中的"安装"按钮，这时，浏览器右上角位置增加了一个"小虫子"图标，用于剖析 Web 内部的细节，而且能清晰地查看网站的源代码。

（2）准备资料

在 Finder 中打开 Sites 文件夹，将准备好的 post 文件夹复制到 Sites 文件夹，其中，upload.html 是用于上传文件的脚本，upload.php 是用于处理上传功能的脚本。另外，111.txt 是用于测试的上传文件。刷新本地服务器，打开 upload.html 文件，如图 2-49 所示。

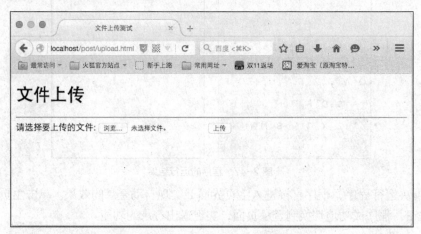

图 2-49　Firefox 打开 upload.html 文件

值得一提的是，单击"浏览"按钮，选择任意一个来源的文件，单击"上传"按钮，文件默认会上传到 abc 文件夹。

（3）跟踪头信息

选中"小虫子"图标，单击"浏览"按钮，选取 111.txt，单击"上传"按钮，浏览器底部的窗口展示了跟踪的全部信息，单击菜单"头信息"，它展示了响应头、请求头、上传的请求头的信息，如图 2-50 所示。

在请求头中，最为重要的就是 Content-Type，它对应的值可分为两个部分，前半部分表示内容的类型，后半部分是边界 boundary，用于分隔表单中不同部分的数据，后面的一串数字是由浏览器自动生成的，它的格式是不固定的，可以是任意字符。

（4）Post 信息

单击菜单"Post"，它展示了发送的请求体的内容，源代码如图 2-51 所示。和头信息中的 boundary 部分进行对比不难发现，boundary 的内容和请求体的数据部分前的字符串相比少了两个"--"。

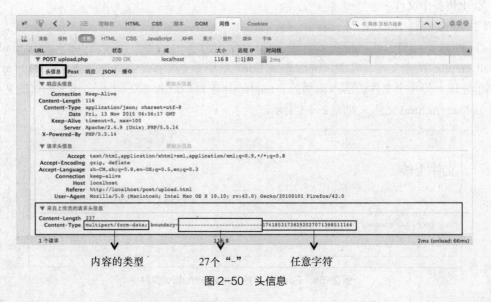

图 2-50　头信息

图 2-51　Post 菜单

由图 2-51 可知，上传的请求体有着严格的格式要求，任何一点错误都会导致上传失败。其中，Content-Disposition 指定了表单元素的 name 属性和文件名称，Content-Type 用于告知服务器上传文件的文件类型，一旦指定为 application/octet-stream，就表示可以上传任意类型的文件。后面是请求体中最重要的数据部分，该部分就是二进制字符串。依据这几部分的顺序组成的源代码结构如图 2-52 所示。

```
--boundary
Content-Disposition:form-data;name="表单控件名称";filename="上传文件名称"
Content-Type:文件MIME Types

文件二进制数据;

--boundary--
```

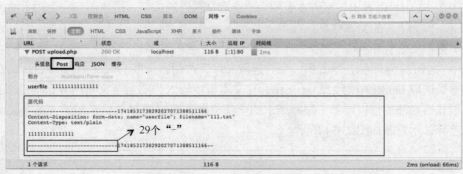

图 2-52　源代码组成示意图

需要注意的是，请求头与请求体中的 Content-Type 表示不同的概念，请不要混淆。每行的末尾需添加一个“\r\n”，苹果的上传操作十分麻烦，需要拼接好所需要的字符串格式，才能实现上传文件，另外还要加上头部的 Content-Type 信息。

2. 上传多个文件

（1）准备资料

在 Firefox 中打开本地服务器，单击 "post" 文件夹，该目录下还有 upload-m.html 和 upload-m.php 两个文件，其中，upload-m.html 是用于上传多个文件的脚本，upload-m.php 是用于处理上传多个文件的脚本。另外，Finder 中有 111.txt 和 222.txt 两个用于测试的文件。打开 upload-m.html 文件，如图 2-53 所示。

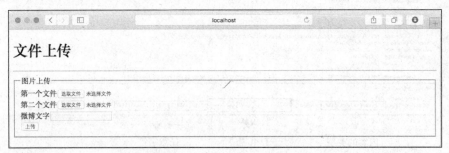

图 2-53　Firefox 打开 upload-m.html 文件

从图 2-53 中可以看出，该脚本有两个"选取文件"的按钮，另外还有一个用于输入文字的文本框，作为上传的文本信息。

（2）跟踪头信息和 Post 信息

选中"小虫子"图标，单击第一个"选取文件"按钮，选取 Finder 中的 111.txt 文件，以同样的方式选取 Finder 中的 222.txt 文件，在文本框中输入"嘚瑟"文本内容，单击"上传"按钮，浏览器底部的窗口展示了跟踪请求的全部信息，Post 菜单的信息与上传单个文件的信息稍有差异，示意图如图 2-54 所示。

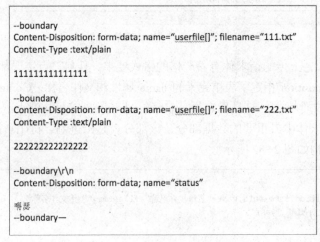

图 2-54　多文件源代码示意图

从图 2-54 中可以看出，该请求体主要分为 3 个部分，每一个部分都以边界 boundary 分开。需要注意的是，多个字段上传，name 对应的值中需要有一个"[ ]"标志。

2.5.2　实战演练——上传单个文件

为了大家更好地理解，接下来，通过一个案例演示最原始的上传 001.png 文件。新建一个 Single View Application 应用，命名为 07-上传单个文件，在 ViewController.m 文件中，实现相应的逻辑，具体内容如下。

1. 获取请求体

定义一个用于获取请求体的方法，该方法封装了拼接上传源代码的功能，外界只需要调用这个方法，就可以直接获取拼接好的请求体的二进制数据，代码如下：

```objc
#define boundary @"itheima-upload"
- (NSData *)formData:(NSData *)fileData fieldName:(NSString *)fieldName
fileName:(NSString *)fileName {
    // 可变 Data，用于拼接二进制数据
    NSMutableData *dataM = [NSMutableData data];
    // 可变 String，用于拼接字符串
    NSMutableString *strM = [NSMutableString string];
    [strM appendFormat:@"--%@\r\n", boundary];
    [strM appendFormat:@"Content-Disposition: form-data; name=\"%@\";
filename=\"%@\"\r\n", fieldName, fileName];
    [strM appendString:@"Content-Type: application/octet-stream\r\n\r\n"];
    // 先插入 strM
    [dataM appendData:[strM dataUsingEncoding:NSUTF8StringEncoding]];
    // 插入文件数据
    [dataM appendData:fileData];
    NSString *tail = [NSString stringWithFormat:@"\r\n--%@--", boundary];
    [dataM appendData:[tail dataUsingEncoding:NSUTF8StringEncoding]];
    return dataM.copy;
}
```

在上述代码中，获取请求体的方法为 formData:fieldName:filename:，该方法需要传递 3 个参数，其中，fileData 表示用于上传文件的二进制数据，fieldName 表示服务器的字段名，即 name，fileName 表示保存到服务器的文件名称，这是 HTTP 官方要求的格式。

2. 上传文件的功能

定义一个用于上传文件的方法，该方法封装了上传文件的功能，外界只需要调用这个方法，就可以实现上传文件的功能，代码如下：

```objc
#define boundary @"itheima-upload"
- (void)uploadFile:(NSData *)fileData fieldName:(NSString *)fieldName
fileName:(NSString *)fileName {
    // 1. url——负责上传文件的脚本
    NSURL *url = [NSURL URLWithString:
@"http://192.168.13.85/post/upload.php"];
    // 2. request
    NSMutableURLRequest *request = [NSMutableURLRequest
requestWithURL:url];
    request.HTTPMethod = @"POST";
```

```
11      // 2.1 设置 content-type
12      NSString *type = [NSString stringWithFormat:@"multipart/form-data;
13              boundary=%@", boundary];
14      [request setValue:type forHTTPHeaderField:@"Content-Type"];
15      // 2.2 设置数据体
16      request.HTTPBody = [self formData:fileData fieldName:fieldName
17              fileName:fileName];
18      // 3. connection
19      [NSURLConnection sendAsynchronousRequest:request
20      queue:[NSOperationQueue mainQueue] completionHandler:
21      ^(NSURLResponse *response, NSData *data, NSError *connectionError) {
22          NSLog(@"%@", [NSJSONSerialization JSONObjectWithData:data
23              options:0 error:NULL]);
24      }];
25  }
```

在上述代码中，上传文件的方法名为 uploadFile:fieldName:filename:，该方法需要传递 3 个参数，这 3 个参数与前面方法的参数一致。其中，第 12~14 行代码调用 setValue:forHTTPHeaderField:方法给 Content-type 赋值。

3. 单击屏幕，上传文件

导入 001.png 资源，从 mainBundle 中获取该图片的路径，将其转换为二进制数据，调用上传的方法，将其进行上传，代码如下：

```
1   - (void)touchesBegan:(NSSet *)touches withEvent:(UIEvent *)event {
2       // 1.data
3       NSString *path = [[NSBundle mainBundle] pathForResource:@"001.png"
4               ofType:nil];
5       NSData *fileData = [NSData dataWithContentsOfFile:path];
6       [self uploadFile:fileData fieldName:@"userfile" fileName:@"xxx.png"];
7   }
```

4. 运行程序

单击"运行"按钮运行程序，程序运行成功后，单击模拟器的屏幕，abc 目录添加了一个 xxx.png 文件，如图 2-55 所示。

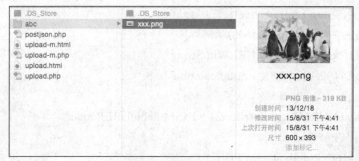

图 2-55　上传成功的 xxx.png

2.5.3 实战演练——上传多个文件

为了大家更好地理解,接下来,通过一个案例演示如何通过最原始的方式上传 001.png 和 demo.jpg 文件。新建一个 Single View Application 应用,命名为 08-上传多个文件,在 ViewController.m 文件中,实现相应的逻辑,具体内容如下:

1. 获取请求体

定义一个用于获取请求体的方法,该方法封装了拼接源代码字符串的功能,外界只需要调用这个方法,就可以直接获取拼接好的请求体的二进制数据,代码如下:

```
1   - (NSData *)formData:(NSDictionary *)fileDict
2   fieldName:(NSString *)fieldName params:(NSDictionary *)params {
3       NSMutableData *dataM = [NSMutableData data];
4       // 1. 上传文件 - 遍历字典
5       [fileDict enumerateKeysAndObjectsUsingBlock:^(NSString *fileName,
6       NSData *fileData, BOOL *stop) {
7           // 可变字符串
8           NSMutableString *strM = [NSMutableString string];
9           [strM appendFormat:@"--%@\r\n", boundary];
10          [strM appendFormat:@"Content-Disposition: form-data; name=\"%@\";
11          filename=\"%@\"\r\n", fieldName, fileName];
12          [strM appendString:@"Content-Type:
13          application/octet-stream\r\n\r\n"];
14          // 先插入 strM
15          [dataM appendData:[strM dataUsingEncoding:NSUTF8StringEncoding]];
16          // 插入文件数据
17          [dataM appendData:fileData];
18          [dataM appendData:[@"\r\n"
19          dataUsingEncoding:NSUTF8StringEncoding]];
20      }];
21      // 2. 拼接数据参数 - 遍历字典
22      [params enumerateKeysAndObjectsUsingBlock:
23      ^(id key, id obj, BOOL *stop) {
24          NSMutableString *strM = [NSMutableString string];
25          [strM appendFormat:@"--%@\r\n", boundary];
26          [strM appendFormat:@"Content-Disposition: form-data;
27          name=\"%@\"\r\n\r\n", key];
28          [strM appendFormat:@"%@\r\n", obj];
29          // 添加到 dataM
30          [dataM appendData:[strM dataUsingEncoding:NSUTF8StringEncoding]];
31      }];
32      // 3. 末尾字符串
```

```
33      NSString *tail = [NSString stringWithFormat:@"--%@--", boundary];
34      [dataM appendData:[tail dataUsingEncoding:NSUTF8StringEncoding]];
35      return dataM.copy;
36  }
```

在上述代码中，获取请求体的方法为 formData:fieldName:filename:，该方法需要传递 3 个参数，其中，fileDict 是一个字典，用于保存多个文件，fieldName 表示服务器的字段名，params 表示输入的文字。

2. 上传多个文件的功能

定义一个用于上传多个文件的方法，该方法封装了上传文件的功能，外界只需要调用这个方法，就可以实现上传多个文件，代码如下：

```
1   - (void)uploadFile:(NSDictionary *)fileDict fieldName:(NSString *)fieldName
2     params:(NSDictionary *)params   {
3       // 1. url  – 负责上传文件的脚本
4       NSURL *url = [NSURL URLWithString:
5       @"http://192.168.13.85/post/upload-m.php"];
6       // 2. request
7       NSMutableURLRequest *request = [NSMutableURLRequest
8       requestWithURL:url];
9       request.HTTPMethod = @"POST";
10      // 2.1 设置  content-type
11      NSString *type = [NSString stringWithFormat:@"multipart/form-data;
12      boundary=%@", boundary];
13      [request setValue:type forHTTPHeaderField:@"Content-Type"];
14      // 2.2 设置数据体
15      request.HTTPBody = [self formData:fileDict fieldName:fieldName
16      params:params];
17      // 3. connection
18      [NSURLConnection sendAsynchronousRequest:request
19      queue:[NSOperationQueue mainQueue] completionHandler:
20      ^(NSURLResponse *response, NSData *data, NSError *connectionError) {
21          NSLog(@"%@", [NSJSONSerialization JSONObjectWithData:data
22          options:0 error:NULL]);
23      }];
24  }
```

在上述代码中，上传多个文件的方法名为 uploadFile:fieldName:filename:，该方法同样需要传递 3 个参数，这 3 个参数与上一个方法的参数保持一致。

3. 单击屏幕，上传多个文件

导入 001.png 和 demo.jpg 资源，导入一个 "NSArray+Log" 分类，用于输出中文。从 mainBundle 中获取该图片的路径，将其转换为二进制数据，调用上传的方法，将多个文件进行上传，代码如下：

```
1   - (void)touchesBegan:(NSSet *)touches withEvent:(UIEvent *)event {
2       // 1. data
3       NSString *path1 = [[NSBundle mainBundle] pathForResource:@"001.png"
4       ofType:nil];
5       NSData *fileData1 = [NSData dataWithContentsOfFile:path1];
6       // 2. data
7       NSString *path2 = [[NSBundle mainBundle] pathForResource:@"demo.jpg"
8       ofType:nil];
9       NSData *fileData2 = [NSData dataWithContentsOfFile:path2];
10      // 通过字典传递参数
11      NSDictionary *fileDict = @{@"abc.png": fileData1, @"abc.jpg": fileData2};
12      // 数据参数
13      NSDictionary *params = @{@"status": @"嘚瑟"};
14      // 多个文件上传，字段名需要包含 []
15      [self uploadFile:fileDict fieldName:@"userfile[]" params:params];
16  }
```

4. 运行程序

单击"运行"按钮运行程序，程序运行成功后，单击模拟器的屏幕，abc 目录添加了 abc.png 和 abc.jpg 两个文件，如图 2-56 所示。

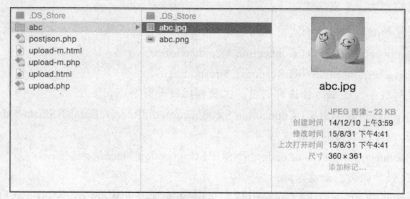

图 2-56　上传成功的 abc.png 和 abc.pg

与此同时，控制台的输出如图 2-57 所示。

图 2-57　程序的输出结果

2.5.4 NSURLConnection 下载

所谓下载,就是把服务器的内容存放到本地,前面已经简单了解了 NSURLConnection 的使用,而针对异步下载大文件,它存在着以下两个缺陷:

(1) 缺少文件跟进进度;
(2) 出现瞬间内存峰值,造成应用程序闪退。

首先解决下载进度跟进的问题,iOS 提供了一个 NSURLConnectionDataDelegate 协议,只要遵守了该协议的对象,就能够监听关于文件下载的整个过程。NSURLConnection 类提供了 3 个初始化方法,只用于建立连接,而且可以指定代理对象,定义格式如下:

```
- (instancetype)initWithRequest:(NSURLRequest *)request
delegate:(id)delegate startImmediately:(BOOL)startImmediately;
- (instancetype)initWithRequest:(NSURLRequest *)request
delegate:(id)delegate;
+ (NSURLConnection*)connectionWithRequest:(NSURLRequest *)request
delegate:(id)delegate;
```

从上述定义可以看出,第 1 个方法比第 2 个方法多一个参数 startImmediately,该参数表示是否立即下载数据,YES 代表立即下载,并把 connection 加入到当前的 Run Loop 中;NO 代表只建立连接,不要下载数据,需要手动调用 start 方法来下载数据。

指定了代理对象后,该对象需要遵守 NSURLConnectionDataDelegate 协议,该协议定义了几个常用的方法,定义格式如下:

```
// 开始接收到服务器的响应时调用
- (void)connection:(NSURLConnection *)connection
didReceiveResponse:(NSURLResponse *)response;
// 接收到服务器返回的数据时调用,若数据比较大时会调用多次
- (void)connection:(NSURLConnection *)connection didReceiveData:(NSData *)data;
//服务器返回的数据完全接收后调用
- (void)connectionDidFinishLoading:(NSURLConnection *)connection;
//请求出错时调用,如请求超时
- (void)connection:(NSURLConnection *)connection didFailWithError:(NSError *)error;
```

当一个文件比较大时,会多次调用接收数据的方法,根据该方法来累加每次下载文件的大小,实现文件下载进度的跟进,可通过如下代码实现:

```
1    // 1. 接收到服务器响应(状态行/响应头)
2    - (void)connection:(NSURLConnection *)connection
3    didReceiveResponse:(NSURLResponse *)response {
4        self.expectedContentLength = response.expectedContentLength;
5        self.fileSize = 0;
6    }
7    // 2. 接收到二进制数据(可能会多次)
8    - (void)connection:(NSURLConnection *)connection
```

```
9   didReceiveData:(NSData *)data {
10      self.fileSize += data.length;
11      float progress = (float)self.fileSize / self.expectedContentLength;
12      NSLog(@"%f", progress);
13      // 拼接数据
14      [self.fileData appendData:data];
15  }
16  // 3. 网络请求结束(断开连接)
17  - (void)connectionDidFinishLoading:(NSURLConnection *)connection {
18      // 写入磁盘
19      [self.fileData writeToFile:@"/Users/apple/Desktop/aaa.mp4"
20      atomically:YES];
21      // 释放数据
22      self.fileData = nil;
23  }
24  // 4. 网络连接错误，任何的网络访问都有可能出错
25  - (void)connection:(NSURLConnection *)connection
26  didFailWithError:(NSError *)error {
27      NSLog(@"%@", error);
28  }
```

expectedContentLength、fileSize、fileData 依次表示文件的总大小、当前接收的大小、文件数据。在上述代码中，第 2～6 行代码代表接收到服务器的响应调用的方法，在该方法中确定文件的最终大小和当前接收的初始大小；第 8～15 行代码代表接收到服务器返回的二进制数据调用的方法，在该方法内拼接当前已经接收的数据大小和接收的数据；第 17～23 行代码代表断开连接调用的方法，在该方法中将全部接收完的数据写入到指定文件，运行结果如图 2-58 所示。

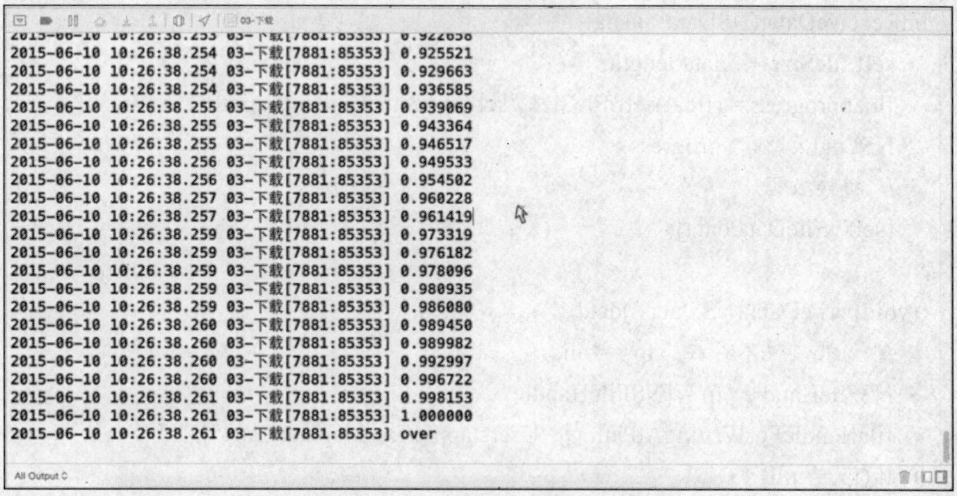

图 2-58　程序的运行效果

经历以上过程，就实现了下载进度的跟进。最后来解决内存峰值的问题，关于出现这个问题的原因，主要是每次接收到的部分数据累积后，在断开连接时实现整个文件的写入造成的。假设每一次接收到的部分数据都写入文件，就解决了内存峰值的问题。iOS 提供了一个 NSFileHandle 类，用于对文件的内容进行读取和写入操作，该类也提供了一些常用的方法，定义格式如下：

```objc
// 打开一个文件准备写入
+ (instancetype)fileHandleForWritingAtPath:(NSString *)path;
// 跳到文件的末尾
- (unsigned long long)seekToEndOfFile;
// 写入数据
- (void)writeData:(NSData *)data;
// 关闭文件
- (void)closeFile;
```

每次打开文件，指向文件的指针都会在头部位置，指针的位置决定了写入数据的位置，要想实现追加数据，每次写入数据之前，将指针的位置移动到末尾，以实现追加数据的效果，seekToEndOfFile 方法是用于改变指针位置的。

每次接收到数据后，单独将数据写入磁盘，修改上面进度跟进的部分代码，修改后的代码如下：

```objc
1   // 1. 接收到服务器响应(状态行/响应头)
2   - (void)connection:(NSURLConnection *)connection
3   didReceiveResponse:(NSURLResponse *)response {
4       self.expectedContentLength = response.expectedContentLength;
5       self.fileSize = 0;
6   }
7   // 2. 接收到二进制数据(可能会多次)
8   - (void)connection:(NSURLConnection *)connection
9   didReceiveData:(NSData *)data {
10      self.fileSize += data.length;
11      float progress = (float)self.fileSize / self.expectedContentLength;
12      NSLog(@"%f", progress);
13      // 拼接数据
14      [self writeData:data];
15  }
16  - (void)writeData:(NSData *)data {
17      // 如果文件不存在，fp == nil
18      NSFileHandle *fp = [NSFileHandle
19      fileHandleForWritingAtPath:@"/Users/apple/Desktop/aaa.mp4"];
20      if (fp == nil) {
21          // 单独将数据写入磁盘
```

```
22          [data writeToFile:@"/Users/apple/Desktop/aaa.mp4" atomically:YES];
23      } else {
24          //将文件指针挪动到后面
25          [fp seekToEndOfFile];
26          //写入数据
27          [fp writeData:data];
28          //关闭文件(在文件操作时，一定记住，打开关闭要成对出现)
29          [fp closeFile];
30      }
31  }
32  // 3. 网络连接错误，任何的网络访问都有可能出错
33  - (void)connection:(NSURLConnection *)connection
34  didFailWithError:(NSError *)error {
35      NSLog(@"%@", error);
36  }
```

在上述代码中，第 16～31 行代码是自定义的一个方法，用于追加数据。其中，第 20～23 行代码使用 if else 语句进行判断，如果 fp 不存在，第 1 次写入到 aaa.mp4 文件；如果 fp 存在，移动文件指针到末尾位置，追加数据并关闭文件。

经历以上过程，下载进度跟进和内存峰值的问题就解决了。

2.5.5 NSURLSession 介绍

NSURLSession 是 iOS7 中新的网络接口，它与 NSURLConnection 是并列的关系，当程序在前台时，NSURLSession 与 NSURLConnection 可以互为替代工作，而且 NSURLSession 支持后台网络操作，除非用户将其强行关闭。接下来，大家看一下 NSURLSession 的结构图，如图 2-59 所示。

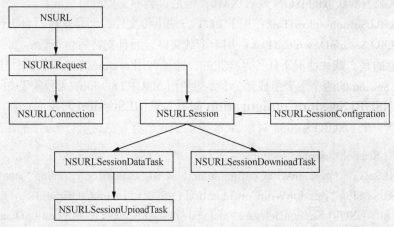

图 2-59　NSURLSession 的结构图

由图 2-59 可知，NSURLSession 从字面上表示会话的意思，每一个 NSURLSession 对象都是根据一个 NSURLSessionConfiguration 初始化的，该类用于定义和配置会话，如 Cookie、安全性、缓存策略等。NSURLSessionConfiguration 类有 3 个类构造方法，代表着不同的工作

模式，定义格式如下：

+ (NSURLSessionConfiguration *)defaultSessionConfiguration;
+ (NSURLSessionConfiguration *)ephemeralSessionConfiguration;
+ (NSURLSessionConfiguration *)
backgroundSessionConfigurationWithIdentifier:(NSString *)identifier;

针对它们的详细介绍如下：

（1）defaultSessionConfiguration：默认会话配置，类似于 NSURLConnection 的标准配置，使用的是基于磁盘缓存的持久化策略，使用用户 keychain 中保存的证书进行认证授权。

（2）ephemeralSessionConfiguration：临时会话配置，该配置不会使用磁盘保存任何数据，所有与会话相关的 Caches、证书、Cookies 等只会被保存在内存中。因此，当程序使会话无效时，这些缓存的数据就会被自动清空。

（3）backgroundSessionConfigurationWithIdentifier::后台会话配置，该配置会在后台完成上传和下载，创建 NSURLSessionConfiguration 对象时需要提供一个 ID，用于标识完成工作的后台会话。

另外，NSURLSession 的另一个重要组成部分就是 NSURLSessionTask，主要负责处理数据的加载，以及客户端与服务器端之间的文件和数据的上传或者下载任务。NSURLSessionTask 类是一个抽象类，它有 3 个具体的子类是可以直接使用的，如图 2-60 所示。

图 2-60 介绍了 NSURLSessionTask 类的 3 个子类，这 3 个类封装了现代应用程序的 3 个基本网络任务，针对它们的详细介绍如下：

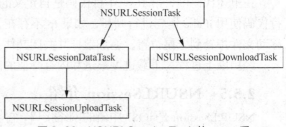

图 2-60　NSURLSessionTask 的　　系

（1）NSURLSessionDataTask：用于处理一般的 NSData 类型的数据，如通过 GET 或者 POST 方法从服务器获取的 JSON 或者 XML，但是该类不支持后台获取。

（2）NSURLSessionUploadTask：用于 PUT 方法上传文件，而且支持后台上传。

（3）NSURLSessionDownloadTask：用于下载文件，而且支持后台下载。

需要注意的是，默认情况下任务是挂起的，通过调用 resume 方法继续执行任务。前面介绍了 NSURLSession 的两个主要组成部分，要想使用 NSURLSession，大致需要如下两个步骤。

1. 使用 NSURLSessionConfiguration 配置 NSURLSession 对象

要想创建一个 NSURLSession 对象，iOS 提供了 3 个类方法，这 3 个方法的定义格式如下：

+ (NSURLSession *)sharedSession;
+ (NSURLSession *)sessionWithConfiguration:(NSURLSessionConfiguration *)configuration;
+ (NSURLSession *)sessionWithConfiguration:(NSURLSessionConfiguration *)configuration delegate:(id <NSURLSessionDelegate>)delegate delegateQueue:(NSOperationQueue *)queue;

在上述代码中，第 1 个方法是一个静态的方法，该类使用共享的会话，该会话使用全局的 Cache、Cookie 和证书；第 2 个方法是创建对应配置的会话，与 NSURLSession Configuration 对象配合使用；第 3 个方法是可以定制会话的类型，而且还可以指定会话的委托和该委托所处的队列。

当不再需要连接时，可以调用 invalidateAndCancel 方法直接关闭，或者调用 finishTasksAndInvalidate 方法等待当前的任务结束后关闭。这时，delegate 会收到 URLSession: didBecomeInvalidWithError:消息，会被解引用。

2. 使用 NSURLSession 对象来启动一个 NSURLSessionTask 对象

所有的任务都是由 NSURLSession 对象发起的，为此，NSURLSession 类提供了 4 个方法，用于启动一个任务，具体定义格式如下：

```
- (NSURLSessionDataTask *)dataTaskWithRequest:(NSURLRequest *)request;
- (NSURLSessionDataTask *)dataTaskWithURL:(NSURL *)url;
- (NSURLSessionDataTask *)dataTaskWithRequest:(NSURLRequest *)request
completionHandler:(void (^)(NSData *data, NSURLResponse *response,
NSError *error))completionHandler;
- (NSURLSessionDataTask *)dataTaskWithURL:(NSURL *)url
completionHandler:(void (^)(NSData *data, NSURLResponse *response,
NSError *error))completionHandler;
```

在上述代码中，前两个方法只有 1 个参数，通过传入一个 request 或 url 创建一个任务；后面两个方法多了 1 个参数，通过该参数指定回调的代码块，而且这两个方法回调默认是异步执行的。

2.5.6　实战演练——使用 NSURLSession 实现下载功能

针对下载功能这部分，iOS 提供了一个 NSURLSessionDownloadTask 子类，用于处理下载方面的功能。同时，NSURLSession 类也提供了几个方法来处理下载任务，定义格式如下：

```
// 通过一个 request 创建下载任务
- (NSURLSessionDownloadTask *)downloadTaskWithRequest:(NSURLRequest *)
request completionHandler:(void (^)(NSURL *location,
NSURLResponse *response, NSError *error))completionHandler;
//通过一个 url 创建下载任务
- (NSURLSessionDownloadTask *)downloadTaskWithURL:(NSURL *)url
completionHandler:(void (^)(NSURL *location, NSURLResponse *response,
NSError *error))completionHandler;
//实现断点续传
- (NSURLSessionDownloadTask *)downloadTaskWithResumeData:(NSData *)
resumeData completionHandler:(void (^)(NSURL *location,
NSURLResponse *response, NSError *error))completionHandler;
```

在上述代码中，这 3 个方法都有一个回调的代码块 completionHandler，该代码块有 3 个参数，location 是一个 NSURL 类型的值，表示下载的临时文件目录，如果要保存文件，需要将文件保存至沙盒。

除此之外，为了能够跟进文件下载的进度，NSURLSession 类定义了一个 NSURLSessionDownloadDelegate 协议，该协议提供了 3 个方法供外界监听，定义格式如下：

```
@protocol NSURLSessionDownloadDelegate <NSURLSessionTaskDelegate>
// 下载完成，该方法必须实现
- (void)URLSession:(NSURLSession *)session
downloadTask:(NSURLSessionDownloadTask *)downloadTask
didFinishDownloadingToURL:(NSURL *)location;
@optional
// 每下载完一部分数据时就会调用该方法，可能会调用多次
- (void)URLSession:(NSURLSession *)session
downloadTask:(NSURLSessionDownloadTask *)downloadTask
didWriteData:(int64_t)bytesWritten
totalBytesWritten:(int64_t)totalBytesWritten
totalBytesExpectedToWrite:(int64_t)totalBytesExpectedToWrite;
// 断点续传的方法
- (void)URLSession:(NSURLSession *)session
downloadTask:(NSURLSessionDownloadTask *)downloadTask
didResumeAtOffset:(int64_t)fileOffset
expectedTotalBytes:(int64_t)expectedTotalBytes;
@end
```

在上述代码中，第 1 个方法是必须要实现的，第 2 个方法有 5 个参数，其中，bytesWritten 表示本次下载的字节数，totalBytesWritten 表示已经下载的字节数，totalBytesExpectedToWrite 表示下载文件的总大小。需要注意的是，iOS 7 中后两个方法也是必须要实现的。

为了大家更好地理解，接下来，通过一个下载视频的案例来讲解如何使用 NSURLSession 启动下载任务，跟进文件下载的进度，详细介绍如下。

1. 创建工程，设计界面

（1）在 Finder 中打开 Sites 文件夹，将之前准备好的 321.mp4 测试文件复制到该目录下。

（2）新建一个 Single View Application 应用，命名为 09-NSURLSession 下载。

（3）进入 Main.storyboard，从对象库拖曳 1 个 Progress View、2 个 Label 到程序界面，其中，Progress View 用于展示下载的进度视图，设置该视图的 Style 为 Bar，Progress 的值为 0，设计好的页面如图 2-61 所示。

2. 创建控件对象的关联

单击 Xcode 6.1 界面右上角的 图标，进入控件与代码的关联界面。依次选中 Progress View 和右侧的 Label，分别添加表示进度视图和进度提示标签的属性。

3. 通过代码实现下载的功能

从服务器端下载资源，并跟进下载的进度，通过文字和图片的方式展示到界面，详细介绍如下。

图 2-61 设计好的程序界面

（1）定义一个表示会话的属性，并通过懒加载的方式进行初始化，具体代码如下：

```objc
1   #import "ViewController.h"
2   @interface ViewController () <NSURLSessionDownloadDelegate>
3   @property (nonatomic, strong) NSURLSession *session;
4   @property (weak, nonatomic) IBOutlet UIProgressView *progressView;
5   @property (weak, nonatomic) IBOutlet UILabel *mesLabel;
6   @end
7   @implementation ViewController
8   #pragma mark - 懒加载
9   - (NSURLSession *)session
10  {
11      if(_session == nil){
12          // 默认会话配置
13          NSURLSessionConfiguration *config = [NSURLSessionConfiguration
14                                          defaultSessionConfiguration];
15          // 创建会话，并指定代理
16          _session = [NSURLSession sessionWithConfiguration:config
17                      delegate:self delegateQueue:nil];
18      }
19      return _session;
20  }
21  @end
```

在上述代码中，第16～17行代码调用 sessionWithConfiguration:delegate:delegateQueue:方法创建了一个带有默认配置的会话，并且指定了代理对象和代理工作的队列。代理工作的队列与下载没有任何关系，它仅仅只是对其进行指定。下载本身是有一个独立的线程"顺序"完成的。无论选择什么队列，都不会影响主线程。

（2）单击屏幕，根据指定的路径，从服务器端访问视频资源，代码如下：

```objc
1   - (void)touchesBegan:(NSSet *)touches withEvent:(UIEvent *)event
2   {
3       // 1.确定 url
4       NSURL *url = [NSURL URLWithString:@"http://localhost/321.mp4"];
5       // 2.下载
6       NSURLSessionDownloadTask *task = [self.session
7            downloadTaskWithURL:url];
8       // 3.继续任务
9       [task resume];
10  }
```

在上述代码中，要想使用 NSURLSession 完成下载功能仅仅需要3个步骤，只要指定访问

的路径，根据该路径由 NSURLSession 对象启动下载任务，最后调用 resume 方法将挂起的任务继续执行，就完成了下载文件的操作。

（3）为了跟进文件的下载进度，需要遵守 NSURLSessionDownloadDelegate 协议，实现相应的方法，具体代码如下：

```
1   #pragma mark -NSURLSessionDownloadDelegate
2   // 完成下载
3   - (void)URLSession:(NSURLSession *)session
4   downloadTask:(NSURLSessionDownloadTask *)downloadTask
5   didFinishDownloadingToURL:(NSURL *)location
6   {
7       NSLog(@"%@", location);
8   }
9   // 下载进度
10  - (void)URLSession:(NSURLSession *)session
11  downloadTask:(NSURLSessionDownloadTask *)downloadTask
12  didWriteData:(int64_t)bytesWritten
13  totalBytesWritten:(int64_t)totalBytesWritten
14  totalBytesExpectedToWrite:(int64_t)totalBytesExpectedToWrite
15  {
16      float progress=(float)totalBytesWritten / totalBytesExpectedToWrite;
17      dispatch_async(dispatch_get_main_queue(), ^{
18          self.progressView.progress = progress;
19          self.mesLabel.text = [NSString stringWithFormat:
20          @"%0.2f%%", progress * 100];
21      });
22  }
23  // 断点续传
24  - (void)URLSession:(NSURLSession *)session
25  downloadTask:(NSURLSessionDownloadTask *)downloadTask
26  didResumeAtOffset:(int64_t)fileOffset
27  expectedTotalBytes:(int64_t)expectedTotalBytes
28  {
29      NSLog(@"%s", __FUNCTION__);
30  }
```

在上述代码中，第 10~22 行代码是跟踪下载进度的方法，其中，第 17 行代码获取了主队列，第 18~19 行代码在主队列中设置了对界面的相关操作。

4. 运行程序

单击"运行"按钮运行程序，程序运行成功后，单击屏幕，视频下载的进度以图片和数字的效果动态地展现，如图 2-62 所示。

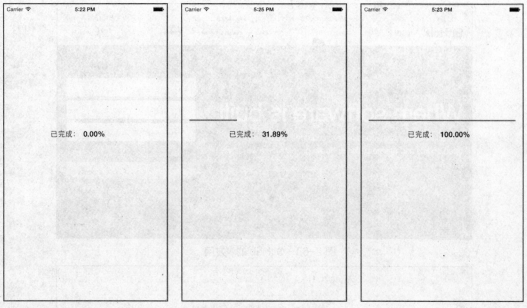

图 2-62　程序的运行结果

2.6　第三方框架

所谓第三方框架，就是网络高手编写的框架程序，针对某一个具体的技术问题，提供完善的解决方案，它具有功能强大、良好的错误处理能力、可持续升级维护的特点。

在 iOS 开发中，不可避免地需要用到一些第三方框架，这些框架提供了很多的功能，既提高了开发的效率，又可以从公开的源代码中受益。最常用到的框架就是 SDWebImage 和 AFNetworking，分别用于不同的场合。接下来，本节将针对 SDWebImage 和 AFNetworking 这两个框架进行详细的讲解。

2.6.1　SDWebImage 介绍

SDWebImage 是一个特别厉害的网络图片处理框架，该类库提供了一个 UIImageView 的分类，支持加载来自网络的远程图片，具有缓存管理、异步下载、同一个 URL 下载次数的控制和优化、支持 gif 动态图等特征。接下来，针对该框架实现的重要功能进行详细的介绍，具体内容如下。

1. 类库的下载

Git 是一个分布式的版本控制系统，用于高效地处理任何大小的项目。GitHub 是一个基于版本控制的社交网站，作为开源的代码库和版本控制系统，它拥有了越来越多的用户，已经成为了管理软件开发及发现已有代码的首选方法。

（1）打开 GitHub 的官方网站（https://github.com），如图 2-63 所示。

（2）在图 2-63 所示页面的顶部输入搜索的文字"SDWebImage"，单击"return"键，跳入搜索完成的界面，如图 2-64 所示。

从图 2-64 中可以看出，第 1 个选项"rs/SDWebImage"对应的小星数量最多，代表着它的口碑极好。

（3）单击"rs/ SDWebImage"选项，切换到该框架的详细介绍和下载页面，如图 2-65 所示。

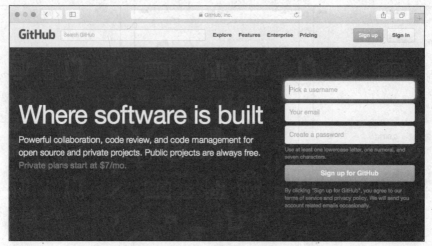

图 2-63 GitHub 的 方网

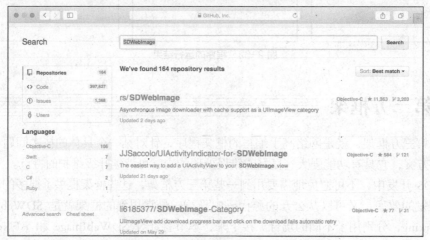

图 2-64　　　　SDWebImage 完成的界面

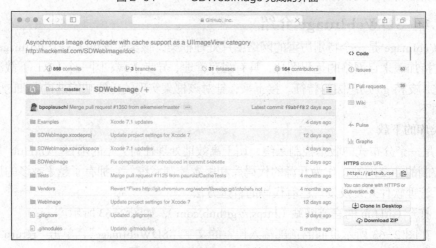

图 2-65　SDWebImage 的　　文档

（4）单击图 2-65 中的"Download ZIP"按钮，下载源码到 Finder 中的"下载"文件夹，在该目录中打开刚刚下载的文件夹，这时会看到"SDWebImage"文件夹，双击打开该文件夹，如图 2-66 所示。

图 2-66 SDWebImage 目录

从图 2-66 中可以看出，SDWebImage 目录下包含了该框架的所有源代码，如果要使用该框架的方法，只要将该目录添加到项目中，并且导入相应的头文件即可。需要注意的是，由于绝大多数第三方框架可能会对其他框架有所依赖，为了避免错误，导入框架后需要运行程序来检查是否编译通过。

2. UITableView 使用 UIImageView+WebCache 类

要想使用 UIImageView+WebCache 分类，前提是要#import 导入 UIImageView+WebCache.h 头文件，在 tableview 的 tableView:cellForRowAtIndexPath:方法中调用 sd_setImageWithURL:placeholderImage:方法，从异步下载到缓存管理一步到位，示例代码如下：

```
1    - (UITableViewCell *)tableView:(UITableView *)tableView
2    cellForRowAtIndexPath:(NSIndexPath *)indexPath
3    {
4        static NSString *MyIdentifier = @"MyIdentifier";
5        UITableViewCell *cell = [tableView
6        dequeueReusableCellWithIdentifier:MyIdentifier];
7        if (cell == nil){
8            cell = [[[UITableViewCell alloc]
9            initWithStyle:UITableViewCellStyleDefault
10           reuseIdentifier:MyIdentifier] autorelease];
11       }
12       [cell.imageView sd_setImageWithURL:[NSURL
13       URLWithString:@"http://www.domain.com/path/to/image.jpg"]
14       placeholderImage:[UIImage imageNamed:@"placeholder.png"]];
15       cell.textLabel.text = @"My Text";
16       return cell;
17   }
```

在上述代码中，第 12～14 行代码调用 sd_setImageWithURL:placeholderImage:方法下载图片，第 1 个参数传入图片的 URL 路径，第 2 个参数表示图像未下载完成时设定的占位图片。

除此之外，还可以使用回调 block，不管图像检索是否成功完成，都可以被通知到有关图像下载的进展，示例代码如下：

```
1  [cell.imageView sd_setImageWithURL:[NSURL URLWithString:
2  @"http://www.domain.com/image.jpg"]placeholderImage:
3  [UIImage imageNamed:@"placeholder.png"]
4  completed:^(UIImage *image, NSError *error, SDImageCacheType cacheType,
5  NSURL *imageURL) {
6      ... completion code here ...
7  }];
```

在上述代码中，该方法多了一个回调的 block。需要注意的是，如果图像请求在完成之前被取消，成功和失败的块都无法被调用。

3. 使用 SDWebImageManager 类进行异步加载的工作

UIImageView+WebCache 分类后面要介绍 SDWebImageManager 类，它能够与图像缓存池异步下载技术相结合，除了 UIView 类以外，还能够直接使用该类在其他环境中进行网络图片的下载和缓存，示例代码如下：

```
1   // 创建 SDWebImageManager 单例
2   SDWebImageManager *manager = [SDWebImageManager sharedManager];
3   // 将需要缓存的图片加载进来
4   UIImage *cachedImage = [manager imageWithURL:url];
5   if (cachedImage) {
6       // 如果 Cache 命中，则直接利用缓存的图片进行有关操作
7       // Use the cached image immediatly
8   } else {
9       // 如果 Cache 没有命中，则去下载指定网络位置的图片，并且给出一个委托方法
10      // Start an async download
11      [manager downloadWithURL:url delegate:self];
12  }
```

在上述代码中，第 11 行代码调用了 downloadWithURL: delegate:方法，设置了代理属性，该代理对象需要遵守 SDWebImageManagerDelegate 协议，并且实现协议中的 webImageManager:didFinishWithImage:方法，用于对下载完成的图片进行的操作，示例代码如下：

```
1  // 当下载完成后，调用回调方法，使下载的图片显示
2  - (void)webImageManager:(SDWebImageManager *)imageManager
3  didFinishWithImage:(UIImage *)image {
4      // Do something with the downloaded image
5  }
```

4. 独立的异步图像下载

有时可能会单独用到异步图片下载，此时则一定要用 downloaderWithURL:delegate:方法来建立一个 SDWebImageDownloader 实例，示例代码如下：

```
downloader = [SDWebImageDownloader downloaderWithURL:url delegate:self];
```

这样，SDWebImageDownloaderDelegate 协议的 imageDownloader:didFinishWithImage:方法被调用时，下载会立即开始并完成。

5. 独立的异步图像缓存

SDImageCache 类提供一个创建空缓存的实例，并通过 imageForKey:方法来寻找当前缓存，示例代码如下：

```
UIImage *myCachedImage = [[SDImageCache sharedImageCache] imageFromKey:myCacheKey];
```

另外，要想存储一个图像到缓存中，需要使用 storeImage: forKey:方法，示例代码如下：

```
[[SDImageCache sharedImageCache] storeImage:myImage forKey:myCacheKey];
```

默认情况下，图像将被存储在内存缓存和磁盘缓存中，如果仅是想保存在内存缓存中，要使用 storeImage:forKey:toDisk:方法的第 3 个参数带一负值来替代。

总而言之，SDWebImage 用法简单，功能却极其强大，大大地提高了网络图片的处理效率。

2.6.2 AFNetworking 和 ASIHTTPRequest 框架

ASIHTTPRequest 底层是基于纯 C 语言的 CFNetwork 框架，该框架提供了一个更加方便的 HTTP 网络传输的封装，它是最早设计的框架，功能非常强大，只是不支持 ARC，而且现在已经停止更新。

AFNetworking 是在 ASIHTTPRequest 之后出现的框架，该框架的底层是基于 OC 的 NSURLConnection 和 NSURLSession 实现的，目前使用比较广泛，它既提供了丰富的 API，又提供了完善的错误解决方案，使用起来更加简单。这两个框架的结构，如图 2-67 所示。

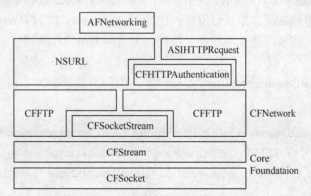

图 2-67　AFN 与 ASI 的结构

要想使用 AFNetworking 第三方框架，需要到 GitHub 网站下载，按照前面介绍的步骤，下载 AFNetworking 源代码，将 AFNetworking 文件夹添加到项目中，并使用#import 导入 AFNetworking.h 头文件。接下来，针对 AFNetworking 框架的使用进行详细讲解。

1. AFHTTPRequestOperationManager

AFHTTPRequestOperationManager 表示请求管理者，它封装了通过 HTTP 与 Web 应用程序进行通信的常用方法，包括创建请求、响应序列化、网络连接监控、数据安全等。要想创建一个请求管理者，可通过如下方法：

```
+ (instancetype)manager;
```

从方法的定义可以看出，该方法是一个类方法，用于创建一个共享的请求管理者实例，供全局使用。

2. GET 请求

AFHTTPRequestOperationManager 类提供了一个用于发送 GET 请求的方法，该方法的定义格式如下：

```
- (AFHTTPRequestOperation *)GET:(NSString *)URLString parameters:(id)parameters
success:(void (^)(AFHTTPRequestOperation *operation, id responseObject))success
failure:(void (^)(AFHTTPRequestOperation *operation, NSError *error))failure;
```

从方法的定义可以看出，该方法需要传递多个参数，URLString 表示路径字符串；parameters 表示设置请求的参数；success 表示请求成功后回调的代码块，用于处理返回的数据；failure 表示请求失败后回调的代码块，用于处理 error，示例代码如下：

```
1  AFHTTPRequestOperationManager *manager = [AFHTTPRequestOperationManager
2  manager];
3  [manager GET:@"http://example.com/resources.json" parameters:nil
4  success:^(AFHTTPRequestOperation *operation, id responseObject) {
5      NSLog(@"JSON: %@", responseObject);
6  } failure:^(AFHTTPRequestOperation *operation, NSError *error) {
7      NSLog(@"Error: %@", error);
8  }];
```

该方法仅需要传递一个表示 URL 的字符串，无需再关心 URL 或者 URLRequest 的概念，最重要的是返回的二进制数据，默认会反序列化为 NSDictionary 和 NSArray 类型，无需再做任何反序列化的处理。完成回调的线程是主线程，无需再考虑线程间通信的问题。

3. POST 请求

AFHTTPRequestOperationManager 类提供了一个用于发送 POST 请求的方法，该方法的定义格式如下：

```
- (AFHTTPRequestOperation *)POST:(NSString *)URLString parameters:(id)parameters
success:(void (^)(AFHTTPRequestOperation *operation, id responseObject))success
failure:(void (^)(AFHTTPRequestOperation *operation, NSError *error))failure;
```

从方法的定义可以看出，该方法同样需要传递 4 个参数，并且这 4 个参数表示的意义与上面的方法都一样，只是请求的方法不同，而且请求体一般通过 parameters 参数传递，示例代码如下：

```
1  AFHTTPRequestOperationManager *manager = [AFHTTPRequestOperationManager
2  manager];
```

```
3   NSDictionary *parameters = @{@"foo": @"bar"};
4   [manager POST:@"http://example.com/resources.json" parameters:parameters
5   success:^(AFHTTPRequestOperation *operation, id responseObject) {
6       NSLog(@"JSON: %@", responseObject);
7   } failure:^(AFHTTPRequestOperation *operation, NSError *error) {
8       NSLog(@"Error: %@", error);
9   }];
```

在上述方法中,第 3 行代码定义了一个 NSDictionary 包装的参数,用于设置请求参数,这样,开发者就不用再关注 URL 的格式了,也不必再设置请求方法和请求体。需要注意的是,针对参数中的特殊字符或者中文字符,不必再考虑百分号转义。

除此之外,该框架还提供了一个采用 POST 上传的方法,相比于上一个方法,本方法多了一个 block 参数,定义格式如下:

- (AFHTTPRequestOperation *)POST:(NSString *)URLString parameters:(id)parameters constructingBodyWithBlock:(void (^)(id <AFMultipartFormData> formData))block success:(void (^)(AFHTTPRequestOperation *operation, id responseObject))success failure:(void (^)(AFHTTPRequestOperation *operation, NSError *error))failure;

在上述定义中,本方法多了一个回调的 block 块,该代码块会返回一个 formData 参数,用于将数据追加到请求体中,该参数是一个默认遵守了 AFMultipartFormData 协议的对象,该协议定义了多个方法来追加上传的数据,示例代码如下:

```
1   AFHTTPRequestOperationManager *manager = [AFHTTPRequestOperationManager
2   manager];
3   NSDictionary *parameters = @{@"foo": @"bar"};
4   NSURL *filePath = [NSURL fileURLWithPath:@"file://path/to/image.png"];
5   [manager POST:@"http://example.com/resources.json" parameters:parameters
6   constructingBodyWithBlock:^(id<AFMultipartFormData> formData) {
7       [formData appendPartWithFileURL:filePath name:@"image" error:nil];
8   } success:^(AFHTTPRequestOperation *operation, id responseObject) {
9       NSLog(@"Success: %@", responseObject);
10  } failure:^(AFHTTPRequestOperation *operation, NSError *error) {
11      NSLog(@"Error: %@", error);
12  }];
```

2.7 本章小结

本章主要介绍了关于网络编程的内容,首先介绍了网络编程的基本概念,包括 URL、TCP/IP、Socket 等,接着简单地介绍了原生网络框架 NSURLConnection 的使用,并结合 Web 视图加载了百度网页,然后介绍了数据解析的内容,特别是 XML 文档和 JSON 文档的解析,再接着介绍了 POST 和 GET 方法,着重讲解了数据安全的内容,接着介绍了 POST 的上传和

NSURLConnection 和 NSURLSession 的下载，最后讲解了最常用的第三方框架。在实际开发中，公司都使用第三方框架开发，但是掌握网络编程的原理内容也尤为重要，有助于更好地理解。

【思考题】
1. 简述 HTTP 和 HTTPS 协议的区别。
2. 简述 GET 方法和 POST 方法的区别。

第 3 章 iPad 开发

学习目标

- 熟悉 iPad 开发和 iPhone 开发的异同
- 掌握 UIPopoverController 和 UISplitViewController 的使用

对于某些应用而言，我们想在 iPhone 和 iPad 这两个平台上运行，但是直接将 iPhone 程序放到 iPad 上是不能运行的，这是因为它们的尺寸、应用场景不同，且某些控件在展现方式上也会有很大的差异，因此 iPad 有一些特有的 API。本章将针对 iPad 开发进行详细的讲解。

3.1 iPhone 和 iPad 开发的异同

iPad 是苹果公司发布的一款平板电脑，定位介于智能手机 iPhone 与笔记本电脑之间，它与 iPhone 一样，都搭载 iOS 操作系统，但是两者在开发上却有着很大的不同，具体分为以下几种情况。

1. 屏幕的尺寸和分辨率

在 iOS 开发中，iPhone 设备的屏幕尺寸要比 iPad 设备小，接下来，通过一张表来列举 iPhone 和 iPad 的屏幕尺寸和分辨率，具体如表 3-1 所示。

表 3-1 iPhone 和 iPad 的屏幕尺寸和分辨率

型号	屏幕尺寸（英寸）	分辨率	点
iPhone 4S	3.5	960×640	320×480
iPhone 5/5C/5S	4	1136×640	320×568
iPhone 6/6S	4.7	1334×750	375×667
iPhone 6 Plus/6S Plus	5.5	1920×1080	414×736
iPad/iPad 2	9.7	768×1024	768×1024
iPad 3/iPad 4/iPad Air/iPad Air 2	9.7	1536×2048	768×1024
iPad Mini	7.9	768×1024	768×1024
iPad Mini 2/3	7.9	1536×2048	768×1024
iPad Pro	12.9	2732×2048	1366×1024

由表 3-1 可知，iPhone 设备拥有多个尺寸，但 iPad 只有 7.9 英寸、9.7 英寸和 12.9 英寸 3 种尺寸。

2. UI 元素的排布与设计

由于 iPad 的屏幕尺寸要比 iPhone 大，可以容纳更多的 UI 元素，因此，针对同一个应用，其在 iPhone 和 iPad 上的界面布局有很大的区别，具体如图 3-1 所示。

图 3-1　iPhone 和 iPad 的新浪微博

图 3-1 所示是 iPhone 和 iPad 上的新浪微博，由图可知，由于 iPad 和 iPhone 两种设备的屏幕尺寸不同，所以它们的界面和导航也有明显的差异。

3. 键盘

iPhone 和 iPad 设备都存在虚拟键盘，不同的是，iPad 的虚拟键盘多了一个"退出键盘"的按钮，具体如图 3-2 所示。

图 3-2　iPad 的虚拟键盘

4. 支持的屏幕方向

通常情况下，设备包含两个方向，分别为横屏和竖屏，由于 Home 键所处方向的不同，针对横屏和竖屏，又可以细分为 4 种情况，分别是 Portrait、Upside Down、Landscape Left、Landscape Right。其中，iPhone 只支持 3 个方向，而 iPad 支持 4 个方向，具体如图 3-3 所示。

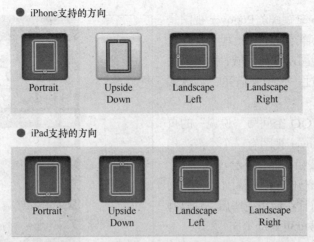

图 3-3 iPhone 与 iPad 支持的屏幕方向

需要注意的是，iPhone 不支持 Upside Down 方向。针对 iPhone 应用程序，最好只有一种方向，要么横屏，要么竖屏，而苹果官方建议，iPad 应用最好同时支持横屏和竖屏两种方向。

5. 公用 API

iPhone 与 iPad 都使用 iOS 操作系统，它们所使用的 API 基本上都是一样的，其中，某些 API 显示的效果会有稍微的差异，如 UIActionSheet，具体如图 3-4 所示。

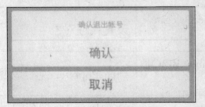 

图 3-4 iPhone 与 iPad 的按钮列表

图 3-4 所示是 iPhone 与 iPad 的按钮列表，其中左边为 iPhone 的按钮列表，右边为 iPad 的按钮列表，通过比较可知，iPad 上的按钮列表只有一个"确定"按钮，相对而言比较简单。

6. 特有 API

除了公共的 API 之外，iOS 提供了 iPad 专用的 API，如 UIPopoverController 与 UISplitViewController，其中 UIPopoverController 用于呈现"漂浮"类型的视图，而 UISplitViewController 用于将屏幕分栏，针对这两个类，后面会着重介绍。

总而言之，尽管 iPad 与 iPhone 存在着一些差异，但是它们的开发流程都是一样的，在 iPhone 中用到的知识几乎都适用于 iPad。

3.2 UIPopoverController

前面已经提到过，iOS 提供了 iPad 专用的 API，UIPopoverController 类就是其中一个，它主要用于呈现"漂浮"类型的视图。接下来，本节将针对 UIPopoverController 类的使用进行详细讲解。

3.2.1 UIPopoverController 简介

UIPopoverController 类表示弹出框控制器，它直接继承于 NSObject 基类，是 iPad 的特有类，用于控制 Popover 视图。Popover 视图是一种临时视图，它以漂浮的形式出现在视图表面，触摸 Popover 视图以外的区域，则可以关闭视图。接下来通过一张图来描述，具体如图 3-5 所示。

图 3-5 所示是 QQ 空间写"说说"的页面，由图可知，Popover 视图有一个小箭头指向打开它的视图或按钮，而且不会占用全屏，这样不仅可以在不离开当前屏幕的情况下向用户显示新信息，而且在使用完毕后，只要触摸该视图以外的区域就可自动关闭它。

要想实现 Popover 视图的效果，既可以使用故事板连线实现，也可以通过代码实现，为此，UIPopoverController 类提供了一些常用的属性，接下来，通过一张表来列举 UIPopoverController 类常见的属性，如表 3-2 所示。

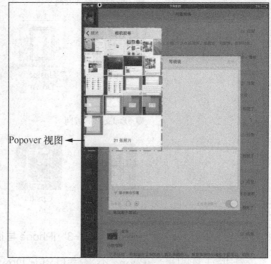

图 3-5 QQ 空间的页面

表 3-2 UIPopoverController 类的常见属性

属性声明	功能描述
@property (nonatomic, weak) id <UIPopoverControllerDelegate> delegate;	设置代理对象
@property (nonatomic, readonly, getter=isPopoverVisible) BOOL popoverVisible;	判断 Popover 视图是否可见
@property (nonatomic) CGSize popoverContentSize;	设置 Popover 视图的尺寸
@property (nonatomic, readonly) UIPopoverArrowDirection popoverArrowDirection;	设置 Popover 视图箭头的方向

表 3-2 列举了 UIPopoverController 类一些常见的属性，由表可知，后两个属性主要用于设置 Popover 视图的外观，其中，popoverArrowDirection 是一个 UIPopoverArrowDirection 类型的，该类型是枚举类型，它的定义格式如下：

```
typedef NS_OPTIONS(NSUInteger, UIPopoverArrowDirection) {
    UIPopoverArrowDirectionUp = 1UL << 0,
    UIPopoverArrowDirectionDown = 1UL << 1,
    UIPopoverArrowDirectionLeft = 1UL << 2,
    UIPopoverArrowDirectionRight = 1UL << 3,
    UIPopoverArrowDirectionAny = UIPopoverArrowDirectionUp |
        UIPopoverArrowDirectionDown | UIPopoverArrowDirectionLeft |
        UIPopoverArrowDirectionRight,
    UIPopoverArrowDirectionUnknown = NSUIntegerMax
};
```

在上述代码中，它共包含 6 个值，其表示的含义如下。

- UIPopoverArrowDirectionUp：箭头向上。
- UIPopoverArrowDirectionDown：箭头向下。
- UIPopoverArrowDirectionLeft：箭头向左。
- UIPopoverArrowDirectionRight：箭头向右。
- UIPopoverArrowDirectionAny：任意方向，包含以上 4 种情况。
- UIPopoverArrowDirectionUnknown：不确定方向。

3.2.2 UIPopoverController 的使用

前面我们已经认识了 UIPopoverController，要想使用 UIPopoverController 弹出 Popover 视图，大致需要经历以下 3 个步骤：

（1）设置内容控制器；
（2）设置内容的尺寸；
（3）设置内容视图的位置。

针对以上 3 个步骤，下面详细地剖析 UIPopoverController 类使用的技巧，具体如下。

1. 设置内容控制器

由于 UIPopoverController 继承自 NSObject 类，它不具备可视化的能力，因此，UIPopoverController 要显示的内容需要由另一个继承自 UIViewController 类的控制器来提供，这个控制器称为"内容控制器"，因此，UIPopoverController 类提供了设置内容控制器的方法，它们的定义格式如下：

```
- (instancetype)initWithContentViewController:
        (UIViewController *)viewController;
- (void)setContentViewController:(UIViewController *)viewController
        animated:(BOOL)animated;
```

在上述定义中，这两个方法分别是一个构造方法和一个对象方法，它们都需要传入一个 viewController 参数，用于指定 UIPopoverController 要显示内容的控制器。需要注意的是，UIPopoverController 不可以使用 init 方法进行初始化，否则会报错。

另外，UIPopoverController 类提供了一个属性，也可以设置内容控制器，它的定义格式如下：

```
@property (nonatomic, strong) UIViewController *contentViewController;
```

2. 设置内容的尺寸

初始化完成后，需要设置内容的尺寸，也就是内容占据屏幕空间大小。通常情况下，若没有设定内容的尺寸，默认是 320×480。如果要设定内容的尺寸，UIPopoverController 类提供了一个属性，它的定义格式如下：

```
@property (nonatomic) CGSize popoverContentSize;
```

另外，UIPopoverController 类还提供了一个方法，也可以设定内容的尺寸，它的定义格式如下：

```
- (void)setPopoverContentSize:(CGSize)size animated:(BOOL)animated;
```

在上述定义中，该方法需要传入两个参数，其中，size 参数是 CGSize 类型的，用于指定内容的尺寸大小。

3. 设置内容视图的位置

除了指定内容视图的大小之外，还需要指定其出现的位置，因此 UIPopoverController 类提供了两个方法，分别表示两种不同的情况，具体如下。

（1）指定一个按钮作为锚点来呈现 Popover 视图的方法，它的定义格式如下：

- (void)presentPopoverFromBarButtonItem:(UIBarButtonItem *)item
permittedArrowDirections:(UIPopoverArrowDirection)arrowDirections
animated:(BOOL)animated;

从上述代码可以看出，该方法共包含 3 个参数，这些参数的含义如下：

- item：围绕着哪个 UIBarButtonItem 显示；
- arrowDirections：箭头的方向；
- animated：是否通过动画显示。

（2）指定一个矩形区域的位置作为锚点来呈现 Popover 视图的方法，它的定义格式如下：

- (void)presentPopoverFromRect:(CGRect)rect inView:(UIView *)view
permittedArrowDirections:(UIPopoverArrowDirection)arrowDirections
animated:(BOOL)animated;

从上述代码可以看出，该方法共包含 4 个参数，其含义如下。

- rect：指定箭头所指区域的矩形框范围，即位置和尺寸。
- view：rect 参数是以 view 的左上角为坐标原点的。
- arrowDirections：箭头的方向。
- animated：是否通过动画显示。

为了大家更好地理解，接下来通过一张图来剖析 rect 与 view 的关系，具体如图 3-6 所示。

图 3-6 展示了参数 rect 与 view 的关系，由图可知，view 相当于参照物，它决定了 rect 矩形框的坐标原点，参照这个坐标指定 rect 矩形框的位置。以 button 为例，如果希望箭头指向 button，那么 view 参数值为 button，rect 矩形框的大小应该与 button 一

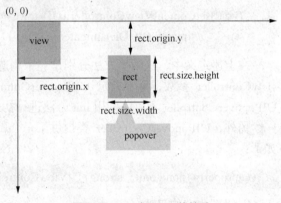

图 3-6 rect 与 view 的关系

致，且位置与 button 自身的左上角重合，所以 rect 参数值为 button.bounds。如果 view 参数的值为 button.superview，依然希望箭头指向 button，那么 rect 矩形框的大小还是与 button 一致，并以其父控件的左上角为原点坐标，因此 rect 参数的值为 button.frame。

📖 **多学一招：iOS 8 新特性 UIPopoverPresentationController**

起初 UIPopoverController 只能在 iPad 上使用，但是现在在 iPhone 上也能适用了。准确地说，iOS 8 以后使用一个新的类 UIPopoverPresentationController 来替代 UIPopoverController 类，它是 UIPresentationController 的子类。

与原来的类相比，功能上是完全相同的，其最大的优势是自适应屏幕。当在 Compact 的

宽度条件下，UIPopoverPresentationController 的呈现会直接转换成 modal 形式显示出来。这样，就不再需要判断是 iPhone 还是 iPad 设备了。示例代码具体如下：

```
contentController.modalPresentationStyle = UIModalPresentationPopover;
UIPopoverPresentationController *popPC =
    contentController.popoverPresentationController;
popPC.permittedArrowDirections = UIPopoverArrowDirectionAny;
popPC.delegate = self;
 [self presentationController:contentController animated:YES
    completion:nil];
```

在上述示例中，首先把内容控制器的 modalPresentationStyle 属性值设置为 UIModalPresentationPopover，这个值实现的是 Popover 视图的效果，并且在各个平台能自动适应。然后通过 popoverPresentationController 属性来获取它的 popoverPresentationController，而不是创建一个新的类。然后设置它的界面属性，最后调用 presentViewController 方法来显示这个控制器，这样就可以在 iPad 和 iPhone 上显示时自动适应 Popover 视图效果了。

iPhone 上的自适应是在 delegate 中实现的，具体如下。

（1）指定 UIModelPresentationFullScreen 样式来显示控制器，示例如下：

```
-(UIModalPresentationStyle)
adaptivePresentationStyleForPresentationController:
(UIPresentationController *)controller {
    return UIModalPresentationFullScreen;
}
```

（2）presentedViewController 使用 UINavigationController 包装起来，使得可以在选中某项之后，通过 navigationController 提供的一些方法来展示内容，或者后退：

```
- (UIViewController *)presentationController:
(UIPresentationController*)
controller viewControllerForAdaptivePresentationStyle:
(UIModalPresentationStyle)style {
    UINavigationController *navC = [[UINavigationController alloc]
        initWithRootViewController: controller.presentedViewController];
    return navC;
}
```

除了自适应之外，新类的另一个优点是非常容易自定义，可以通过继承 UIPopoverPresentationController 类来实现想要的呈现方式。其实更准确地说，应该继承的是 UIPresentationController 类，主要实现 presentationTransitionWillBegin 和 presentationTransitionDidEnd 两个方法来自定义展示。以前我们想要实现只占半个屏幕，并且后面的视图仍然可见的 modal 效果，或者是将从下到上的动画改为百叶窗效果，都是比较麻烦的事情。但是在 UIPresentationController 的帮助下，一切变得十分自然和简单，只要在自定义的 UIPresentationController 子类中就能实现，具体示例代码如下：

```
- (void)presentationTransitionWillBegin
{
    id<UIViewControllerTransitionCoordinator> coordinator =
```

```
        self.presentingViewController.transitionCoordinator;
    [coordinator animateAlongsideTransition:^(
        id<UIViewControllerTransitionCoordinatorContext> context){
        // 执行动画
    } completion:nil];
}
- (void)presentationTransitionDidEnd:(BOOL)completed{
    // 清除
}
```

具体的用法和 iOS 7 里的自定义转场很类似，设定需要进行呈现操作的控制器的 transition delegate，在 UIViewControllerTransitioningDelegate 的 presentationControllerFor PresentedViewController:sourceViewController: 方法中使用 initWithPresentedViewController: presentingViewController: 生成对应的 UIPresentationController 子类对象返回给 SDK。

3.2.3 实战演练——弹出 Popover 视图

为了大家更好地理解，接下来，通过一个 Popover 视图的案例，讲解 UIPopover Controller 的使用，具体步骤如下。

1. 创建工程，设计界面

（1）新建一个 Single View Application 应用，名称为 01_UIPopoverController，需要注意的是将 Devices 设置为 iPad。

（2）将提前准备好的图片资源放到 Images.xcassets 文件中，具体如图 3-7 所示。

（3）进入 Main.storyboard，默认使用 Autolayout，打开文件检查器面板，取消勾选 "Use Auto Layout" 复选框，这时弹出一个提示框，如图 3-8 所示。

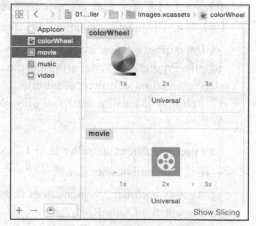

图 3-7　图片资源添加完成

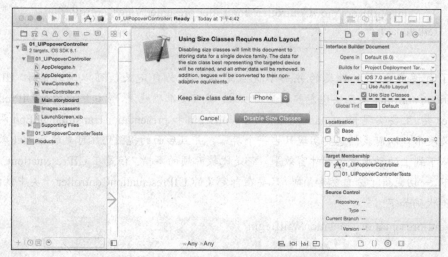

图 3-8　取消勾选 "Use Auto Layout" 复选框

在下拉列表选择 iPad，单击"Disable Size Classes"按钮，这时"Use Auto Layout"和"Use Size Classes"两个复选框的勾选被取消了。

（4）选中 storyboard 的 View Controller，选择菜单栏中的"Editor"→"Embed In"→"Navigation Controller"，这时 storyboard 自动添加了一个 Navigation Controller，View Controller 作为它的根视图控制器，同时箭头指向了新添加的 Navigation Controller，使其作为程序界面的入口。

（5）向 View Controller 添加两个 UIButton、一个 Bar Button Item，其中，Bar Button Item 位于导航栏的左侧，一个 UIButton 位于导航栏的中间，另一个位于 View 内部，双击使其处于可编辑状态，分别输入"菜单""主页""选择颜色"，设计好的界面如图 3-9 所示。

2. 创建控件对象的关联

单击 Xcode 6.1 界面右上角的 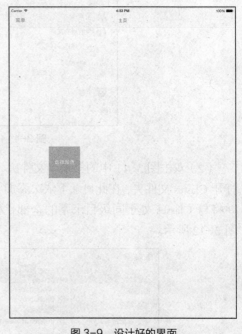 图标，进入控件与代码的关联界面。依次选中 3 个 Button，添加 3 个单击事件，分别命名为 menuClick:、titleClick:、selectColor:，用于表示单击"菜单"按钮、"主页"按钮、"选择颜色"按钮后执行的行为，添加完成的界面如图 3-10 所示。

图 3-9　设计好的界面

图 3-10　关联完成的界面

3. 项目添加分组

这个项目主要包含 3 个部分，为了使项目的结构更加清晰，可以通过添加多个分组来实现，大致分为以下步骤。

（1）选中窗口左侧的"01_UIPopoverController"文件夹，右击鼠标弹出一个下拉菜单，选择"Show in Finder",之后 Finder 打开了项目窗口,如图 3-11 所示。

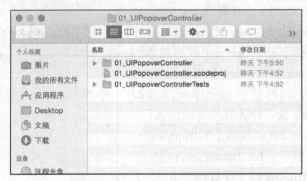

图 3-11　Finder 中的项目窗口

（2）双击图 3-11 中的第 1 个文件夹,在该目录下添加文件夹,命名为 Classes。再次双击打开 Classes 文件夹,在此目录下依次添加 4 个文件夹,分别命名为 Menu、Title、Color、Other,并将与 Classes 处于同级目录下的全部代码文件拖曳到 Other 目录下,完成后的文件结构如图 3-12 所示。

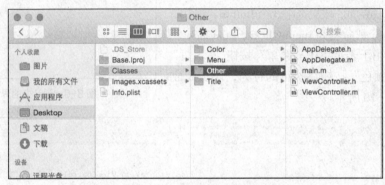

图 3-12　Finder 中的文件结构

（3）重新回到 Xcode,由于 Finder 中代码文件位置发生了变化,导致项目浏览窗口的代码文件失去链接,故文件名称变为红色。将这 5 个文件全部删除,再次找到 Finder 中 Classes 文件夹,将其拖曳到项目文件夹内,弹出一个窗口,如图 3-13 所示。

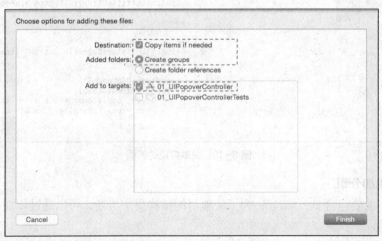

图 3-13　Finder 中的文件结构

需要注意的是，图中虚线框框选的1个单选按钮和2个复选框都必须是选中状态。

（4）单击图3-13的"Finish"按钮，项目文件夹成功添加分组Classes，单击Classes前面的▶图标，查看其内部的层次结构，如图3-14所示。

4. 弹出菜单Popover

单击"菜单"按钮，弹出一个Popover视图，它展示了3个表格行，且每行都包含一个图标和一个标题。按照一定的步骤，可弹出特定样式的Popover视图，具体如下。

（1）由于单元格的布局一致，将单元格抽取成一个模型。选中Menu分组，创建一个类，命名为MenuItem，继承自NSObject基类。

（2）进入MenuItem.h文件，定义两个属性，分别表示图标和标题，提供一个创建单元格的初始化方法。进入MenuItem.m文件，对模型的属性进行初始化，代码如例3-1和例3-2所示。

图3-14 项目文件组织结构

【例3-1】MenuItem.h

```
1   #import <Foundation/Foundation.h>
2   @interface MenuItem : NSObject
3   @property (nonatomic, copy) NSString *icon;    // 图标
4   @property (nonatomic, copy) NSString *text;    // 标题
5   - (instancetype)initWithIcon:(NSString *)icon text:(NSString *)text;
6   @end
```

【例3-2】MenuItem.m

```
1   #import "MenuItem.h"
2   @implementation MenuItem
3   - (instancetype)initWithIcon:(NSString *)icon text:(NSString *)text
4   {
5       if (self = [super init]) {
6           self.icon = icon;
7           self.text = text;
8       }
9       return self;
10  }
11  @end
```

（3）选中Menu分组，同样创建一个类，继承自UITableViewController类，命名为MenuViewController，作为一个内容控制器。在MenuViewController.m文件中，定义一个数组，用于保存多个单元格模型，采用懒加载的方式初始化数组，代码如下：

```
1   #import "MenuViewController.h"
2   #import "MenuItem.h"
```

```objc
3   @interface MenuViewController ()
4   // 保存模型数据
5   @property (nonatomic, strong) NSArray *items;
6   @end
7   @implementation MenuViewController
8   #pragma mark - 懒加载
9   - (NSArray *)items
10  {
11      if (_items == nil) {
12          MenuItem *item1 = [[MenuItem alloc] initWithIcon:@"movie" text:@"电影"];
13          MenuItem *item2 = [[MenuItem alloc] initWithIcon:@"music" text:@"音乐"];
14          MenuItem *item3 = [[MenuItem alloc] initWithIcon:@"video" text:@"录像"];
15          _items = @[item1, item2, item3];
16      }
17      return _items;
18  }
19  @end
```

（4）实现表视图的数据源方法，取出数组中的模型对象，将其展示到表视图中，代码如下：

```objc
1   #pragma mark - 数据源
2   - (NSInteger)tableView:(UITableView *)tableView numberOfRowsInSection:
3   (NSInteger)section
4   {
5       return self.items.count;
6   }
7   - (UITableViewCell *)tableView:(UITableView *)tableView
8   cellForRowAtIndexPath:(NSIndexPath *)indexPath
9   {
10      NSString *ID = @"MenuCell";
11      UITableViewCell *cell = [tableView
12      dequeueReusableCellWithIdentifier:ID];
13      if (!cell) {
14          cell = [[UITableViewCell alloc] initWithStyle:
15          UITableViewCellStyleDefault reuseIdentifier:ID];
16      }
17      // 获取模型
18      MenuItem *item = self.items[indexPath.row];
19      cell.textLabel.text = item.text;
20      cell.imageView.image = [UIImage imageNamed:item.icon];
21      return cell;
22  }
```

（5）进入 ViewController.m 文件，定义一个属性，表示菜单的 Popover 视图，并采用懒加载的方式初始化，保证 Popover 视图对象只会被创建一次，代码如下：

```
1    #import "ViewController.h"
2    #import "MenuViewController.h"
3    @interface ViewController ()
4    // 菜单的 Popover
5    @property (nonatomic, strong) UIPopoverController *menuPopover;
6    @end
7    #pragma mark - 懒加载 menuPopover
8    - (UIPopoverController *)menuPopover
9    {
10       if (_menuPopover == nil) {
11           // 1.创建内容控制器
12           MenuViewController *menuVC = [[MenuViewController alloc] init];
13           // 2.创建 UIPopoverController,并且设置内容控制器
14           _menuPopover = [[UIPopoverController alloc]
15              initWithContentViewController:menuVC];
16       }
17       return _menuPopover;
18   }
19   @end
```

（6）在 menuClick:方法中，展示出菜单的 Popover 视图，且该视图的箭头方向朝上，代码如下：

```
1    /**
2     *  菜单的单击
3     */
4    - (IBAction)menuClick:(UIBarButtonItem *)sender {
5        // 显示在什么位置
6        [self.menuPopover presentPopoverFromBarButtonItem:sender
7           permittedArrowDirections:UIPopoverArrowDirectionAny animated:YES];
8    }
```

（7）显而易见，菜单的 Popover 视图的尺寸还未设定，它应该由内部控制器的内容所决定。在 MenuViewController.m 的 viewDidLoad 方法中，设定 Popover 视图的尺寸，代码如下：

```
1    - (void)viewDidLoad {
2        [super viewDidLoad];
3        // 设置之后在 UIPopoverController 中展示的大小
4        self.preferredContentSize = CGSizeMake(120, 44 * self.items.count);
5    }
```

值得一提的是，内容控制器可以自行设置自己在 Popover 视图中显示的尺寸，通过 UIViewController 类提供的一个 preferredContentSize 属性实现，针对任意一个容器布局子控制器。

（8）运行程序，单击"菜单"按钮，弹出一个带有箭头的窗口，它里面展示了 3 个带有图标和标题的单元格，如图 3-15 所示。

5. 弹出标题 Popover

单击"主页"标题按钮，弹出一个默认尺寸的 Popover 视图。其中，内容控制器顶部有一个导航条，导航条包含 3 个部分，分别为左侧的按钮、中间的标题、右侧的按钮。另外，内容控制器的视图中间有一个"跳转"按钮，单击该按钮，弹出另一个控制器的视图。按照一定的步骤，弹出特定样式的 Popover 视图，步骤如下。

（1）选中 Title 分组，创建一个类，继承自 UIViewController 基类，命名为 OneViewController，作为内容控制器。同样的方式创建

图 3-15 弹出菜单的 Popover 视图

一个类，命名为 TwoViewController，表示被弹出来的另一个控制器。

（2）在 OneViewController.m 文件中，设定导航条的内容，并完成跳转的功能，代码如例 3-3 所示。

【例 3-3】 OneViewController.m

```
1   #import "OneViewController.h"
2   #import "TwoViewController.h"
3   @interface OneViewController ()
4   @end
5   @implementation OneViewController
6   - (void)viewDidLoad {
7       [super viewDidLoad];
8       // 1.设置背景颜色
9       self.view.backgroundColor = [UIColor yellowColor];
10      // 2.设置左上角和右上角的图标
11      self.navigationItem.leftBarButtonItem = [[UIBarButtonItem alloc]
12      initWithBarButtonSystemItem:UIBarButtonSystemItemCamera
13      target:nil action:nil];
14      self.navigationItem.rightBarButtonItem = [[UIBarButtonItem alloc]
15      initWithBarButtonSystemItem:UIBarButtonSystemItemEdit
16      target:nil action:nil];
17      // 3.设置第二个控制器的返回按钮
```

```
18      self.navigationItem.backBarButtonItem = [[UIBarButtonItem alloc]
19      initWithTitle:@"返回" style:UIBarButtonItemStyleDone
20      target:nil action:nil];
21      // 4.设置标题
22      self.title = @"第一个控制器";
23      // 5.添加一个按钮
24      UIButton *btn = [[UIButton alloc] init];
25      btn.frame = CGRectMake(100, 100, 120, 50);
26      [btn setTitle:@"跳转" forState:UIControlStateNormal];
27      [btn setTitleColor:[UIColor redColor] forState:UIControlStateNormal];
28      [btn addTarget:self action:@selector(btnClick)
29      forControlEvents:UIControlEventTouchUpInside];
30      [self.view addSubview:btn];
31  }
32  /**
33   *   单击"跳转"按钮
34   */
35  - (void)btnClick
36  {
37      TwoViewController *twoVC = [[TwoViewController alloc] init];
38      [self.navigationController pushViewController:twoVC animated:YES];
39  }
40  @end
```

（3）在 TwoViewController.m 文件中，设置视图的背景颜色及导航条的标题，代码如例 3-4 所示。

【例 3-4】TwoViewController.m

```
1   #import "TwoViewController.h"
2   @interface TwoViewController ()
3   @end
4   @implementation TwoViewController
5   - (void)viewDidLoad {
6       [super viewDidLoad];
7       // 1.设置背景颜色
8       self.view.backgroundColor = [UIColor blueColor];
9       // 2.设置标题
10      self.title = @"第二个控制器";
11  }
12  @end
```

（4）进入 ViewController.m 文件，导入 OneViewController.h 头文件，定义一个属性，表

示标题的 Popover 视图，代码如下：

```
1  // 标题的 Popover
2  @property (nonatomic, strong) UIPopoverController *titlePopover;
```

（5）同样采用懒加载的方式初始化 titlePopover，保证 Popover 视图对象只会被创建一次，代码如下：

```
1  #pragma mark - 懒加载 titlePopover
2  - (UIPopoverController *)titlePopover
3  {
4      if (_titlePopover == nil) {
5          // 1.创建内容控制器
6          OneViewController *oneVC = [[OneViewController alloc] init];
7          UINavigationController *navigationVC =
8          [[UINavigationController alloc] initWithRootViewController:oneVC];
9          // 2.创建 UIPopoverController,并设置内容控制器
10         _titlePopover = [[UIPopoverController alloc]
11         initWithContentViewController:navigationVC];
12     }
13     return _titlePopover;
14 }
```

（6）在 titleClick:方法中，展示出标题的 Popover 视图，且该视图的箭头方向朝上，代码如下：

```
1  /**
2   *  标题的单击
3   */
4  - (IBAction)titleClick:(UIButton *)sender {
5      // 展示出标题的 Popover,Rect:要指向的矩形框,inView:决定坐标原点
6      [self.titlePopover presentPopoverFromRect:sender.bounds
7      inView:sender permittedArrowDirections:UIPopoverArrowDirectionAny
8      animated:YES];
9  }
```

（7）运行程序，单击"主页"按钮，弹出一个带有箭头的窗口，它里面展示了一个带有导航条的控制器的视图，单击"跳转"按钮，弹出另一个控制器的视图，如图 3-16 所示。

6. 弹出颜色 Popover

单击"选择颜色"按钮，弹出一个固定尺寸的 Popover 视图。其中，该视图内部仅有一张图片，单击该图片的任意位置，吸取该位置的颜色，Popover 视图消失，"选择颜色"按钮的背景颜色更改为吸取的颜色，具体步骤如下。

（1）选中 Color 分组，新建一个类，继承自 UIViewController，命名为 ColorViewController，用于表示一个内容控制器。需要注意的是，需勾选 "Also create XIB file" 复选框，采用 xib 的

方式布局界面。

图 3-16 弹出标题的 Popover 视图

（2）在 ColorViewController.xib 中取消使用 Autolayout，xib 的 View 的尺寸是固定的，它的尺寸应该与图片保持一致。因此，打开其对应的属性检查器，更改 Size 为 Freeform，之后打开大小检查器，设置 Width 和 Height 分别为 225、250。

（3）从对象库中拖曳一个 Image View 到 View 上，与 View 可完全重合，设置 Image View 的 Image 为 colorWheel，完成后的界面如图 3-17 所示。

值得一提的是，xib 所示框的周围会出现浅灰色的多个小圆点，这表示 View 的尺寸是可变的。

（4）在 ColorViewController.m 文件中定义一个属性，表示图像视图，并设定之后在 UIPopoverController 对象中展示的尺寸，代码如下：

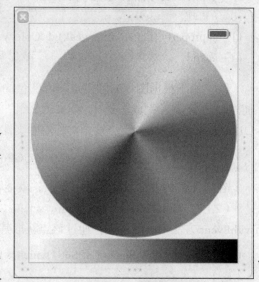

图 3-17 xib 视图

```
1  #import "ColorViewController.h"
2  @interface ColorViewController ()
3  // 图像视图
4  @property (weak, nonatomic) IBOutlet UIImageView *colorView;
5  @end
6  @implementation ColorViewController
```

```
7   - (void)viewDidLoad {
8       [super viewDidLoad];
9       // 设置之后在 UIPopoverController 中展示的大小
10      self.preferredContentSize = self.colorView.image.size;
11  }
12  @end
```

（5）根据单击的位置，吸取其颜色，传递给另一个控制器，针对这种情况，通过代理的方式可以实现。在 ColorViewController.h 文件中，定义一个代理协议和属性，代码如例 3-5 所示。

【例 3-5】ColorViewController.h

```
1   #import <UIKit/UIKit.h>
2   @class ColorViewController;
3   // 声明一个代理协议
4   @protocol ColorViewControllerDelegate <NSObject>
5   @optional
6   - (void)colorViewController:(ColorViewController *)colorVC
7     withColor:(UIColor *)selectedColor;
8   @end
9   @interface ColorViewController : UIViewController
10  //代理
11  @property (nonatomic, weak)id<ColorViewControllerDelegate> delegate;
12  @end
```

（6）由于根据图片的触摸点获取颜色的功能过深，无法诠释得更好，因此该功能的实现通过一个分类来完成。选中 Other 分组，添加一个新的分组 Category，在此分组中添加 UIImage+GetColor 分类。该分类的声明文件中提供了一个方法，定义格式如下：

```
- (UIColor *)pixelColorAtLocation:(CGPoint)point;
```

在上述代码中，只要传入一个点，就能够获取到该点所处的颜色。

（7）在 ColorViewController.m 文件中，导入 UIImage+GetColor.h，通过 touchesBegan:withEvent:方法获取触摸点，通过该点获取其所处的颜色，并通知代理，代码如下：

```
1   - (void)touchesBegan:(NSSet *)touches withEvent:(UIEvent *)event
2   {
3       // 1.获取触摸点
4       CGPoint p = [[touches anyObject] locationInView:self.view];
5       // 2.获取颜色
6       UIColor *selectedColor = [self.colorView.image pixelColorAtLocation:p];
7       // 3.通知代理
8       if ([self.delegate respondsToSelector:
9       @selector(colorViewController:withColor:)]) {
```

```
10        [self.delegate colorViewController:self withColor:selectedColor];
11    }
12 }
```

（8）在 ViewController.m 文件中，遵守 ColorViewControllerDelegate 协议，定义两个属性，分别表示颜色的 Popover 视图和选择颜色按钮，代码如下：

```
1  // 颜色的 Popover
2  @property (nonatomic, strong) UIPopoverController *colorPopover;
3  // 选择颜色按钮
4  @property (weak, nonatomic) IBOutlet UIButton *selectColorBtn;
```

（9）同样采用懒加载的方式初始化 colorPopover，保证 Popover 视图对象只会被创建一次，代码如下：

```
1  #pragma mark - 懒加载 colorPopover
2  - (UIPopoverController *)colorPopover
3  {
4      if (_colorPopover == nil) {
5          // 1.创建内容控制器
6          ColorViewController *colorVC = [[ColorViewController alloc] init];
7          // 2.设置代理
8          colorVC.delegate = self;
9          // 3.创建 UIPopoverController,并设置内容控制器
10         _colorPopover = [[UIPopoverController alloc]
11              initWithContentViewController:colorVC];
12     }
13     return _colorPopover;
14 }
```

（10）在 selectColor:方法中，展示出颜色的 Popover 视图，且该视图箭头的方向是任意的，代码如下：

```
1  /**
2   *  选择颜色
3   */
4  - (IBAction)selectColor:(UIButton *)sender {
5      // 展示出颜色的 Popover,Rect:要指向的矩形框,inView:决定坐标原点
6      [self.colorPopover presentPopoverFromRect:sender.frame
7          inView:sender.superview
8          permittedArrowDirections:UIPopoverArrowDirectionAny animated:YES];
9  }
```

（11）实现 colorViewController: withColor:方法，更换按钮的颜色及让 Popover 视图消失，代码如下：

```
1   #pragma mark - ColorViewControllerDelegate
2   - (void)colorViewController:(ColorViewController *)colorVC
3   withColor:(UIColor *)selectedColor
4   {
5       // 1.设置颜色
6       self.selectColorBtn.backgroundColor = selectedColor;
7       // 2.让 Popover 视图消失
8       [self.colorPopover dismissPopoverAnimated:NO];
9   }
```

需要注意的是，单击 Popover 视图以外的区域，Popover 视图就会消失，调用 dismissPopoverAnimated:方法能够主动关闭 Popover 视图。

（12）运行程序，单击"选择颜色"按钮，右侧弹出一个带有箭头的窗口，里面展示了一个颜色轮，单击颜色轮中的任意位置，按钮的背景颜色更改为该位置的颜色，如图 3-18 所示。

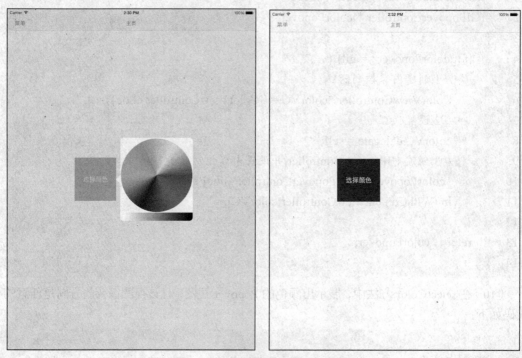

图 3-18 弹出颜色的 Popover 视图

3.3 UISplitViewController

除了 UIPopoverController 类之外，UISplitViewController 类也是 iPad 专用的视图控制器类，它是构建导航模式应用的基础。接下来，本节将针对 UISplitViewController 类的使用进行详细讲解。

3.3.1 UISplitViewController 简介

由于 iPad 的屏幕要比 iPhone 大很多，故 iPhone 的导航模式是不适用于 iPad 的，为此，

iOS 提供了 UISplitViewController 类，以呈现屏幕分栏的效果。

UISplitViewController 属于 iPad 特有的界面控件，适合用于主从界面的情况（"Master View"→"Detail View"），Detail View 跟随 Master View 进行更新，屏幕左边是主菜单，单击每个菜单屏幕右边会随着刷新，屏幕右边的界面内容又可以通过 UINavigationController 进行组织，以便用户进入 Detail View 进行更多的操作。接下来，通过一张图来描述 UISplitViewController 的使用场景，具体如图 3-19 所示。

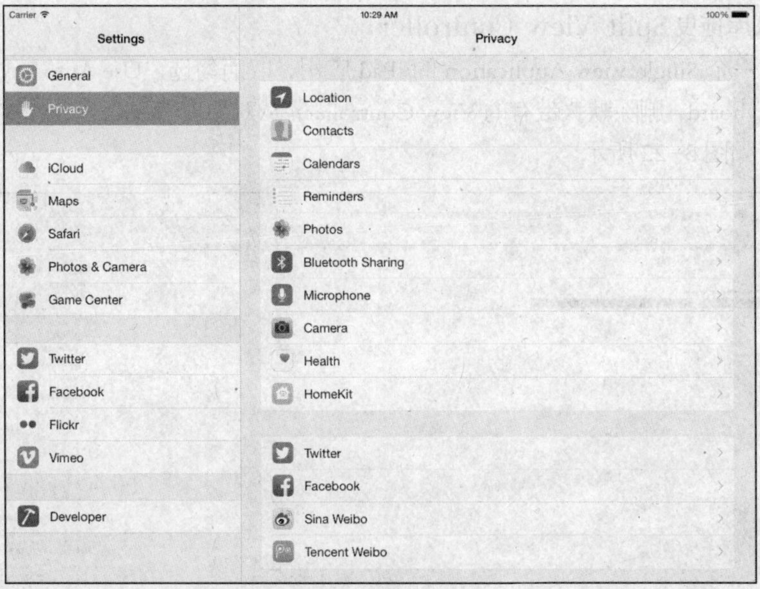

图 3-19　iPad 的 Settings 应用

图 3-19 所示是 iPad 横屏状态下的 Settings 应用，由图可知，屏幕被分割为左右两个视图，左右视图都带有导航栏。其中，左侧 Master View 是一个表视图，每单击一行，右侧的 Detail View 会随着刷新。需要说明的是，Master View 的导航列表占有 320 点的固定大小，竖屏的情况下，它会隐藏起来，具体如图 3-20 和图 3-21 所示。

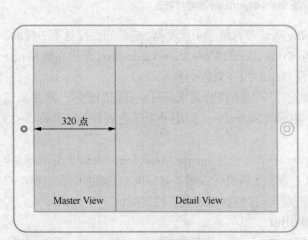

图 3-20　横屏 SplitView

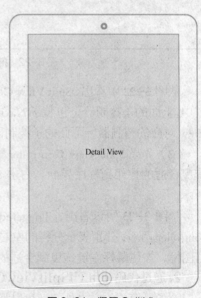

图 3-21　竖屏 SplitView

由图 3-20 和图 3-21 可知，竖屏的 Master View 是隐藏的，我们可以采用向右拖曳屏幕，或者单击工具按钮的方式来激活 Master View。

3.3.2 UISplitViewController 的使用

前面我们已经认识了 UISplitViewController，要想使用 UISplitViewController 实现分栏的效果，既可以采用拖控件的方式，也可以通过代码的方式。针对这两种情况，下面进行深入剖析。

1. 从对象库拖曳 Split View Controller

（1）新建一个 Single View Application 的 iPad 应用，取消勾选"Use Auto Layout"复选框。进入 Main.storyboard，删除默认带有的 View Controller，从对象库拖曳一个 Split View Controller 到程序界面，如图 3-22 所示。

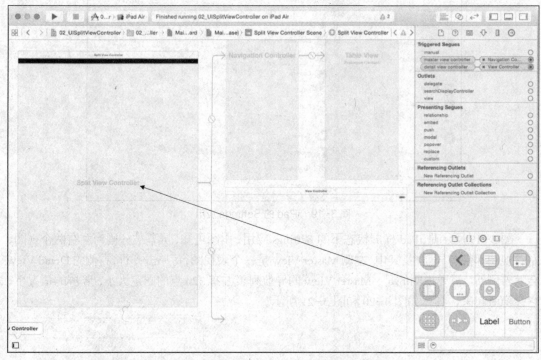

图 3-22 拖曳 Split View Controller 到程序界面

从图 3-22 中看出，Split View Controller 默认带有两个子控制器，它们的宽度是不一样的。其中，上面的子控制器是包装了 Navigation Controller 的 Table View Controller，作为左侧 Master View 对应的控制器，下面的子控制器就是 Detail View 对应的控制器。

（2）如果 Split View Controller 默认的子控制器不符合需求，可以将它们删除，从对象库拖曳合适的控件到程序界面。右击 Split View Controller，弹出一个黑色列表框，如图 3-23 所示。

从图 3-23 可以看出，Triggered Segues 子节点包含 master view controller 和 detail view controller 两项，分别表示分栏的左右两个控制器。将鼠标放到其对应的空心圆圈，会出现"+"号图标，按住鼠标左键拖曳到合适的子控制器，这样就指定了子控制器。

2. 通过代码使用 UISplitViewController

除了最简单的方式外，还可以通过纯代码的方式，创建 UISplitViewController 类的实例，使用该类声明的方法或者属性，实现控制左右两个控制器，具体步骤如下。

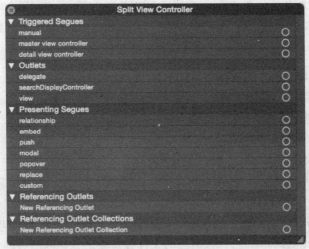

图3-23　弹出黑色列表框

（1）创建 UISplitViewController 类对象。

（2）通过 viewControllers 属性为 UISplitViewController 设置左右两个控制器。

（3）为 UISplitViewController 设置 delegate 属性，该属性必须是遵守了 UISplitViewControllerDelegate 协议的对象，它负责处理 UISplitViewController 左侧导航栏的显示和隐藏事件。

值得一提的是，UISplitViewController 本身的用法极其简单，仅仅需要管理左右两个控制器而已，当 iPad 屏幕转为横向或者纵向时，分别会激发 delegate 的两个方法，具体定义格式如下：

```
// 当左侧导航栏将要隐藏时激发该方法
- (void)splitViewController:(UISplitViewController *)svc
willHideViewController:(UIViewController *)aViewController
withBarButtonItem:(UIBarButtonItem *)barButtonItem
forPopoverController:(UIPopoverController *)pc;
// 当左侧导航栏将要显示时激发该方法
- (void)splitViewController:(UISplitViewController *)svc
willShowViewController:(UIViewController *)aViewController
invalidatingBarButtonItem:(UIBarButtonItem *)barButtonItem;
```

以上两个方法均是 iOS 7 提供的，另外，iOS 8 提供了另外一个方法来替代，它的定义格式如下：

```
- (void)splitViewController:(UISplitViewController *)svc
willChangeToDisplayMode:(UISplitViewControllerDisplayMode)displayMode;
```

在上述代码中，UISplitViewControllerDisplayMode 是一个枚举类型，它包含 4 种情况。需要注意的是，该方法存在一个弊端，即当屏幕处于竖屏状态时，程序首次启动，该方法不会被主动调用，故无法正确判断是否显示激发按钮。

注意：

在iOS 8下，你可以直接在iPhone上使用UISplitViewController了，关于它的使用，可以根据这个网址 http://www.onevcat.com/2014/07/ios-ui-unique/ 的博客内容进行深入学习，这里就不过多赘述了。

3.3.3 实战演练——菜谱

饮食是现代生活不可或缺的部分，人们对于饮食的要求也越加苛刻，拥有一个不错的菜谱应用是一个不错的选择。接下来，带领大家使用UISplitViewController开发一个"菜谱"的iPad项目，具体步骤如下。

1．创建工程，设计界面

（1）新建一个Single View Application应用，名称为02_UISplitViewController，需要注意的是将Devices设置为iPad。

（2）将提前准备好的资源拖曳到Supporting Files文件夹，如图3-24所示。

（3）进入Main.storyboard，打开其对应的文件检查器面板，取消勾选"Use Auto Layout"复选框。删除Storyboard上自带的View Controller，从对象库拖曳一个Split View Controller到程序界面，并设置其为启动控制器。由于该应用左右侧均是表格，因此，删除Detail View Controller链接的控制器，从对象库拖曳一个Navigation Controller，它默认带有一个Table View Controller，将它设置为detail view controller，设计好的界面如图3-25所示。

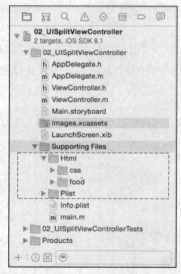

图3-24 添加资源到Supporting Files

图3-25 设计好的界面

2．项目添加分组

这个项目主要包含3个部分，采用分组的形式，给项目添加一个Classes子节点，在此节点内依次添加3个子节点，分别命名为Main、Menu、Detail，最终的层次结构如图3-26所示。

需要注意的是，系统自带的View Controller已经删除，与它相关联的ViewController类也直接删除即可。

3．左侧导航栏展示"菜系"数据

（1）打开Supporting Files，会看到Plist子节点，在该节点下会看到food_types.plist，它包含了所有的菜系数据，双击打开的界面，如图3-27所示。

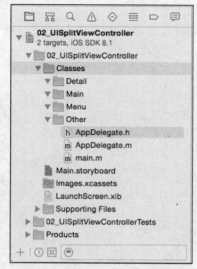

图 3-26　项目文件组织结构　　　　　图 3-27　food_types.plist

图 3-27 展示了 food_types.plist 的数据。其中，最外层的 Root 是 Array 类型，它共包含 16 个 Dictionary 类型的 item，每个 item 都包含一个 String 类型的 idstr 和一个 String 类型的 name，分别表示菜系的 id 标识和名称。

（2）图 3-27 所示的每个 item 都是一个单元格，依据 MVC 的思想，将单元格抽成一个模型。选中 Menu 分组，新建一个单元格的模型类 FoodType，在 FoodType.h 中声明两个属性，代码如例 3-6 所示。

【例 3-6】FoodType.h

```
1  #import <Foundation/Foundation.h>
2  @interface FoodType : NSObject
3  @property (nonatomic, copy) NSString *idstr;    // 标识
4  @property (nonatomic, copy) NSString *name;     // 名称
5  @end
```

（3）引入一个第三方框架 MJExtension，能够轻松地将 plist 文件转换为模型数组。选中 Other 分组，采用分组的形式添加一个 Lib 子节点，并将 MJExtension 导入此节点内，如图 3-28 所示。

需要注意的是，该框架的主头文件为 MJExtension.h，它默认已经导入了其他头文件，只要引入此头文件即可使用。

（4）同样选中 Menu 分组，新建一个左侧导航栏的类 MenuViewController，继承自 UITableViewController 类，并将该类设置为 storyboard 的 master view controller 关联类。在 MenuViewController.m 中定义一个 NSArray 类型的属性，用于保存 FoodType 对象，并采用懒加载的方式初始化，代码如下：

图 3-28　导入 MJExtension 框架

```
1   #import "MenuViewController.h"
2   #import "FoodType.h"
3   #import "MJExtension.h"
4   @interface MenuViewController ()
5   @property (nonatomic, strong) NSArray *foodtypes;
6   @end
7   @implementation MenuViewController
8   #pragma mark- 懒加载
9   - (NSArray *)foodtypes
10  {
11      if (!_foodtypes) {
12          // 1. 获取 mainBundle 中的 plist 文件
13          NSString *pathName = [[NSBundle mainBundle]
14          pathForResource:@"food_types.plist" ofType:nil];
15          // 2.将数据放到数组中
16          _foodtypes = [FoodType objectArrayWithFile:pathName];
17      }
18      return _foodtypes;
19  }
20  @end
```

在上述代码中，第 13 行代码获取了 food_types.plist 的全路径，第 16 行代码调用 objectArrayWithFile:方法，通过 plist 创建了一个模型数组。要想使用这个方法，需要注意的是，模型类的属性名称必须与 plist 文件的 Key 名称保持一致。

（5）在 viewDidLoad 方法中，设置顶部导航栏的标题为"菜谱"，让表格默认选中第 1 行，代码如下：

```
1   - (void)viewDidLoad {
2       [super viewDidLoad];
3       // 设置标题
4       self.title = @"菜谱";
5       // 默认选中第 1 行
6       [self tableView:nil didSelectRowAtIndexPath:
7       [NSIndexPath indexPathForRow:0 inSection:0]];
8       [self.tableView selectRowAtIndexPath:[NSIndexPath indexPathForRow:0
9       inSection:0] animated:YES scrollPosition:UITableViewScrollPositionTop];
10  }
11  - (void)viewWillAppear:(BOOL)animated{}
```

需要注意的是，表视图即将显示的时候会调用父类的行为，将单元格的选中变为不选中，只要重写 viewWillAppear:方法即可。

（6）实现 tableView: numberOfRowsInSection:和 tableView: cellForRowAtIndexPath:方法，将数组中保存的模型数据展示到左侧的表视图中，代码如下：

```
#pragma mark - Table view data source
/**
 *  返回多少行
 */
- (NSInteger)tableView:(UITableView *)tableView
numberOfRowsInSection:(NSInteger)section {
    return self.foodtypes.count;
}
/**
 *  返回 cell
 */
- (UITableViewCell *)tableView:(UITableView *)tableView
cellForRowAtIndexPath:(NSIndexPath *)indexPath
{
    static NSString *ID = @"MenuCell";
    UITableViewCell *cell = [tableView dequeueReusableCellWithIdentifier:ID];
    if (cell == nil) {
        cell = [[UITableViewCell alloc]
initWithStyle:UITableViewCellStyleDefault reuseIdentifier:ID];
    }
    // 取出模型对象
    FoodType *foodType = self.foodtypes[indexPath.row];
    // 设置数据
    cell.textLabel.text = foodType.name;
    return cell;
}
```

4. 创建菜品模型

（1）再次打开 Plist 子节点，单击前面的三角图标展开，在该节点下会看到 16 个名称类似的 plist，它们分别对应着不同的菜系。任选其一，双击打开的界面如图 3-29 所示。

图 3-29 展示了 type_12_foods.plist 的部分数据。其中，最外层的 Root 也是 Array 类型，它包含多个 Dictionary 类型的 item，每个 item 都包含 6 个 String 类型的 Key，从上到下依次为 diff、idstr、imageUrl、name、time、url，分别表示菜品的难度系数、id 标识、图片地址、名称、时间、路径。

（2）图 3-29 所示的每个 item 都是一个单元格，表示一个菜品，依据 MVC 的思想，将单元格抽成一个模型。选中 Model 分组，新建一个单元格的模型类 Food，在 Food.h 中声明 6 个属性，代码如例 3-7 所示。

Key	Type	Value
▼ Root	Array	(13 items)
▼ Item 0	Dictionary	(6 items)
diff	String	配菜(中级)
idstr	String	563
imageUrl	String	http://cp1.douguo.net/upload/caiku/a/d/0/yuan_ad6f4bbacf0b7390ee2dc42592f619e0.jpg
name	String	新疆大盘鸡
time	String	1小时以上
url	String	http://www.douguo.com/cookbook/84711.html
▼ Item 1	Dictionary	(6 items)
diff	String	配菜(中级)
idstr	String	564
imageUrl	String	http://cp1.douguo.net/upload/caiku/e/a/e/yuan_ea59d74010c0b22c352a4d2fae2fe2de.jpg
name	String	抓饭
time	String	1小时以上
url	String	http://www.douguo.com/cookbook/80258.html
▶ Item 2	Dictionary	(6 items)
▶ Item 3	Dictionary	(6 items)
▶ Item 4	Dictionary	(6 items)

图 3-29 type_12_foods.plist

【例 3-7】Food.h

```
1  #import <Foundation/Foundation.h>
2  @interface Food : NSObject
3  @property (nonatomic, copy) NSString *diff;       // 难度系数
4  @property (nonatomic, copy) NSString *idstr;      // 标识
5  @property (nonatomic, copy) NSString *imageUrl;   // 图片 url
6  @property (nonatomic, copy) NSString *name;       // 名称
7  @property (nonatomic, copy) NSString *time;       // 时间
8  @property (nonatomic, copy) NSString *url;        // url
9  @end
```

5. 自定义单元格

单击任意一个菜系，右侧的详情控制器以列表的形式展示多行菜品信息，且每行的格式是固定的。由于单元格的标题和详细内容有一定距离的间隙，需要自定义单元格，最好的方式是采用 xib 的形式实现，具体步骤如下。

（1）选中 View 分组，新建一个单元格的类 DetailCell，继承自 UITableViewCell，需要注意的是需勾选 "Also create XIB file" 复选框。在 DetailCell.xib 中，会看到一个细长的长条框，它默认的关联类为 DetailCell 类，如图 3-30 所示。

（2）找到其对应的大小检查器面板，设置合适的大小。从对象库拖曳一个 Image View 和两个 Label，将它们摆放到合适的位置，分别进行设置，具体如下。

- 设置 Image View 的 Image 的值为 timeline_image_placeholder，添加一张占位图片，并勾选 "User Interaction Enabled" 和 "Multiple Touch" 复选框。
- 设置标题 Label 的 Font 为 System 20.0，设置另一个 Label 的 Font 为 System 16.0。

按照以上的方式进行设置，设计好的界面如图 3-31 所示。

（3）在 DetailCell.h 文件中，定义一个模型属性，用于保存单元格的数据，并提供一个类方法供外界调用，代码如例 3-8 所示。

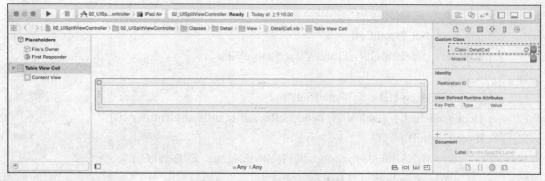

图 3-30　Detail Cell 的关联类

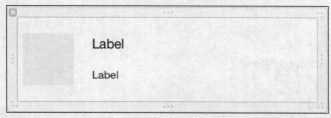

图 3-31　设计好的界面

【例 3-8】DetailCell.h

1	#import <UIKit/UIKit.h>
2	#import "Food.h"
3	@interface DetailCell : UITableViewCell
4	@property (nonatomic, strong) Food *food;
5	/**
6	*　通过一个 tableView 创建 DetailCell 对象
7	*/
8	+ (instancetype)detailCell:(UITableView *)tableView;
9	@end

（4）引入 SDWebImage 框架，实现从网络加载图片，并将其导入到 Lib 分组。在 DetailCell.m 文件中，导入 UIImageView+WebCache.h，添加 3 个属性与 xib 界面相关联，并给这 3 个属性赋值，代码如例 3-9 所示。

【例 3-9】DetailCell.m

1	#import "DetailCell.h"
2	#import "UIImageView+WebCache.h"
3	@interface DetailCell()
4	@property (weak, nonatomic) IBOutlet UIImageView *iconView;
5	@property (weak, nonatomic) IBOutlet UILabel *nameLabel;

```
6    @property (weak, nonatomic) IBOutlet UILabel *detailLabel;
7    @end
8    @implementation DetailCell
9    + (instancetype)detailCell:(UITableView *)tableView
10   {
11       static NSString *ID = @"DetailCell";
12       DetailCell *cell = [tableView dequeueReusableCellWithIdentifier:ID];
13       if (cell == nil) {
14           cell = [[[NSBundle mainBundle] loadNibNamed:@"DetailCell"
15               owner:nil options:nil] lastObject];
16           cell.accessoryType = UITableViewCellAccessoryDisclosureIndicator;
17       }
18       return cell;
19   }
20   - (void)setFood:(Food *)food
21   {
22       _food = food;
23       // 1.设置图片
24       NSURL *imageUrl = [NSURL URLWithString:food.imageUrl];
25       [self.iconView sd_setImageWithURL:imageUrl placeholderImage:
26           [UIImage imageNamed:@"timeline_image_placeholder"]
27           options:SDWebImageRetryFailed | SDWebImageLowPriority];
28       // 2.设置名称
29       self.nameLabel.text = food.name;
30       // 3.设置详情
31       self.detailLabel.text = [NSString stringWithFormat:
32           @"难度：%@    时间：%@", food.diff, food.time];
33   }
34   @end
```

在例 3-9 中，第 9~19 行代码是 detailCell:方法的实现，其中，第 14 行代码调用 loadNibNamed: owner: options:方法加载 xib 文件。第 20~33 行代码是 setFood:方法，用于给其他控件对象赋值。

6. 通过代理展示详情控制器的信息

选中任意一个菜系，右侧会展示这个菜系的详细信息，如菜品名称、图片等，并将右侧导航栏的标题设为菜系的名称。要想完成以上需求，通过代理的方式可以实现，即让详情控制器的类成为 MenuViewController 类的代理，监听选中每一行执行的行为，具体步骤如下。

（1）在 MenuViewController.h 文件中，声明一个 MenuViewControllerDelegate 协议，在协议中定义一个供代理实现的方法，并且定义一个 delegate 属性，代码如例 3-10 所示。

【例 3-10】 MenuViewController.h

```
1   #import <UIKit/UIKit.h>
2   @class MenuViewController,FoodType;
3   @protocol MenuViewControllerDelegate <NSObject>
4   @optional
5   - (void)menuViewController:(MenuViewController *)menuVc
6     foodType:(FoodType *)foodType;
7   @end
8   @interface MenuViewController : UITableViewController
9   @property (nonatomic, weak) id<MenuViewControllerDelegate> delegate;
10  @end
```

在例 3-10 中，第 5 行代码定义了一个@optional 关键字修饰的方法，该方法包含 menuVc 和 foodType 两个参数，其中，foodType 表示选中行对应的模型，根据这个模型的 idstr 找到详情所对应的 plist，以及展示右侧导航栏的标题。

（2）在 MenuViewController.m 文件中，实现选中单元格的方法，通知代理，并将模型数据传递过去，代码如下：

```
1   - (void)tableView:(UITableView *)tableView
2   didSelectRowAtIndexPath:(NSIndexPath *)indexPath
3   {
4       // 取出模型
5       FoodType *foodType = self.foodtypes[indexPath.row];
6       // 通知代理,并将模型数据传递过去
7       if ([self.delegate respondsToSelector:
8       @selector(menuViewController:foodType:)]) {
9           [self.delegate menuViewController:self foodType:foodType];
10      }
11  }
```

（3）选中 Detail 子节点，采用分组的形式，在此节点内依次添加 3 个子节点，分别命名为 Controller、View、Model，Detail 的层次结构如图 3-32 所示。

（4）选中 Controller 分组，新建一个右侧详情的类 DetailViewController，继承自 UITableViewController 类，并将该类设置为 storyboard 的 detail view controller 关联类。在 DetailViewController.h 文件中，遵守 MenuViewControllerDelegate 协议，代码如例 3-11 所示。

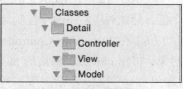

图 3-32 Detail 的层次结构

【例 3-11】 DetailViewController.h

```
1   #import <UIKit/UIKit.h>
2   #import "MenuViewController.h"
3   @interface DetailViewController : UITableViewController
```

```
4    <MenuViewControllerDelegate>
5    @end
```

需要注意的是，DetailViewController 类与 MenuViewController 类无直接关系，外界只能从声明文件中确认其是否遵守协议。

（5）MenuViewController 和 DetailViewController 之间没有必然的关系，要想设置它们的代理，可以通过它们共同拥有关系的分栏控制器完成。选中 Main 分组，新建一个表示分栏控制器的 MainViewController 类，继承自 UISplitViewController 类，并将该类设置为 storyboard 的 SplitViewController 关联类。在 MainViewController.m 文件中，完成代理的设置，代码如例 3-12 所示。

【例 3-12】 MainViewController.m

```
1    #import "MainViewController.h"
2    #import "MenuViewController.h"
3    #import "DetailViewController.h"
4    @interface MainViewController ()
5    @end
6    @implementation MainViewController
7    - (void)viewDidLoad {
8        [super viewDidLoad];
9        // 1.拿到 MenuViewController
10       UINavigationController *menuNav = [self.childViewControllers firstObject];
11       MenuViewController *menuVc = [menuNav.childViewControllers firstObject];
12       // 2.拿到 DetailViewController
13       UINavigationController *detailNav = [self.childViewControllers lastObject];
14       DetailViewController *detailVc = [detailNav.childViewControllers
15       firstObject];
16       // 3.让 DetailViewController 成为 MenuViewController 的代理
17       menuVc.delegate = detailVc;
18   }
19   @end
```

在例 3-12 中，MainViewController 的 childViewControllers 包含 firstObject 和 lastObject 两个值，分别对应左右两个控制器。

（6）在 DetailViewController.m 文件中，定义一个 NSArray 类型的属性，用于保存 Food 对象，根据 idstr 找到对应的 plist 文件，从该文件中加载数据，代码如下：

```
1    #import "DetailViewController.h"
2    #import "FoodType.h"
3    #import "Food.h"
4    #import "MJExtension.h"
5    #import "DetailCell.h"
6    @interface DetailViewController ()
```

```
7    // 定义一个数组，保存模型数据
8    @property (nonatomic, strong) NSArray *foods;
9    @end
10   @implementation DetailViewController
11   #pragma mark - MenuViewControllerDelegate
12   - (void)menuViewController:(MenuViewController *)menuVc
13   foodType:(FoodType *)foodType
14   {
15       // 设置标题
16       self.title = foodType.name;
17       // 拼接 plist 的名称
18       NSString *fileName = [NSString stringWithFormat:
19       @"type_%@_foods.plist", foodType.idstr];
20       // 加载数据
21       self.foods = [Food objectArrayWithFilename:fileName];
22       // 刷新数据
23       [self.tableView reloadData];
24   }
25   @end
```

（7）实现 tableView: numberOfRowsInSection:和 tableView: cellForRowAtIndexPath:方法，将数组中保存的模型数据展示到右侧的表视图中，代码如下：

```
1    /**
2     *  返回多少行
3     */
4    - (NSInteger)tableView:(UITableView *)tableView
5    numberOfRowsInSection:(NSInteger)section {
6        return self.foods.count;
7    }
8    /**
9     *  返回 cell
10    */
11   - (DetailCell *)tableView:(UITableView *)tableView
12   cellForRowAtIndexPath:(NSIndexPath *)indexPath
13   {
14       DetailCell *cell = [DetailCell detailCell:tableView];
15       // 取出模型
16       Food *food = self.foods[indexPath.row];
17       // 设置数据
18       cell.food = food;
19       return cell;
```

```
20    }
21    - (CGFloat)tableView:(UITableView *)tableView
22    heightForRowAtIndexPath:(NSIndexPath *)indexPath
23    {
24        return 122;
25    }
```

7. 显示或者隐藏"菜谱"按钮

旋转屏幕到竖屏，左侧的导航栏隐藏，右侧的控制器的导航栏左边多出一个按钮，通过该按钮激发导航栏的显示；旋转屏幕到横屏，左侧的导航栏显示，激发按钮会隐藏。通过这个过程可知，当屏幕旋转时，通知右侧的控制器做出改变，可以通过代理的方式实现，即让 DetailViewController 成为 MainViewController 的代理，监听左侧导航栏的显示或者隐藏，具体步骤如下。

（1）在例 3-11 中，让 DetailViewController 同样遵守 UISplitViewControllerDelegate 协议。

（2）在例 3-12 中，设置 DetailViewController 为 MainViewController 的代理对象，代码如下所示：

```
1    // 4.让 DetailViewController 成为 MainViewController 的代理
2    self.delegate = detailVc;
```

（3）在 DetailViewController.m 文件中，实现左侧导航栏即将显示或者隐藏激发的方法，代码如下：

```
1    #pragma mark - UISplitViewControllerDelegate
2    /**
3     *   左侧导航栏即将隐藏
4     */
5    - (void)splitViewController:(UISplitViewController *)svc
6    willHideViewController:(UIViewController *)aViewController
7    withBarButtonItem:(UIBarButtonItem *)barButtonItem
8    forPopoverController:(UIPopoverController *)pc
9    {
10       self.navigationItem.leftBarButtonItem = barButtonItem;
11   }
12   /**
13    *   左侧导航栏即将显示
14    */
15   - (void)splitViewController:(UISplitViewController *)svc
16   willShowViewController:(UIViewController *)aViewController
17   invalidatingBarButtonItem:(UIBarButtonItem *)barButtonItem
18   {
19       self.navigationItem.leftBarButtonItem = nil;
20   }
```

在上述代码中,只要将左边按钮设置为 barButtonItem,就能添加一个标题为"菜谱"的按钮。

8. 展示菜品的详细做法

选中任意一个菜品,中间渐隐地弹出一个窗口,该窗口以网页的形式展示了菜品的详细做法,单击窗口左侧的"关闭"按钮,该窗口逐渐地隐藏,具体步骤如下:

(1)选中 Controller 分组,新建一个表示弹出窗口的 RecipeViewController 类,继承自 UIViewController 基类。在 RecipeViewController.h 文件中,声明一个 Food 类型的模型属性,通过赋值的方式,给该控制器传递模型数据,代码如例 3-13 所示。

【例 3-13】RecipeViewController.h

```
1  #import <UIKit/UIKit.h>
2  #import "Food.h"
3  @interface RecipeViewController : UIViewController
4  // 直接通过赋值的方式,给 RecipeViewController 传递数据
5  (注意:不能重写 set 方法,因为 View 这个时候还没有加载出来)
6  @property (nonatomic, strong) Food *food;
7  @end
```

(2)在 DetailViewController.m 文件中,实现 tableView: didSelectRowAtIndexPath:方法,以 modal 的形式弹出一个窗口,并将选中行的模型传递给 RecipeViewController 对象,代码如下:

```
1   - (void)tableView:(UITableView *)tableView
2   didSelectRowAtIndexPath:(NSIndexPath *)indexPath
3   {
4       // 1.取出模型
5       Food *food = self.foods[indexPath.row];
6       // 2.创建即将 modal 出的控制器
7       RecipeViewController *recipeVc = [[RecipeViewController alloc] init];
8       recipeVc.food = food;
9       // 3.包装一个导航控制器
10      UINavigationController *recipeNav = [[UINavigationController alloc]
11      initWithRootViewController:recipeVc];
12      // 3.1 设置呈现样式
13      recipeNav.modalPresentationStyle = UIModalPresentationFormSheet;
14      // 3.2 设置过渡样式
15      recipeNav.modalTransitionStyle = UIModalTransitionStyleCoverVertical;
16      // 4.将控制器弹出来
17      [self presentViewController:recipeNav animated:YES completion:nil];
18  }
```

(3)在 RecipeViewController.m 中,需要通过 UIWebView 加载 html 文件,顾名思义,只要将控制器的 View 更改为 webView 即可,代码如下:

```objc
1   #import "RecipeViewController.h"
2   @interface RecipeViewController ()
3   @property (nonatomic, weak) UIWebView *webView;
4   @end
5   @implementation RecipeViewController
6   - (void)loadView
7   {
8       // 将控制器的 view 改成 webView，才可以加载 HTML
9       UIWebView *webView = [[UIWebView alloc] init];
10      webView.frame = [UIScreen mainScreen].applicationFrame;
11      self.view = webView;
12      self.webView = webView;
13  }
14  @end
```

（4）html 网页的样式是由 recipe.css 控制的，它们是配合使用的。由于 html 记录的 recipe.css 的路径为"../css/recipe.css"，沙盒中的 css 文件夹是虚拟不存在的，将之前导入的 HTML 文件彻底删除，卸载模拟器上的该应用，使用⇧⌘K 快速 Clean。选中 Supporting Files 分组，再次导入 HTML 资源，弹出如图 3-33 所示的窗口。

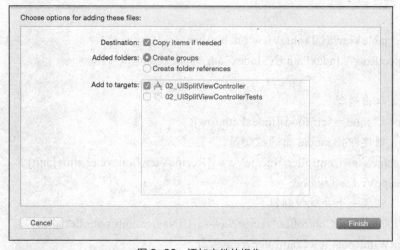

图 3-33　添加文件的操作

图 3-33 所示是添加文件时弹出的窗口，将"Create folder references"单选按钮选中，单击"Finish"按钮，Html 以蓝色文件夹的形式显示。这时，沙盒程序包中的 Html 文件的路径为"Html/food/文件名.html"。

（5）在 viewDidLoad 方法中，根据传递过来的 Food 模型的 idstr，找到与之对应的 HTML 文件，并展示到 webView 上，代码如下：

```objc
1   - (void)viewDidLoad {
2       [super viewDidLoad];
3       // 1.改变导航栏的左边按钮
```

```
4     self.navigationItem.leftBarButtonItem = [[UIBarButtonItem alloc]
5     initWithTitle:@"关闭" style:UIBarButtonItemStyleDone target:self
6     action:@selector(close)];
7     // 2.拼接 HTML
8     NSString *htmlName = [NSString stringWithFormat:@"Html/food/%@.html",
9     self.food.idstr];
10    NSURL *htmlURL = [[NSBundle mainBundle] URLForResource:htmlName
11    withExtension:nil];
12    // 3.根据 URL 创建 NSURLRequest 对象
13    NSURLRequest *request = [NSURLRequest requestWithURL:htmlURL];
14    // 4.加载对应的 request
15    [self.webView loadRequest:request];
16    }
```

（6）实现 close 方法，表示单击"关闭"按钮后执行的行为，也就是关闭后弹出来的窗口，代码如下：

```
1     /**
2      *  关闭控制器
3      */
4     - (void)close
5     {
6         [self dismissViewControllerAnimated:YES completion:nil];
7     }
```

9.运行程序

单击"运行"按钮，在模拟器上运行程序。程序运行成功后，展示了左右两个视图，以"川菜"举例，单击左侧的"川菜"一行，右侧展示了"川菜"所有的菜品；单击其右侧的"水煮鱼"一行，弹出一个临时窗口，用于显示"水煮鱼"的详细做法；单击"关闭"按钮，临时窗口消失，程序运行的部分效果如图 3-34 所示。

图 3-34　程序运行的部分效果图

> **多学一招：添加文件操作的窗口**
>
> 图 3-33 所示的窗口有多个单选按钮和复选框，从上到下介绍如下。
> - Copy items if needed：表示拖移资源时是否需要复制一份。
> - Create groups：只是创建虚拟文件夹，在沙盒中不存在此文件夹。
> - Create folder references：在项目当中创建文件，并且会在沙盒里面创建文件夹。
> - 02_UISplitViewController：表示是否将资源添加到 main bundle 里。
> - 02_UISplitViewControllerTests：表示是否将资源添加到单元测试。
>
> 需要注意的是，只要是选中的状态，就表示要执行这个操作。

3.4 本章小结

本章首先介绍了 iPad 开发和 iPhone 开发的异同：两者都是基于 iOS 操作系统，有许多共有的 API，但它们的屏幕尺寸不同、UI 界面排版与设计不同、键盘不同。然后针对 iPad 开发特有的类 UIPopoverController 与 UISplitViewController 进行了详细讲解，其中 UIPopoverController 用于呈现"漂浮"类型的视图，而 UISplitViewController 用于将屏幕分栏，对于这两个类都有各自对应的案例介绍，方便大家学习和理解。

【思考题】

1. 简述 iPhone 和 iPad 开发的异同。
2. 简述使用 UIPopoverController 实现弹出 Popover 视图的步骤。

第 4 章
多媒体和硬件

学习目标

- 掌握如何使用 AVAudioRecorder 实现音频的录制
- 掌握播放本地音乐的方法，熟悉如何播放在线音乐
- 熟悉如何操作摄像头和图片库
- 熟悉播放视频的方法
- 了解如何实现二维码的扫描
- 熟悉 iOS 中常见硬件的使用

随着智能手持设备的普及，手持设备的功能也越来越强大。为了获得良好的用户体验，在智能手持设备上播放音乐和视频，录音和录制视频，以及摄影摄像等多媒体功能已必不可少。同时，随着摇一摇、计步器、智能家居、运动手环等应用的兴起，传感器和蓝牙的使用也更加普遍。iOS 系统对于这些应用也提供了强大的技术支持。本章将针对 iOS 系统下的多媒体功能和硬件功能进行详细的讲解。

4.1 使用 AVAudioRecorder 录制音频

程序中越来越多地开始使用录音功能，典型应用包括社交软件上的发送语音功能、K 歌软件、还有记录谈话的录音笔软件等。针对这个需求，iOS 专门提供了 AVAudioRecorder 类。

AVAudioRecorder 类是专用的录制音频的接口，它包含在 AVFoundation 框架里。使用这个接口，我们可以录制任意时长或者指定时长的音频；能控制录音过程，让它暂停或继续；还能控制录音音量。

AVAudioRecorder 类提供了 recording 属性来判断它的录音状态，如果正在录音，则可以暂停；如果处于暂停状态，则可以继续录音。AVAudioRecorder 还提供了其他的属性来帮助使用该类。接下来，通过表 4-1 列举 AVAudioRecorder 类的常用属性。

表 4-1 列举了 AVAudioRecorder 类的常用属性，除此之外，AVAudioRecorder 类还定义了相应的方法实现录音功能，如表 4-2 所示。

表 4-1　AVAudioRecorder 的常用属性

属性声明	功能描述
@property(readonly, getter=isRecording) BOOL recording;	用于获取录音器是否正在录音
@property(assign) id<AVAudioRecorderDelegate> delegate	用于设置或获取录音器的代理对象
@property(readonly) NSTimeInterval currentTime;	用于获取当前已录音时间
@property(readonly) NSTimeInterval deviceCurrentTime	用于获取录音设备已运行时间

表 4-2　AVAudioRecorder 的常用方法

方法声明	功能描述
- (instancetype)initWithURL: settings: error:	创建录音器
- (BOOL)record	开始录音
- (void)pause	中止录音
- (void)stop	停止录音
- (BOOL)deleteRecording	删除录音文件

为了让初学者更好地掌握 AVAudioRecorder 的使用，接下来通过示例代码来演示使用 AVAudioRecorder 录制音频的完整过程，具体步骤如下。

1. 导入头文件

由于 AVAudioRecorder 类包含在 AVFoundation 框架里，所以要导入 AVFoundation/AVFoundation.h 头文件，示例代码如下：

```
#import <AVFoundation/AVFoundation.h>
```

2. 创建录音器对象

要想使用 AVAudioRecorder 实现录制音频，首先得创建一个 AVAudioRecorder 对象。创建录音器对象使用的是 initWithURL 方法，该方法定义如下：

```
- (nullable instancetype)initWithURL:(NSURL *)url
settings: (NSDictionary<NSString *, id> *)settings error:(NSError **)outError;
```

具体示例代码如下：

```
AVAudioRecorder *recorder = [[AVAudioRecorder alloc] initWithURL:url
settings:setting error:nil];
```

上述代码使用 initWithURL 方法创建了一个录音器对象，该方法的定义包含 3 个参数，分别是 url、setting、outError，关于这 3 个参数的相关讲解，具体如下。

（1）url：代表录音文件将要保存的位置，一般保存在沙盒中，示例代码如下：

```
//准备存储录音文件的 URL
NSString *filePath =
        [NSSearchPathForDirectoriesInDomains(NSDocumentDirectory,
        NSUserDomainMask, YES) lastObject];
//将录音文件的名字连接到存储路径上
```

```
filePath = [filePath stringByAppendingPathComponent:@"test.caf"];
NSURL *url = [NSURL fileURLWithPath:filePath];
```

（2）settings：录制音频文件时设置的参数，是字典类型的。常用的参数常量有以下3种：

```
NSString *const AVFormatIDKey;          //指定录音文件的格式
NSString *const AVSampleRateKey;        //指定录音时每秒的样本率
NSString *const AVNumberOfChannelsKey;  //指定录音文件有几个声道，立体声为双声道
```

以下示例代码创建了一个 LPCM 格式的音频文件，并封装在 .caf 文件中。

```
NSDictionary *setting = @{
AVFormatIDKey:[NSNumber numberWithInt:kAudioFormatLinearPCM],
AVSampleRateKey:[NSNumber numberWithFloat:44100.0],
AVNumberOfChannelsKey:[NSNumber numberWithInt:2]};
```

（3）outError：记录了可能出现的错误，是 NSError 类型的输出参数。创建录音器的示例代码如下：

```
AVAudioRecorder *recorder = [[AVAudioRecorder alloc] initWithURL:url
settings:setting error:nil];
```

3. 开始录音

开始录音使用的是 record 方法。值得注意的是，系统在调用 record 方法时会自动调用 prepareToRecord 方法为录音做准备。如果想立即开始录音，可在代码里提前调用 prepareToRecord 方法，示例代码如下：

```
//准备录音
[recorder prepareToRecord];
//开始录音
[recorder record];
```

4. 暂停录音

暂停录音使用的是 pause 方法，需要注意的是在暂停录音之前要判断是否正在录音，具体代码如下：

```
if (self.recorder.isRecording){
  [self.recorder pause];
}
```

5. 继续录音

暂停结束后可继续录音，继续录音使用的仍然是 record 方法，具体代码如下：

```
if (self.recorder != nil && !self.recorder.isRecording){
  [self.recorder record];
}
```

6. 停止录音

录音完成后，可调用 stop 方法停止录音。此时，系统自动将录音文件保存在创建录音器

时传入的 URL 地址中，代码如下：

```
[self.recorder stop];
```

通过以上步骤，就完成了一次基本的录音操作。除此之外，还可以给 AVAudioRecorder 对象设置代理，让它的代理对象在录音完成和录音出错时做相应的处理。AVAudioRecorder 的代理需要遵守 AVAudioRecorderDelegate 协议，该协议有以下两个代理方法。

（1）audioRecorderDidFinishRecording::方法，在录音完成时调用。

```
- (void)audioRecorderDidFinishRecording:(AVAudioRecorder *)recorder successfully:(BOOL)flag;
```

（2）audioRecorderEncodeErrorDidOccur::方法，当录音出错时调用。

```
- (void)audioRecorderEncodeErrorDidOccur:(AVAudioRecorder *)recorder error:(NSError *)error;
```

> 💣 **脚下留心：保存录音器变量**
>
> 在实际开发中，如果将录音器定义为局部变量，那么在方法结束后，作为局部变量的录音器对象会被销毁，也就无法录音。要解决这个问题，需要做到以下两点。
> （1）定义一个控制器类属性保存录音器变量，以免变量被释放：
>
> ```
> @property (nonatomic,strong) AVAudioRecorder *recorder;
> ```
>
> （2）在创建完录音器之后，要把创建的录音器赋值给这个属性，代码如下：
>
> ```
> //创建录音器并赋值给 recorder 属性
> AVAudioRecorder *recorder = [[AVAudioRecorder alloc] initWithURL:url settings:setting error:nil];
> self.recorder = recorder;
> ```
>
> 这样，录音器被控制器类的属性引用，除非控制器被销毁，否则录音器就不会被销毁，也就可以正常录音了。

4.2 音效、音频的播放

除了录音之外，手持设备另一个常用功能是播放音频。无论是听歌、玩游戏时的背景音乐，或者是 QQ 软件的提示音等，无不属于音频播放的范围。音频根据来源可分为本地音频和在线音乐（音频流）两种，它们使用的播放方法也不一样。接下来围绕这些播放方法进行详细介绍。

4.2.1 使用系统声音服务播放音效

程序开发中经常需要播放时间短、速度快的音频，如 QQ 好友上线提示音、游戏的音效等。针对这种需求，iOS 系统提供了系统声音服务（System Sound Services）。它是 C 语言的接口，用于播放不超过 30s 的声音。使用系统声音服务播放声音是系统推荐的方法，它的优点是不需要缓冲、播放速度快。

接下来分步骤讲解如何使用系统声音服务播放音效。

1. 导入头文件

由于系统声音服务包含在 AudioToolbox 框架中，所以要导入<AudioToolbox/AudioTool

box.h>头文件，示例代码如下：

```
#import <AudioToolbox/AudioToolbox.h>
```

2. 创建声音对象

系统声音服务是一个 C 语言的函数包，所以使用的是它的函数 AudioServicesCreate-SystemSoundID，示例代码如下：

```
SystemSoundID outSystemSoundID;
AudioServicesCreateSystemSoundID((__bridge CFURLRef)(inFileURL),
&outSystemSoundID);
```

上述示例代码中，AudioServicesCreateSystemSoundID 函数有两个参数，分别如下。

（1）inFileURL：指定播放的声音文件的路径，是 CFURLRef 类型，这是一个 C 语言类型，因此使用时，要先创建一个 OC 类型的 NSURL 对象，再使用__bridge CFURLRef 进行类型转换。

以下示例代码创建了一个名为"mymusic.caf"的本地音效文件的 URL：

```
NSString *path = [[NSBundle mainBundle] pathForResource:@"mymusic.caf"
                    ofType:nil];
NSURL *inFileURL = [NSURL URLWithString:path];
```

（2）outSystemSoundID：输出参数，代表创建的声音文件 ID，可根据此 ID 播放该声音文件。

3. 播放声音

创建完声音对象的 ID 后，就可以用这个 ID 来播放声音了，示例代码如下：

```
AudioServicesPlayAlertSound(inSystemSoundID);      //以通知的方式播放
AudioServicesPlaySystemSound(inSystemSoundID);     //以系统声音的方式播放
```

系统声音服务提供了两个播放方法，它们的参数都是 inSystemSoundID，代表音效文件的 ID。它们的区别如下：

- AudioServicesPlayAlertSound：以通知的方式播放声音对象，在手机静音时会震动。
- AudioServicesPlaySystemSound：以系统声音的方式播放声音对象，在手机静音时不会震动。

📖 **多学一招：在 iPhone 上产生震动**

除了播放声音，使用系统声音服务还可以在 iPhone 上产生震动，只需要将常量 kSystemSoundID_Vibrate 传入 AudioServicesPlayAlertSound()方法即可，示例代码如下：

```
AudioServicesPlayAlertSound(kSystemSoundID_Vibrate);
```

4.2.2 使用 AVAudioPlayer 播放音乐

由于系统声音服务只能播放少于 30s 的音频文件，用它来播放音乐显然是不可行的，还需要一个功能更强大的类。AVAudioPlayer 就是这样的类，它是苹果公司推荐的播放音乐的 API，可以播放 iOS 系统支持的所有音频格式。

AVAudioPlayer 类功能丰富，它提供了很多属性，接下来通过一张表列举 AVAudioPlayer

类的常用属性，如表4-3所示。

表4-3 AVAudioPlayer 类的常用属性

属性声明	功能描述
@property(readonly, getter=isPlaying) BOOL playing	用于获取播放器是否正在播放
@property(readonly) NSUInteger numberOfChannels	用于获取播放器的声道数
@property(readonly) NSTimeInterval duration	用于获取音频的持续时间
@property(assign) id<AVAudioPlayerDelegate> delegate	用于设置或获取 AVAudioPlayer 对象的代理
@property BOOL enableRate	用于设置或获取播放器是否可以改变播放速度
@property float rate	用于设置或获取播放器的播放速度
@property NSInteger numberOfLoops	用于设置或获取循环播放次数。默认为 0，播放一次；正数表示播放次数，负数表示无限播放，只有调用 stop 方法才能停止播放

除了属性之外，AVAudioPlayer 类还提供了很多方法。下面用一张表列举 AVAudioPlayer 的常用方法，如表4-4所示。

表4-4 AVAudioPlayer 的常用方法

方法声明	功能描述
- (instancetype)initWithContentsOfURL:error:	创建播放器
- (BOOL)play	开始播放
- (void)pause	中止播放
- (void)stop	停止播放

为了帮助初学者学习 AVAudioPlayer 类的方法，接下来围绕如何使用 AVAudioPlayer 类播放音乐进行分步骤详细的介绍。

1. 导入头文件

由于 AVAudioPlayer 类包含在 AVFoundation 框架中，所以需导入<AVFoundation/AVFoundation.h>头文件，代码如下：

#import <AVFoundation/AVFoundation.h>

2. 创建播放器

iOS 创建播放器使用的是 initWithContentsOfURL::方法，该方法根据指定的 URL 加载音频文件，创建 AVAudioPlayer 播放器对象并返回，示例代码如下：

NSURL *url = [[NSBundle mainBundle] URLForResource:@"当你老了.mp3" withExtension:nil];
AVAudioPlayer *player = [[AVAudioPlayer alloc] initWithContentsOfURL:url error:nil];

从以上代码可以看出，这个方法有两个参数，第 1 个参数用于指定音频文件的地址，第 2

个参数用于返回创建播放器是否出错。

3. 播放音乐

AVAudioPlayer 播放音乐使用 play 方法，表示从头开始播放或者从当前播放点开始播放，示例代码如下：

```
[player prepareToPlay];                    //准备播放
[player play];                             //开始播放
```

值得注意的是，由于 AVAudioPlayer 不支持流式播放，所以在播放音乐文件之前，要先把音乐文件缓冲完。如果在调用播放方法时，还没有做好准备，那么系统会自动调用 prepareToPlay 方法。在实际使用中，也可以显式地调用准备方法，再调用播放方法。

4. 暂停播放

AVAudioPlayer 使用 pause 方法暂停播放，但是要先用 isPlaying 属性判断播放器是否正在播放音乐，示例代码如下：

```
if (self.player.isPlaying) {               //如果播放器正在播放，则中止播放
    [self.player pause];
}
```

5. 继续播放

暂停播放结束后，可调用 play 方法继续播放，示例代码如下：

```
if (self.player != nil &&!self.player.isPlaying) {   //说明播放已中止或已结束
    [self.player play];
}
```

6. 停止播放

等待播放自然结束，调用 stop 方法手动停止播放，代码如下：

```
[self.player stop];
```

通过以上的步骤，就可以完成一个完整的播放过程了。除此之外，AVAudioPlayer 还有更加强大的功能，例如，它可以改变播放速度，还可以给它设置代理。下面我们对这些功能一一介绍。

（1）设置播放速度

使用 AVAudioPlayer 可以设置播放速度，实现比正常速度更快或者更慢的播放。这个功能是通过设置 rate 属性实现的。由于播放器默认不允许改变播放速度，所以要先设置 enableRate 属性允许播放器改变速度。这两个属性在表 4-1 中已有描述，示例代码如下：

```
[player setEnableRate:YES];                //设置运行改变播放速度
[player setRate:2.0];                      //设置播放速度为 2 倍速度
```

（2）设置代理

AVAudioPlayer 的一个特点是可以给它设置代理，在播放完成或者播放出错时进行相应处理。它的代理需要遵守 AVAudioPlayerDelegate 协议，该协议有以下两个代理方法。

① audioPlayerDidFinishPlaying::方法：当播放器播放完成时调用，如果播放被打断则不会调用。方法声明如下：

- (void)audioPlayerDidFinishPlaying:(AVAudioPlayer *)player successfully:(BOOL)flag;

② audioPlayerDecodeErrorDidOccur::方法：当播放出错时调用。方法声明如下：

- (void)audioPlayerDecodeErrorDidOccur:(AVAudioPlayer *)player error:(NSError *)error;

> 💣 **脚下留心：保存播放器变量**
>
> 在实际开发中，如果将播放器定义为局部变量，那么在方法执行结束后，作为局部变量的播放器对象会被销毁，也就无法播放。要解决这个问题，需要做到以下两点。
>
> （1）定义一个控制器类属性保存播放器变量，以免变量被释放，代码如下：
>
> @property (nonatomic,strong) AVAudioPlayer *player;
>
> （2）在创建完播放器之后，要把创建的播放器赋值给这个属性，代码如下：
>
> //创建播放器并赋值给 player 属性
> AVAudioPlayer *player = [[AVAudioPlayer alloc] initWithContentsOfURL:url error:nil];
> self.player = player;

这样，播放器被控制器类的属性引用，除非控制器被销毁，否则播放器就不会被销毁，也就可以正常播放了。

4.2.3 使用 MPMediaPickerController 选择系统音乐

在播放本地音乐时，还需要为用户提供选择音乐文件的功能，为此，需要列出本地的音乐列表。针对这个需求，iOS 系统提供了 MPMediaPickerController（多媒体选择器）。MPMediaPickerController 能展示一个系统默认的视图，供用户选择音乐文件，这个视图如图 4-1 所示。

图 4-1　多媒体选择视图

由于 MPMediaPickerController 继承自 UIViewController 类，因此可以管理这个视图。在展示视图时，可以用 allowsPickingMultipleItems 属性指定是否可以多重选择，也可以用 prompt 属性给视图设置提示文字。接下来通过一张表列举多媒体选择器 MPMediaPickerController 的常用属性，如表 4-5 所示。

表 4-5 MPMediaPickerController 类的常见属性

属性声明	功能描述
@property (nonatomic, readonly) MPMediaType mediaTypes;	用于设置或获取多媒体文件的类型
@property (nonatomic, weak) id<MPMediaPickerController Delegate> delegate	用于设置或获取代理对象
@property (nonatomic) BOOL allowsPickingMultipleItems;	用于设置或获取是否允许选择多项，默认是 NO
@property (nonatomic) BOOL showsCloudItems;	用于设置或获取是否显示 iCloud 上的多媒体文件，默认是 YES
@property (nonatomic, copy) NSString *prompt;	用于设置或获取在选择控制器上方显示的提示信息

其中有一个 mediaTypes 属性，负责设置和获取多媒体文件类型。它是 MPMediaType 枚举类型的，与音频相关的取值如下：

```
typedef NS_OPTIONS(NSUInteger, MPMediaType) {
    //音频类型
    MPMediaTypeMusic            = 1 << 0,    //音乐库
    MPMediaTypePodcast          = 1 << 1,    //播客
    MPMediaTypeAudioBook        = 1 << 2,    //录音书籍
    MPMediaTypeAudioITunesU     = 1 << 3,    //在线课程
    MPMediaTypeAnyAudio         = 0x00ff,    //任何类型的音频文件
};
```

为了让初学者更好地学习如何使用 MPMediaPickerController，接下来围绕它的使用方法进行详细的分步骤介绍，具体步骤如下。

1. 导入头文件

由于 MPMediaPickerController 包含在 MediaPlayer 框架中，所以需要导入<MediaPlayer/MediaPlayer.h>头文件，示例代码如下：

```
#import <MediaPlayer/MediaPlayer.h>
```

2. 创建控制器

创建控制器使用的是 init 方法，创建以后会列出所有的音乐文件，示例代码如下：

```
MPMediaPickerController *picker = [[MPMediaPickerController alloc] init];
```

3. 展示控制器

创建完控制器，以 modal 的方式显示它的视图即可。可以使用控制器类的 presentView

Controller:animated:completion:方法展示多媒体选择器的视图，示例代码如下：

```
[self presentViewController:picker animated:YES completion:nil];
```

4. 获取用户选择的音乐文件

用户选择完要播放的音乐文件后，需要使用 MPMediaPickerController 类的代理方法来获取音乐文件。它的代理必须遵守 MPMediaPickerControllerDelegate 协议，该协议有以下两个方法。

（1）mediaPicker:didPickMediaItems:方法：当用户选择了某个或某些音乐文件之后调用，方法定义如下：

```
- (void)mediaPicker:(MPMediaPickerController*)mediaPicker
didPickMediaItems:(MPMediaItemCollection*)mediaItemCollection
```

从方法定义可以看出，这个方法有一个 mediaItemCollection 参数，通过这个参数，程序就获取到了用户选择的音乐文件。需要注意的是，在这个方法里要将控制器的视图注销，回到之前的视图。具体代码如下：

```
[self.picker dismissViewControllerAnimated:YES completion:NULL];
```

（2）mediaPickerDidCancel:方法：当用户取消选择之后调用，方法定义如下：

```
- (void)mediaPickerDidCancel:(MPMediaPickerController *)mediaPicker;
```

> 💣 **脚下留心：保存多媒体选择器变量**
>
> 在实际开发中，如果将 MPMediaPickerController 定义为局部变量，那么在方法结束后，作为局部变量的 MPMediaPickerController 对象会被销毁，也就没法显示视图了。要解决这个问题，需要做到以下两点。
>
> （1）定义一个控制器类属性保存 MPMediaPickerController 变量，以免变量被释放，代码如下：
>
> ```
> @property(nonatomic,strong) MPMediaPickerController *picker;
> ```
>
> （2）在创建完 MPMediaPickerController 之后，要赋值给这个属性，代码如下：
>
> ```
> MPMediaPickerController *picker = [[MPMediaPickerController alloc] init];
> self.picker = picker;
> ```
>
> 这样，MPMediaPickerController 对象被控制器类的属性引用，除非控制器被销毁，否则 MPMediaPickerController 对象就不会被销毁，也就可以正常使用了。

4.2.4 播放在线音乐

之前学习的方法都是用于播放本地音乐的，但在实际开发中，除了本地音乐，还需要播放在线音乐，也就是流媒体。iOS 系统中播放流媒体的方法有 3 种，分别如下。

（1）使用 AVAudioPlayer 类播放。
（2）使用 AVPlayer 类播放。
（3）使用 MPMoviePlayerController 类播放。

接下来，针对这 3 种播放流媒体的方法进行详细讲解，具体如下。

1. 使用 AVAudioPlayer 类播放在线音乐

之前已经介绍过使用 AVAudioPlayer 播放本地音乐的方法，用它播放在线音乐时，创建播放器的方法不同。使用 AVAudioPlayer 创建播放器的示例代码如下：

```
//根据 URL 下载音乐数据
NSURL *url = [NSURL URLWithString:@"http://localhost/LetItGo.mp3"];
NSData *data = [NSData dataWithContentsOfURL:url];
//创建播放器
AVAudioPlayer *player = [[AVAudioPlayer alloc] initWithData:data error:nil];
```

由示例代码可以看出，在创建在线音乐的播放器时，不能使用 initWithContentsOfURL::方法，将音乐文件的 URL 直接传递给播放器，而需要使用 initWithData::方法，将在线音乐加载为内存的 NSData 数据才能播放。

之前我们已经详细学习过使用 AVAudioPlayer 播放本地音频的步骤。播放在线音乐时，除了创建播放器之外，其他步骤都是一样的，这里就不再重复了。

注意：

（1）在这段代码中，我在本地服务器部署了一个音乐文件供程序访问（关于如何部署本地服务器，请参考本书 2.3.1 小节内容）。你也可以将这个地址换成任意一个能访问到的网络音乐地址。

（2）AVAudioPlayer 只能等整个音乐文件加载完毕才能播放。同样，对于在线音乐，也需要全部下载到本地之后才能开始播放，因此需要较长的等待时间，用户体验不好，在实际使用中不推荐这个方法。

2. 使用 AVPlayer 类播放在线音乐

只有尽快开始播放，才能带来良好的用户体验，为此，iOS 系统提供了 AVPlayer 类，它可以一边缓冲在线音乐文件，一边播放。接下来，分步骤讲解如何使用 AVPlayer 类播放在线音乐文件，具体如下。

（1）导入头文件

由于 AVPlayer 包含在 AVFoundation 框架中，所以要导入<AVFoundation/AVFoundation.h>头文件，示例代码如下：

```
#import <AVFoundation/AVFoundation.h>
```

（2）创建播放器

创建 AVPlayer 播放器使用的是 initWithURL:方法，它有一个 URL 参数，指定音乐文件的路径。可以将在线音乐的网络地址直接封装成 URL 参数传递，示例代码如下：

```
NSURL *url = [NSURL URLWithString:@"http://localhost/LetItGo.mp3"];
self.aplayer = [[AVPlayer alloc] initWithURL:url];
```

值得注意的是，要在控制器中定义一个属性来保存播放器变量，以保证该变量不会被提前释放，如下例所示：

```
//在控制器的扩展中定义属性保存播放器
@property (nonatomic,strong) AVPlayer *aplayer;
```

(3)开始播放

播放使用的是 play 方法,示例代码如下:

[self.aplayer play];

(4)暂停播放

暂停播放使用的是 pause 方法,在暂停之前要根据播放器的播放速度判断它是否正在播放,示例代码如下:

```
if (self.aplayer.rate > 0.0 ){ //如果正在播放,则中止
    [self.aplayer pause];
}
```

(5)继续播放

暂停结束后,可使用 play 方法继续播放。在继续播放之前,要根据播放器的播放速度判断它是否已停止,示例代码如下:

```
//如果播放器中止或停止,则继续播放
if (self.aplayer != nil &&self.aplayer.rate <= 0.0) {
    [self.aplayer play];
}
```

使用 AVPlayer 类播放在线音乐减少了用户等待的时间,提高了用户体验。但是它不能提供下载进度,也无法获取下载下来的音乐数据。

3. 使用 MPMoviePlayerController 类播放在线音乐

iOS 系统提供的 MPMoviePlayerController 类是一个视频播放类,但是由于视频文件内部包含了音频信息,所以也可以用它来播放音频。使用 MPMoviePlayerController 可以播放在线音乐,而且可以获取下载音乐文件的进度。它获取下载进度的属性如表 4-6 所示。

表 4-6 MPMediaPickerController 类的常见属性

属性声明	功能描述
@property (nonatomic, readonly) NSTimeInterval duration;	用于获取音乐文件的总时长
@property (nonatomic, readonly) NSTimeInterval playableDuration;	用于获取音乐文件可播放的时长(缓冲时长)

将 playableDuration 属性值除以 duration 属性值,就可以得到当时的下载进度。

为了让初学者更好地理解如何使用 MPMoviePlayerController 播放在线音乐,接下来通过一段代码进行详细的介绍,代码如例 4-1 所示。

【例 4-1】ViewController.m

```
1    #import "ViewController.h"
2    #import <MediaPlayer/MediaPlayer.h>
3    @interface ViewController ()
4    @property (nonatomic,strong) MPMoviePlayerController *mplayer;
```

```
5    @end
6    @implementation ViewController
7    //使用 MPMoviePlayerController 播放
8    - (IBAction)playOnlineMusic:(id)sender {
9        if (self.mplayer == nil){
10           //1.构建网络 URL
11           NSURL *url = [NSURL URLWithString:@"http://localhost/LetItGo.mp3"];
12           //2.创建 AVPlayer 播放器
13           self.mplayer = [[MPMoviePlayerController alloc]
14           initWithContentURL:url];
15           //3.开始播放
16           [self.mplayer play];
17       }
18       //如果正在播放，则中止
19       else if (self.mplayer.playbackState ==MPMoviePlaybackStatePlaying) {
20           [self.mplayer pause];
21       }
22       else {          //如果播放器中止或停止，则继续播放
23           [self.mplayer play];
24       }
25   }
26   @end
```

例 4-1 实现了用 MPMoviePlayerController 播放在线音乐的功能。其中，第 2 行导入了头文件<MediaPlayer/MediaPlayer.h>，第 9~17 行创建播放器并开始播放。第 18~20 行判断播放状态，如果正在播放就暂停。第 22~24 行实现继续播放功能。值得注意的是，第 4 行定义了控制器的属性保存播放器，并且在创建播放器时直接赋值给了这个属性。

使用 MPMoviePlayerController 类可以获取下载进度，但是它只能播放，没法获得下载的音频数据。要在播放在线音频的同时得到下载的音频数据，可以使用一些第三方框架，如豆瓣提供的 DOUAudioStreamer 框架等。

4.2.5　实战演练——音乐播放器

音乐播放器在手持设备中非常常见，也是在现实生活中经常使用的一种应用程序。接下来，使用学过的 AVAudioPlayer 类实现一个音乐播放器的案例。这个音乐播放器运行以后的界面如图 4-2 所示。

播放器中间列出了所有可播放的音乐文件列表，当单击音乐文件时开始播放该音乐，再次单击同一音乐中止播放，第 3 次单击则继续播放。如果选择了别的音乐，则停止当前音乐，播放新的音乐。在播放器底部显示当前播放音乐的图片、名称、歌手名等信息。

为了帮助大家更好地学习如何开发音乐播放器，接下来，分步骤进行讲解，具体如下。

1. 创建工程，设计界面

（1）新建一个 Single View Application 应用，取名为"传智音乐播放器"。然后在 Main.storyboard 文件中，在 ViewController 的视图顶部添加一个 Label，用于显示标题"传智音乐播放器"；在视图底部添加一个 view，用来显示播放器的工具条；在视图中间添加一个 TableView 控件，用来显示可用于播放的音乐列表。

（2）在底部 view 中添加一个 Image View，用于显示正在播放的音乐图片；两个 Label，用于显示正在播放的音乐名称和歌手名。单击 ⓒ 图标，打开辅助编辑器，将 Table View 控件和这 3 个控件与 ViewController.m 文件关联，分别取名为 tableView、imgView、musicNameLabel 和 singerLabel，如图 4-3 所示。

（3）将准备好的系统图标添加到 Images.xcassets 里；在系统中新建分组，取名为"资源"，将准备好的资源文件（包括 MP3 音乐文件、音乐图片等）添加到"资源"分组中。

2. 自定义动态单元格

（1）由于本项目所使用的单元格样式与系统定义的不一样，所以需要自定义单元格样式。往 tableView 上添加动态单元格，往动态单元格上添加一个 UIView，用于显示左边的绿色竖条；添加一个 UIImageView，用于显示选中图标；添加两个 UILabel，分别用于显示歌曲名称和专辑名称。准备好的动态单元格界面如图 4-4 所示。

图 4-2 播放器界面

图 4-3 添加控件并与代码连线

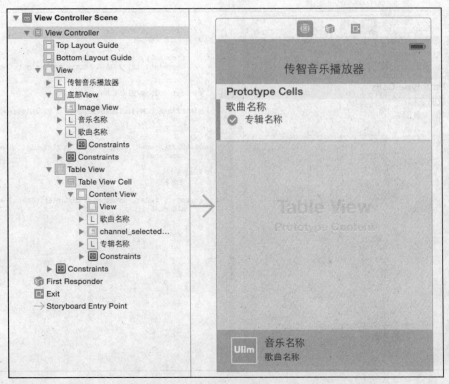

图 4-4 在 Table View 中添加动态单元格

（2）既然自定义了单元格的样式，就需要自定义一个单元格类来表示它。在项目中新建一个分组，取名为"cell"。打开"File"→"New"→"File…"，创建一个类继承自 UITableViewCell，取名为"CZMusicTableViewCell"，添加到"cell"分组中，如图 4-5 所示。

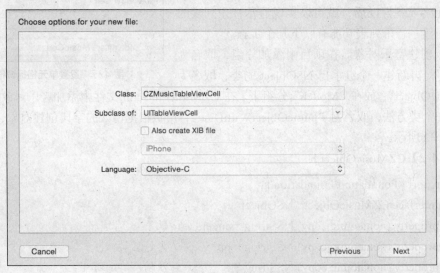

图 4-5 创建一个自定义单元格类

（3）在 Main.storyboard 文件中，选中 Table View Cell，单击 图标，将它的关联类名设置为 CZMusicTableViewCell。单击 图标，打开辅助编辑器，将歌曲名称和专辑名称两个 label 关联到 CZMusicTableViewCell.h 文件中，取名为 nameLabel 和 albumLabel，如图 4-6 所示。

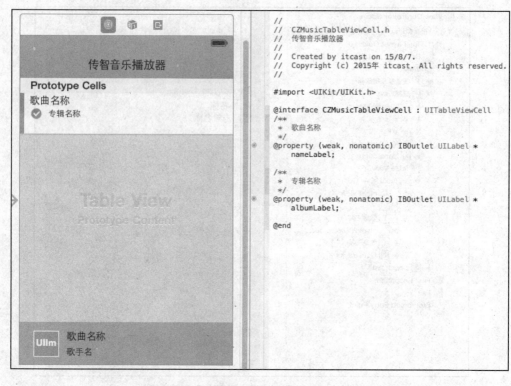

图 4-6　创建一个自定义单元格类

（4）在 Main.storyboard 文件中，选中 Table View Cell，在属性面板中设置它的"Identifier"标识符，设置为"MusicCell"，具体如图 4-7 所示。

3. 实现显示音乐列表功能

单元格准备好以后，就可以实现显示音乐列表的功能了。显示音乐列表功能有以下几个步骤。

（1）创建音乐对象。在项目中添加分组，取名为"Models"，再新建一个继承自 NSObject 的类，取名为

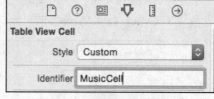

图 4-7　设置单元格标识符

"CZMusicObject"，放在"Models"分组下。在 CZMusicObject.h 文件中添加音乐对象的属性，并添加一个类方法，取名为"musicObjectWithDict:"，负责根据传入的字典创建对象，具体代码如例 4-2 所示。

【例 4-2】CZMusicObject.h

```
1  #import <Foundation/Foundation.h>
2  @interface CZMusicObject : NSObject
3  @property (nonatomic,copy) NSString *singer;      //歌手
4  @property (nonatomic,copy) NSString *mp3;         //文件名称
5  @property (nonatomic,copy) NSString *lrc;         //歌词
6  @property (nonatomic,copy) NSString *image;       //图片
7  @property (nonatomic,copy) NSString *name;        //歌曲名称
8  @property (nonatomic,copy) NSString *album;       //专辑名称
9  //根据字典创建音乐对象
```

```
10   + (instancetype)musicObjectWithDict:(NSDictionary *)dict;
11   @end
```

头文件中声明方法后,要在.m 文件中实现,代码如例 4-3 所示。

【例 4-3】CZMusicObject.m

```
27   #import "CZMusicObject.h"
28   @implementation CZMusicObject
29   //根据字典创建音乐对象
30   + (instancetype)musicObjectWithDict:(NSDictionary *)dict{
31       CZMusicObject *object = [[self alloc] init];
32       //用 KVC 机制给对象的属性赋值
33       [object setValuesForKeysWithDictionary:dict];
34       return object;
35   }
36   @end
```

如例 4-3 所示,在 musicObjectWithDict:方法中通过 KVC 机制给对象的所有属性自动赋值,省去了给每一个属性单独赋值的繁琐过程。但要注意的是,CZMusicObject 里的属性名必须和传入的字典对象的 key 值名称一模一样,才可以使用自动赋值的方法,如图 4-8 所示。

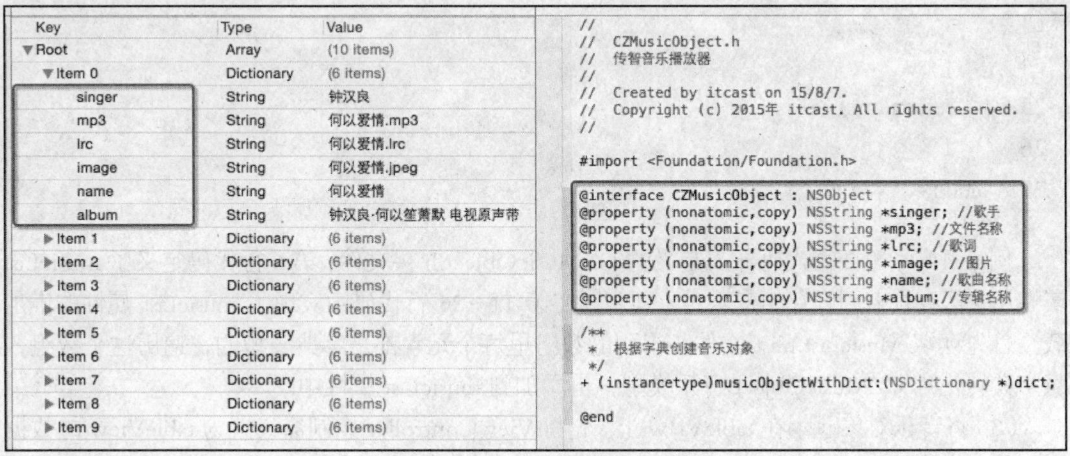

图 4-8 设置单元格标识符

如图 4-8 所示,左边是 MusicList.plist 数据文件中字典数据的所有 key 值,右边是 MusicObject 模型的所有属性值,通过对比可以发现,它们的个数和名称都是一样的。

(2)有了音乐模型后,下一步就是加载 plist 文件了。在 ViewController.m 文件中,将包含了音乐资源文件信息的 MusicList.plist 文件加载到内存中,代码如例 4-4 所示。

【例 4-4】ViewController.m

```
1   #import "ViewController.h"
2   #import "CZMusicObject.h"
3   @interface ViewController ()
```

```
4      @property (weak, nonatomic) IBOutlet UITableView *tableView;
5      //保存所有的音乐对象的列表
6      @property (nonatomic,strong) NSMutableArray *musicList;
7      @end
8      @implementation ViewController
9      //懒加载音乐文件列表
10     - (NSArray *)musicList{
11         if (!_musicList) {
12             NSString *path = [[NSBundle mainBundle]
13             pathForResource:@"MusicList.plist" ofType:nil];
14             //读出来是一个数组，里面存储的是一个个字典，需要将字典转换成音乐对象
15             NSArray *musicArray = [NSArray arrayWithContentsOfFile:path];
16             _musicList = [NSMutableArray array];
17             for (NSDictionary *dict in musicArray) {
18                 //将字典转换成音乐对象
19                 CZMusicObject *musicObject = [CZMusicObject
20                 musicObjectWithDict:dict];
21                 //将音乐对象添加到音乐列表中
22                 [_musicList addObject:musicObject];
23             }
24         }
25         return _musicList;
26     }
27     @end
```

例4-4中，第2行代码导入定义的CZMusicObject.h头文件，第6行代码定义了musicList属性用来保存加载到内存的音乐对象列表，在第11~26行代码中实现了musicList属性的懒加载，首先读取MusicList.plist文件，得到的数组里每个元素都是字典类型的，遍历这个数组，将字典转化为CZMusicObject音乐模型，再添加到musicList属性中。

（3）将音乐对象显示在tableView上。先将ViewController控制器设置为tableView的数据源和代理，再让ViewController遵守tableView的数据源和代理协议，然后实现数据源和代理方法，该功能的新增代码如例4-5所示。

【例4-5】ViewController.m文件的新增代码

```
1      #import "CZMusicTableViewCell.h"
2      @implementation ViewController
3      #pragma mark - tableview 的数据源方法
4      //返回有多少行数据
5      - (NSInteger)tableView:(UITableView *)tableView
6      numberOfRowsInSection:(NSInteger)section{
```

```
7        return self.musicList.count;
8    }
9    //返回每一行的单元格对象,并给单元格里的标签赋值
10   - (UITableViewCell *)tableView:(UITableView *)tableView
11   cellForRowAtIndexPath:(NSIndexPath *)indexPath
12   {
13       //1. 获得这一行对应的音乐对象
14       CZMusicObject *musicObject = self.musicList[indexPath.row];
15       //2. 根据单元格标识得到可复用的动态单元格
16       static NSString *ID = @"MusicCell";
17       CZMusicTableViewCell *cell = [tableView
18       dequeueReusableCellWithIdentifier:ID];
19       //3. 给单元格上的标签赋值
20       cell.nameLabel.text = musicObject.name;
21       cell.albumLabel.text = musicObject.album;
22       //4. 返回单元格
23       return cell;
24   }
25   @end
```

（4）实现播放功能。在单击音乐列表的某一项时，开始播放，再次单击中止播放，第 3 次单击则继续播放。如果用户选择了别的音乐，则停止播放当前音乐，开始播放新的音乐。这个功能的新增代码如例 4-6 所示。

【例 4-6】 ViewController.m 文件的新增代码

```
1    #import <AVFoundation/AVFoundation.h>
2    @interface ViewController () <UITableViewDataSource,UITableViewDelegate>
3    //播放器
4    @property (nonatomic,strong) AVAudioPlayer *player;
5    //当前播放的音乐序号
6    @property (nonatomic,assign) long currentMusicIndex;
7    //音乐图片
8    @property (weak, nonatomic) IBOutlet UIImageView *imgView;
9    //音乐名称
10   @property (weak, nonatomic) IBOutlet UILabel *musicNameLabel;
11   //歌手名称
12   @property (weak, nonatomic) IBOutlet UILabel *singerLabel;
13   @end
14   @implementation ViewController
15   #pragma mark - tableview 的代理方法
16   //选择每一行的时候,播放这个音乐对象对应的 URL 所在的文件
```

```objc
17  - (void)tableView:(UITableView *)tableView
18  didSelectRowAtIndexPath:(NSIndexPath *)indexPath
19  {
20      self.currentMusicIndex = indexPath.row;
21      CZMusicObject *musicObject = self.musicList[indexPath.row];
22      [self playMusic:musicObject];
23  }
24  //播放音乐
25  - (void)playMusic:(CZMusicObject *)musicObject{
26      //判断用户选择的曲目和正在播放的是否是同一首歌曲,如果是同一首,就进入判断
27      if ([self.player.url.lastPathComponent
28      isEqualToString:musicObject.mp3])
29      {
30          if (self.player.isPlaying) {   //如果播放器存在而且正在播放
31              [self.player pause];
32          }
33          else{
34              [self.player play];
35          }
36      }
37      else {              //如果不是同一首,则开始播放新的曲目
38          [self refreshUI];    //换歌时,要刷新界面底部 view,显示当前正在播放的音乐信息
39          NSURL *url = [[NSBundle mainBundle] URLForResource:musicObject.mp3
40          withExtension:nil];
41          self.player = [[AVAudioPlayer alloc] initWithContentsOfURL:url
42          error:nil];
43          [self.player prepareToPlay];
44          [self.player play];
45      }
46  }
47  //刷新界面底部 view,显示当前正在播放的音乐信息
48  - (void)refreshUI
49  {
50      //1.获得当前播放的音乐对象
51      CZMusicObject *musicObject = self.musicList[self.currentMusicIndex];
52      //2.设置音乐图片
53      self.imgView.image = [UIImage imageNamed:musicObject.image];
54      //添加圆角让它变成一个圆形
55      self.imgView.layer.cornerRadius = self.imgView.bounds.size.width / 2;
56      [self.imgView setClipsToBounds:YES];
```

```
57        //设置边框、颜色和宽度
58        self.imgView.layer.borderColor = [UIColor whiteColor].CGColor;
59        self.imgView.layer.borderWidth = 2.0f;
60        //3.设置歌曲名称
61        self.musicNameLabel.text = musicObject.name;
62        //4.设置歌手名
63        self.singerLabel.text = musicObject.singer;
64    }
65    - (void)viewDidLoad {
66        [super viewDidLoad];
67        //设置程序启动时播放第一首
68        self.currentMusicIndex = 0;
69        //刷新界面底部 view，显示第一首歌的信息
70        [self refreshUI];
71    }
72    @end
```

在例 4-6 中，第 25～46 行的代码首先判断用户单击的音乐与当前正在播放的音乐是否是同一首，如果是同一首，则再根据当前播放状态对音乐暂停播放或者继续播放。如果不是同一首，则开始播放新的音乐，并且刷新底部的界面，以显示新的音乐名称。

至此，音乐播放器项目已经完成，单击音乐就可以播放了。

4.3 相机和图库

在实际应用中，很多人都会自拍照片并分享给好友，或者扫描二维码实现支付或微信关注等，相应地，很多应用程序都需要具备摄影、摄像、选择照片等功能，这就需要操作系统摄像头和照片库，为此，iOS 系统提供了图片选择器（UIImagePickerController）类，接下来，围绕图片选择器的使用进行详细讲解。

4.3.1 使用 UIImagePickerController 操作摄像头和照片库

UIImagePickerController 是一个控制器类，能够管理操作系统摄像头和照片库的视图。其中，图片选择视图如图 4-9 左图所示，摄像头视图如图 4-9 右图所示。

UIImagePickerController 既能显示图片库，也能拍摄照片和视频，这些功能的改变通过设置它的属性实现。接下来通过一个列表列举它的常用属性，如表 4-7 所示。

在表 4-7 中，比较重要的是 sourceType 属性，该属性指定了要显示的视图类型。它的取值范围如下。

- UIImagePickerControllerSourceTypePhotoLibrary：显示图片库视图，这是默认值。
- UIImagePickerControllerSourceTypeCamera：显示摄像头视图，当要拍照或录制视频时使用。
- UIImagePickerControllerSourceTypeSavedPhotosAlbum：显示已存照片库。

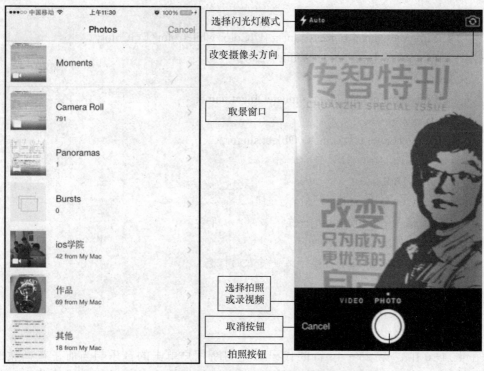

图 4-9 图片选择视图和摄像头视图

表 4-7 UIImagePickerController 类的常用属性

属性声明	功能描述
@property(nonatomic) UIImagePickerControllerSourceType sourceType	用于设置或获取控制器的源类型。包括图片库、照片库和摄像头等类型，默认是图片库类型
@property(nonatomic, copy) NSArray *mediaTypes	用于设置或获取控制器的媒体类型。包括图片和视频类型，默认是图片类型
@property(nonatomic) BOOL allowsEditing	用于设置或获取是否允许编辑图片或视频，默认是 NO
@property(nonatomic) UIImagePickerControllerCameraDevice cameraDevice	用于设置或获取使用的摄像头。包括前置摄像头和后置摄像头，默认是后置摄像头

还有一个重要的属性是 mediaTypes，用于设置图片库或者摄像头的媒体类型，是一个 NSArray 数组类型，可包含下列取值。

- kUTTypeImage：图片类型，是默认包含的类型。
- kUTTypeMovie：视频类型。

为了让初学者更好地掌握 UIImagePickerController 的使用，接下来分步骤进行演示，具体如下。

1. 创建 UIImagePickerController 控制器

可以给创建的图片选择器指定它的源类型，是图片库或是摄像头；如果不指定，则默认打开的是图片库。还可以设置媒体类型是图片还是视频，如果不指定，则默认只显示图片，不显示视频。示例代码如下：

```
//先定义一个属性保存图片选择控制器变量
@property (nonatomic,strong) UIImagePickerController *picker;
//创建控制器,直接赋值给这个属性
self.picker = [[UIImagePickerController alloc] init];
//手动指定打开摄像头
self.picker.sourceType = UIImagePickerControllerSourceTypeCamera;
```

2. 显示控制器

可使用 presentViewController 方法将图片选择器以 modal 的方式展示出来。示例代码如下:

```
[self presentViewController:pickImageVC animated:YES completion:nil];
```

3. 获取用户的操作结果

要获取用户操作的结果,需要使用它的代理。当用户选择图片、拍照、录视频的操作完成或者取消时,UIImagePickerController 会调用它的代理方法。它的代理必须遵守两个协议:UINavigationControllerDelegate 协议 和 UIImagePickerControllerDelegate 协议。其中,UIImagePickerControllerDelegate 协议主要规定了以下方法。

```
- (void)imagePickerController:(UIImagePickerController *)picker 
didFinishPickingMediaWithInfo:(NSDictionary *)info
```

该方法在用户选择完图片、拍完照片或者录制完视频后调用,示例代码如下:

```
- (void)imagePickerController:(UIImagePickerController *)picker
            didFinishPickingMediaWithInfo:(NSDictionary *)info
{
    UIImage *image = [info objectForKey:UIImagePickerControllerOriginalImage];
    [self.picker dismissViewControllerAnimated:YES completion:NULL];
}
```

从上述代码可看出,该方法的参数 info 里包含了用户选择的图片,或者拍摄的照片、视频,使用 UIImagePickerControllerOriginalImage 键值就可以获取这个图片对象。同时,还要使用 dismissViewControllerAnimated:completion:方法将图片选择器注销。

注意:

(1) UIImagePickerControllerDelegate 里定义的另一方法 imagePicker Controller: didFinishPickingImage: editingInfo:已经过时,不推荐使用。

(2) - (void)imagePickerControllerDidCancel:方法:当用户取消操作时调用,在这个方法中,同样要将图片选择器注销。

💣 **脚下留心:录制视频**

由于 mediaTypes 属性默认只单独包含图片类型,因此如果要录制视频,必须重新设置 mediaTypes 属性,让它包含 kUTTypeMovie 值,有以下两种方法。

(1) 直接使用 kUTTypeMovie 设置,示例代码如下:

```
myImagePickerController.mediaTypes =
    [[NSArray alloc] initWithObjects:(NSString *)kUTTypeMovie, nil];
```

需要注意的是,此时系统会报错,错误提示信息为"Use of undeclared identifier 'kUTType Movie'",表示程序不识别'kUTTypeMovie'值。要解决这个问题,只需要在程序的代码文件中引用<MobileCoreServices/MobileCoreServices.h>头文件,示例代码如下:

```
#import <MobileCoreServices/MobileCoreServices.h>
```

(2)使用 availableMediaTypesForSourceType 方法取得设备支持的所有媒体类型,然后赋值给 mediaTypes 属性,示例代码如下:

```
myImagePickerController.mediaTypes =
    [UIImagePickerController availableMediaTypesForSourceType:
    UIImagePickerControllerSourceTypeCamera];
```

4.3.2 实战演练——拍照和相片库

在实际开发中,经常需要使用相片库和使用摄像头拍照。接下来就通过一个案例演示如何从相片库中选择图片,以及如何使用摄像头拍照的功能,具体步骤如下所示。

1. 创建工程,设计界面

(1)新建一个 Single View Application 应用,在应用的 Main.storyboard 文件中,在 ViewController 的视图顶部添加一个 View,在 View 上添加两个按钮,一个显示文字"选择图片",另一个显示"拍照"。在视图的中间添加一个 Image View,用于显示图片。

(2)单击 ⊙ 图标,打开辅助编辑器,将 Image View 控件与 ViewController.m 文件关联,取名为 imageView。给两个按钮用拖曳的方式添加事件处理方法,分别取名为 pickImage:和 takePhoto:,如图 4-10 所示。

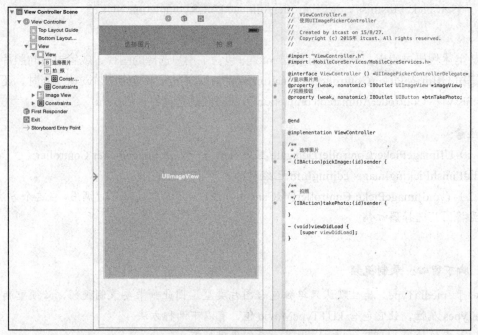

图 4-10 添加控件并与代码连线

2. 添加代码，实现选择图片功能

界面设计好以后，下一步就是实现功能，具体如下。

（1）定义图片选择器对象

在 ViewController.m 文件中添加属性，用于存储图片选择器对象，并在该属性的 get 方法中实现懒加载，代码如例 4-7 所示。

【例 4-7】ViewController.m 文件

```
1   #import "ViewController.h"
2   @interface ViewController ()
3   //显示图片用
4   @property (weak, nonatomic) IBOutlet UIImageView *imageView;
5   //拍照按钮
6   @property (weak, nonatomic) IBOutlet UIButton *btnTakePhoto;
7   //定义图像选择器
8   @property (nonatomic,strong) UIImagePickerController *picker;
9   @end
10  @implementation ViewController
11  //懒加载 picker 控件
12  - (UIImagePickerController *)picker{
13      if (_picker == nil) {
14          _picker = [[UIImagePickerController alloc] init];
15      }
16      return _picker;
17  }
18  @end
```

（2）判断设备是否支持摄像头

在视图启动时判断设备是否有摄像头，如果没有，则隐藏"拍照"按钮，实现代码如例 4-8 所示。

【例 4-8】ViewController.m 文件新增代码

```
1   @interface ViewController ()
2   - (void)viewDidLoad {
3       [super viewDidLoad];
4       //如果程序运行的设备不支持摄像头，则不显示"照相"按钮
5       if (![UIImagePickerController
6       isSourceTypeAvailable:UIImagePickerControllerSourceTypeCamera])
7       {
8           self.btnTakePhoto.hidden = YES;
9       }
10  }
11  @end
```

（3）为两个按钮添加事件处理方法

实现 pickImage 和 takePhoto 方法，给图像选择器设置打开的视图类型，在选择图片时设置为 UIImagePickerControllerSourceTypePhotoLibrary 类型，在拍照时设置为 UIImagePickerControllerSourceTypeCamera 类型。然后以 modal 的方式将图片选择器显示处理，如例 4-9 所示。

【例 4-9】ViewController.m 文件新增代码

```
1   @implementation ViewController
2   //选择图片
3   - (IBAction)pickImage:(id)sender {
4       self.picker.sourceType =
5               UIImagePickerControllerSourceTypePhotoLibrary;
6       [self presentViewController:self.picker animated:YES completion:NULL];
7   }
8   //拍照
9   - (IBAction)takePhoto:(id)sender {
10      self.picker.sourceType = UIImagePickerControllerSourceTypeCamera;
11      [self presentViewController:self.picker animated:YES completion:NULL];
12  }
13  @end
```

（4）添加代理，实现代理方法

让控制器遵守 UIImagePickerControllerDelegate 和 UINavigationControllerDelegate 协议；在按钮事件方法中，设置图片选择器的代理为 ViewController。然后实现协议规定的两个方法，如例 4-10 所示。

【例 4-10】ViewController.m 文件新增代码

```
1   @interface ViewController () <UIImagePickerControllerDelegate,
2   UINavigationControllerDelegate>
3   @implementation ViewController
4   //选择图片
5   - (IBAction)pickImage:(id)sender {
6       self.picker.sourceType =
7               UIImagePickerControllerSourceTypePhotoLibrary;
8       self.picker.delegate = self;
9       [self presentViewController:self.picker animated:YES completion:NULL];
10  }
11  //拍照
12  - (IBAction)takePhoto:(id)sender {
13      self.picker.sourceType = UIImagePickerControllerSourceTypeCamera;
14      self.picker.delegate = self;
15      [self presentViewController:self.picker animated:YES completion:NULL];
```

```
16    }
17    #pragma mark - 代理方法
18    //当用户选择完照片或者拍完照片时调用
19    - (void)imagePickerController:(UIImagePickerController *)picker
20    didFinishPickingMediaWithInfo:(NSDictionary *)info
21    {
22        //获取用户选择的图片或者拍完的照片
23        UIImage *image = [info
24        objectForKey:UIImagePickerControllerOriginalImage];
25        //如果是拍照,那么还要把拍出来的照片存到本地相册中
26        if (self.picker.sourceType ==
27        UIImagePickerControllerSourceTypeCamera)
28        {
29            UIImageWriteToSavedPhotosAlbum(image, self, nil, nil);
30        }
31        self.imageView.image = image;
32        [self.picker dismissViewControllerAnimated:YES completion:NULL];
33    }
34    //当用户取消操作时调用
35    - (void)imagePickerControllerDidCancel:
36    (UIImagePickerController *)picker
37    {
38        [self.picker dismissViewControllerAnimated:YES completion:NULL];
39    }
40    @end
```

需要注意的是,在 iOS 7 以后,应用程序第 1 次访问用户的相册和摄像头都需要征求用户的同意,取得访问权限以后才能使用,如图 4-11 所示。

图 4-11 访问相册和摄像头需要获得访问权限

4.4 使用 MPMoviePlayerController 播放视频

在实际应用中,除了听音乐、照相,人们还经常在手持设备上看电视和电影。这就需要程序提供视频播放的功能。MPMoviePlayerController 类是 iOS 提供的一个封装性强、功能强

大的视频播放类。它不仅自带播放视频的视图，还有一个播放控制栏，可以播放、暂停、拖动播放进度、结束播放、全屏播放等。它在全屏样式下的界面如图 4-12 所示。

图 4-12　播放器界面

MPMoviePlayerController 支持全屏播放、嵌入视图播放和无视图播放，这些播放样式是通过它的 controlStyle 属性设置的。接下来，通过一张表列举它的常用属性，如表 4-8 所示。

表 4-8　MPMoviePlayerController 类的常用属性

属性声明	功能描述
@property(nonatomic) MPMovieSourceType movieSourceType	用于设置或获取文件类型，是本地文件还是流媒体
@property(nonatomic, copy) NSURL *content URL	用于设置或获取播放内容的地址，如果在播放过程中改变了内容地址，则暂停当前内容，从头开始播放新内容
@property(nonatomic) MPMovieControlStyle controlStyle	用于设置或获取播放器样式，包括全屏、嵌入视图和无视图
@property(nonatomic) MPMovieScalingMode scalingMode	用于设置或获取视频播放的缩放模式

其中，controlStyle 属性用于获取或设置播放器的样式，它的取值范围包括以下几种。

- MPMovieControlStyleNone：不显示视图。
- MPMovieControlStyleEmbedded：播放器显示在一个嵌入的视图中。
- MPMovieControlStyleFullscreen：播放器全屏显示，这是默认样式。
- MPMovieControlStyleDefault：等于 MPMovieControlStyleFullscreen。

另一个重要属性是 scalingMode，用于获取或设置视频的缩放模式，它的取值包括以下几种。
- MPMovieScalingModeNone：不做缩放处理。
- MPMovieScalingModeAspectFit：保持宽高比，适应屏幕大小。
- MPMovieScalingModeAspectFill：保持宽高比，适应屏幕大小，让画面填充整个屏幕。
- MPMovieScalingModeFill：画面填满整个屏幕，不保持宽高比。

为了让初学者更好地掌握 MPMoviePlayerController 的使用，接下来对它的使用方法进行分步骤详细地介绍，步骤如下：

（1）导入头文件

由于 MPMoviePlayerController 包含在 MediaPlayer 框架中，所以要导入<MediaPlayer/MediaPlayer.h>头文件，示例代码如下：

```
#import <MediaPlayer/MediaPlayer.h>
```

（2）创建播放器

首先，定义一个属性保存播放器变量，以保证播放器不会被释放，示例代码如下：

```
@interface ViewController ()
@property (nonatomic,strong) MPMoviePlayerController *player;
@end
```

其次，使用 initWithContentURL 方法创建播放器，并赋值给这个属性。在创建播放器时需要传入一个 url 参数，指定要播放的视频的地址，示例代码如下：

```
//根据 URL 创建播放器
NSURL *url = [[NSBundle mainBundle]
URLForResource:@"Alizee_La_Isla_Bonita.mp4" withExtension:nil];
self.player = [[MPMoviePlayerController alloc] initWithContentURL:url];
```

（3）设置播放器的视图

首先，将播放器的 view 添加到视图控制器的视图树上并设置尺寸，示例代码如下：

```
[self.view addSubview:self.player.view];
self.player.view.frame = self.view.bounds;
```

其次，实现屏幕适配，让播放器的 view 随着设备屏幕的旋转而旋转，实现竖屏和横屏播放，示例代码如下：

```
[self.player.view setTranslatesAutoresizingMaskIntoConstraints:NO];
[self.view addConstraints:[NSLayoutConstraint
constraintsWithVisualFormat:@"H:|-0-[view]-0-|" options:0 metrics:nil
views:@{@"view":self.player.view}]];
[self.view addConstraints:[NSLayoutConstraint
constraintsWithVisualFormat:@"V:|-0-[view]-0-|" options:0 metrics:nil
views:@{@"view":self.player.view}]];
```

注意：

关于如何使用 autoResizing 实现屏幕适配，请大家参阅本书后面的"自动布局"章节。

（4）开始播放

播放器使用 play 方法播放，但是在播放之前会自动调用 prepareToPlay 方法进行准备，为了减小播放延迟，可在代码中先调用 prepareToPlay 方法，等准备好以后再调用 play 方法，示例代码如下：

```
[self.player prepareToPlay];
[self.player play];
```

此时，播放器就开始播放了。

（5）结束播放

当播放结束时，MPMoviePlayerController 会向系统发送通知，通知名为 MPMoviePlayerPlaybackDidFinishNotification，程序通过注册通知来响应播放结束事件。除此之外，其他播放事件也是通过发送通知的方式来通知程序的。

MPMoviePlayerController 的常用通知有以下几种。

- MPMoviePlayerScalingModeDidChangeNotification：当播放器的缩放模式改变时发送。
- MPMoviePlayerPlaybackDidFinishNotification：播放器播放完毕或终止时发送。
- MPMoviePlayerPlaybackStateDidChangeNotification：播放器状态发生变化（通过单击界面按钮或者通过编程改变）时发送。
- MPMoviePlayerLoadStateDidChangeNotification：当播放器的加载状态发生改变时调用。
- MPMoviePlayerNowPlayingMovieDidChangeNotification：当播放器的内容发生改变时发送。
- MPMovieDurationAvailableNotification：当播放内容的总时长已确定时发送。
- MPMoviePlayerDidEnterFullscreenNotification：当播放器进入全屏模式时发送。

📖 **多学一招：使用 MPMoviePlayerController 播放在线视频**

使用 MPMoviePlayerController 播放在线视频与播放本地视频的方法和步骤都是一样的，只需要在创建播放器时传入包含网络地址的 URL 即可，示例代码如下：

```
NSURL *url = [NSURL
        URLWithString:@"http://127.0.0.1/Alizee_La_Isla_Bonita.mp4"];
self.player = [[MPMoviePlayerController alloc] initWithContentURL:url];
```

📖 **多学一招：MPMoviePlayerController 与 MPMoviePlayerViewController 的区别**

MPMoviePlayerViewController 也可以用于播放视频，也管理了一个视图。从名称上可以看出，它与 MPMoviePlayerController 非常相似。两者的区别主要在于：

- MPMoviePlayerViewController 继承自 UIViewController，可以用在视图控制器能使用的所有场合。如可以作为导航控制器或者标签控制器的子控制器使用；
- MPMoviePlayerController 继承自 NSObject，只能作为控件使用。

4.5 扫描二维码

二维码在 App 中的使用越来越广泛,如支付软件用二维码确定支付信息,社交软件用二维码添加联系人,下载页面用二维码链接到 App Store 下载链接等。二维码能存储汉字、数字、字母和图片等信息,因此二维码的应用领域很广泛。

二维码(2-dimensional bar code)是用某种特定的几何图形按一定规律在平面(二维方向上)分布的黑白相间的图形记录数据符号信息的技术。在代码编制上巧妙地利用构成计算机内部逻辑基础的"0""1"比特流的概念,使用若干个与二进制相对应的几何形体来表示文字数值信息,通过图像输入设备或光电扫描设备自动识读以实现信息自动处理。

常用的二维码是 QR 码(QR Code),是一种矩阵二维码符号码。它的示例和结构如图 4-13 所示。

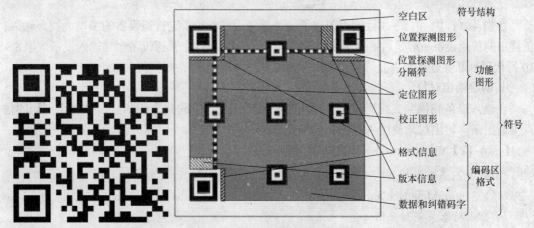

图 4-13 QR 码示例和结构

扫描二维码已成为实际开发中的常用功能,接下来就围绕如何扫描二维码进行详细的分步骤介绍,具体如下。

1. 导入头文件

由于扫描二维码的相关类都包含在 AVFoundation 框架中,所以要导入<AVFoundation/AVFoundation.h>头文件,具体代码如下:

```
#import <AVFoundation/AVFoundation.h>
```

2. 创建会话

由于 iOS 系统用一个会话对象管理扫描过程,所以在扫描时第 1 步是创建会话对象。会话使用 AVCaptureSession 类。创建会话之前首先要定义一个属性保存会话对象,代码如下:

```
@property (nonatomic,strong) AVCaptureSession *session;
```

然后创建会话对象,并赋值给这个属性,代码如下:

```
self.session = [[AVCaptureSession alloc] init];
```

3. 创建输入设备

要扫描二维码,必须用到摄像头,也就是输入设备。输入设备要关联到会话,指定扫描会话所使用的输入设备。输入设备用 AVCaptureDeviceInput 类表示，具体代码如例 4-11 所示。

【例 4-11】 ViewController.m 文件中创建输入对象

```
1   //创建一个普通设备
2   AVCaptureDevice *device = [AVCaptureDevice
3                   defaultDeviceWithMediaType:AVMediaTypeVideo];
4   //根据普通设备创建一个输入设备
5   AVCaptureDeviceInput *input = [AVCaptureDeviceInput
6                   deviceInputWithDevice:device error:nil];
7   //将输入设备关联到会话
8   if ([self.session canAddInput:input]) {
9       [self.session addInput:input];
10  }
```

在例 4-11 中，第 2~3 行代码创建了一个普通设备，并指定普通设备的类型为视频输入，创建出的普通设备一般是后置摄像头。第 5~6 行代码根据这个普通设备创建输入设备。第 8~10 行代码判断该输入设备是否能成功关联到会话，如果可以，则执行关联。

4. 创建输出对象

在输入设备扫描到二维码以后，输出对象负责识别二维码包含的信息，并将识别到的信息传递出来。输出对象使用 AVCaptureMetadataOutput 类表示。示例代码如例 4-12 所示。

【例 4-12】 ViewController.m 文件中创建输出对象

```
1   //创建一个输出对象
2   AVCaptureMetadataOutput *output = [[AVCaptureMetadataOutput alloc] init];
3   //输出对象关联到会话
4   if ([self.session canAddOutput:output]) {
5       [self.session addOutput:output];
6   }
7   //设置元数据类型,是 QR 二维码
8   output.metadataObjectTypes = @[AVMetadataObjectTypeQRCode];
9   //设置代理，得到解析结果
10  [output setMetadataObjectsDelegate:self queue:dispatch_get_main_queue()];
```

例 4-12 的代码中，第 2 行代码创建了输出对象，第 4~6 行代码判断该输出对象是否可以关联到会话，如何可以，就执行关联。第 8 行代码设置输出对象的元数据类型为 AVMetadataObjectTypeQRCode，也就是二维码类型。第 10 行代码设置输出对象的代理，以后由代理来处理输出对象识别到的信息。

5. 创建显示扫描的层

在摄像头扫描时，需要创建一个特殊的 CALayer 来显示摄像头拍摄到的视频内容，这个类是 CALayer 的子类，叫做 AVCaptureVideoPreviewLayer。要创建这个 AVCaptureVideoPreviewLayer 对象，首先要定义一个属性保存它，示例代码如下。

```
@property (nonatomic,strong) AVCaptureVideoPreviewLayer *preLayer;
```

然后创建这个层对象，并赋值给该属性，示例代码如例 4-13 所示。

【例 4-13】 ViewController.m 文件中创建显示扫描的层

```
1   //创建一个特殊的层
2   self.preLayer = [[AVCaptureVideoPreviewLayer alloc]
3                                initWithSession:self.session];
4   //设置尺寸并添加到视图树
5   self.preLayer.frame = self.view.bounds;
6   [self.view.layer addSublayer:self.preLayer];
```

在例 4-13 的代码中，第 2~3 行代码创建了一个层对象，第 5 行代码设置层的尺寸与控制器视图的尺寸相同，第 6 行将扫描层添加到控制器的视图树中。

6. 开启会话

到这一步，会话已经准备好了，使用会话对象的 startRunning 方法开启会话，则摄像头被打开，扫描开始。具体代码如下：

```
[self.session startRunning];
```

7. 获取二维码信息

识别到的二维码信息由输出对象交给代理对象处理。AVCaptureMetadataOutput 类规定一个协议，叫做 AVCaptureMetadataOutputObjectsDelegate，该协议只有一个方法，该方法的参数 metadataObjects 里就包含了识别到的二维码信息。该方法定义如下：

```
- (void)captureOutput:(AVCaptureOutput *)captureOutput
didOutputMetadataObjects:(NSArray *)metadataObjects
fromConnection:(AVCaptureConnection *)connection
```

在创建输出对象时已将控制器设置为输出对象的代理。控制器要成为它的代理，首先必须遵守 AVCaptureMetadataOutputObjectsDelegate 协议，示例代码如下：

```
@interface ViewController ()<AVCaptureMetadataOutputObjectsDelegate>
```

然后要实现代理方法，示例代码如例 4-14 所示。

【例 4-14】 ViewController.m 文件中实现代理方法

```
1   - (void)captureOutput:(AVCaptureOutput *)captureOutput
2   didOutputMetadataObjects:(NSArray *)metadataObjects
3   fromConnection:(AVCaptureConnection *)connection
4   {
5       //停止会话
6       [self.session stopRunning];
7       //移除显示扫描层
8       [self.preLayer removeFromSuperlayer];
9       if (metadataObjects.count > 0){
10          AVMetadataMachineReadableCodeObject *object = [metadataObjects
11                                              firstObject];
```

```
12        NSLog(@"%@",object.stringValue);
13    }
14 }
```

在例 4-14 所示的代理方法中，第 6 行代码停止会话，即停止扫描。第 8 行代码将创建的显示扫描的层从控制器的视图树上移除。第 9～13 行代码首先判断 metadataObjects 中是否有对象，如果有则取出该对象，并将对象的 stringValue 字符串值打印到控制器。

编写完代码，执行程序，就可以在控制台打印出识别到的二维码信息了。扫描图 4-14 中左边的二维码，如果控制台打印出"传智播客 iOS"的文字，说明程序成功地识别到这个二维码表示的文字信息。

4.6 传感器、陀螺仪、加速计

iOS 设备，特别是苹果手机有很多智能功能，如一关灯，屏幕会自动降低亮度，或者在地图应用中，它能判断手机头朝向的方向，或旋转 iPhone 时，它能将程序界面自动调整为竖屏或横屏显示等。这些智能功能，都是通过 iOS 设备内部的一系列传感器配合系统完成的。接下来，围绕 iOS 设备的传感器进行详细介绍。

4.6.1 传感器介绍

iOS 设备的传感器是一种感应和检测装置，用于感应和检测设备周边的信息。不同类型的传感器，检测的信息也不一样。iOS 设备不同，集成的传感器也有所不同。接下来以 iPhone 6 为例，列举它所集成的常用传感器。

（1）距离传感器（Proximity Sensor）：用于检测是否有其他物体靠近 iOS 设备屏幕，典型应用场景是当手机靠近耳朵打电话时会自动锁屏。

（2）环境光传感器（Ambient Light Sensor）：检测周围环境光线的强弱，典型应用是自动调节屏幕亮度，在周围光线减弱时键盘自动开启背景光，以及拍照时摄像头的闪光灯自动开启功能。

（3）运动/加速度传感器（Motion/Accelerometer Sensor）：用于感应设备在 x 轴、y 轴、z 轴三个方向上的加速度。典型应用是"摇一摇"功能和计步器。

（4）磁力计传感器（Magnetometer Sensor）：用于感应地球磁场，获得方向信息，使位置服务数据更精准。典型应用是指南针。

（5）湿度传感器（Moisture Sensor）：是一个简单的物理传感器，实际就是一张遇水变红的试纸。用于判断设备是否进水（设备进水不在保修范围内）。

（6）陀螺仪（Gyroscope）：用于检测设备在 x 轴、y 轴、z 轴三个轴所旋转的角速度，计算得出设备当前的姿态。典型应用场景是赛车类游戏的方向盘操控。

（7）气压计（Barometer）：是 iPhone 6 的新增传感器，用于感应气压压强数值，典型应用场景是健康程序里的爬楼梯数据。

可以看出，iOS 设备内集成的传感器类型很多，但并不是每一个传感器都会在开发中用到。接下来，对实际开发中常用的距离传感器、陀螺仪和加速计进行详细介绍。

4.6.2 距离传感器

距离传感器用于检测是否有其他物体靠近 iOS 设备屏幕，当物体靠近会自动锁定屏幕，当物体离开则屏幕自动解锁。iPhone 设备在打电话时会自动开启距离传感器，其他时间都是默认关闭的。距离传感器使用 UIDevice 类进行管理。UIDevice 类中与距离传感器相关的属性如表 4-9 所示。

表 4-9 距离传感器的相关属性

属性声明	功能描述
@property(nonatomic,getter=isProximityMonitoringEnabled) BOOL proximityMonitoringEnabled	用于获取或设置是否启用距离传感器，默认是 NO，即不启用
@property(nonatomic,readonly) BOOL proximityState	用于获取是否有物体靠近手持设备，YES 是有，NO 是没有

为了让初学者更好地学习如何使用距离传感器，接下来对距离传感器的使用分步骤进行讲解，具体如下。

1. 启用距离传感器

为了节省电量，距离传感器默认是关闭状态，在使用之前要先启用距离传感器。启用方法是设置 UIDevice 的 proximityMonitoringEnabled 属性为 YES，示例代码如下：

```
[UIDevice currentDevice].proximityMonitoringEnabled = YES;
```

2. 注册通知

当距离传感器的状态改变时，UIDeviceProximityStateDidChangeNotification 通知会发送到系统的通知中心。如果要观察距离传感器的状态改变，需要监听这个通知，并指定收到通知时的响应方法，示例代码如下：

```
[[NSNotificationCenter defaultCenter] addObserver:self
selector:@selector(proximityStateChange)
name:UIDeviceProximityStateDidChangeNotification object:nil];
```

上述代码指定了使用 proximityStateChange 方法对通知进行响应。

3. 实现通知响应方法

当收到通知后，需要实现通知响应方法，在该方法中，使用 proximityState 属性值对是否有物体靠近进行判断，并根据实际业务做相应处理，示例代码如下：

```
- (void)proximityStateChange{
    if ([[UIDevice currentDevice] proximityState]) {
        NSLog(@"靠近了…");
    } else{
        NSLog(@"离开了…");
    }
}
```

4.6.3 陀螺仪介绍

陀螺仪用来检测设备沿 x 轴、y 轴、z 轴三个轴为中线所旋转时的角速度，它能够让设备对于自身当前的动作和姿态有准确的了解。

将 iOS 设备正面向上平放在一个水平平面上，从左至右为 x 轴，从下至上为 y 轴，与水平面垂直向上的为 z 轴，如图 4-14 所示。

陀螺仪沿着 3 个轴顺时针旋转的角速度为正，逆时针旋转的角速度为负。旋转的角度如图 4-15 所示。

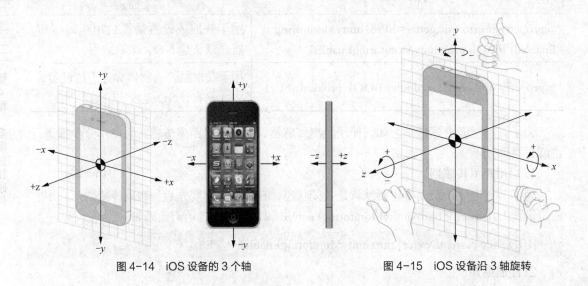

图 4-14　iOS 设备的 3 个轴　　　　图 4-15　iOS 设备沿 3 轴旋转

将 iOS 设备正面向上平放在一个水平平面上，抬起设备的左边缘或右边缘，使得设备沿着 y 轴为中心线做旋转，这叫做 roll（横倾）。如果抬起设备的上边缘或下边缘，让设备沿着 x 轴为中心线做旋转，则叫做 pitch（纵倾）。如果将设备水平在平面上沿着垂直于水平面的 z 轴为中心线做旋转，则叫做 yaw（横摆）。陀螺仪通过对这个 3 个轴角速度的检测，可以计算出设备当前的姿态。

iOS 专门包装了一个与运动相关的框架 CoreMotion.framework，对陀螺仪的管理类就包含在这个框架中。CoreMotion 框架提供了两种获取数据的方式，push 方式和 pull 方式，它们的区别如下。

（1）push 方式：实时采集所有数据，采集频率高。

（2）pull 方式：在有需要的时候，再主动去采集数据。

为了让初学者全面地了解使用陀螺计的两种方式，接下来，针对这两种获取数据的方式进行分步骤介绍。在后几个步骤中，这两种方式的使用方式不一样，将进行分别说明，具体如下。

1．导入头文件

由于陀螺仪使用类包含在 Core Motion 框架中，所以要导入<CoreMotion/CoreMotion.h>头文件。示例代码如下：

```
#import <CoreMotion/CoreMotion.h>
```

2．创建运动管理者对象

CoreMotion 框架使用运动管理者对象（CMMotionManager）来管理所有的运动，所以在使用陀螺仪时，首先要定义一个属性存储运动管理者对象 cmg，示例代码如下：

```
@property (nonatomic,strong) CMMotionManager *cmg;
```

然后创建运动管理者对象，并赋值给这个 cmg 属性，代码如下：

```
self.cmg = [[CMMotionManager alloc] init];
```

3．判断陀螺仪是否可用

由于有些设备没有陀螺仪或者陀螺仪可能被损坏，所以在使用陀螺仪之前，要先判断设备的陀螺仪是否可用，示例代码如下：

```
if (!self.cmg.isGyroAvailable){
    return;
}
```

上述代码使用运动管理者对象的 isGyroAvailable 属性判断陀螺仪是否可用，如果不可用，则程序不再向下执行。由于获取数据的两种方式不同，因此，在接下来的步骤中，我们分别针对 push 方式和 pull 方式这两种方式进行讲解，具体如下。

➢ push 方式

（1）设置采样频率

push 方式下的第 4 步是设置采样频率，就是陀螺仪按什么频率采集数据，使用运动管理者对象的 gyroUpdateInterval 属性进行设置，单位是 s，示例代码如下：

```
self.cmg.gyroUpdateInterval= 1.0;
```

（2）开始采样

设置完采样频率，就可以开始采样，获得陀螺仪旋转的角速度数据了。开始采样的示例代码如例 4-15 所示。

【例 4-15】 开始采样的代码

```
1    [self.cmg startGyroUpdatesToQueue:[NSOperationQueue mainQueue]
2                 withHandler:^(CMGyroData *gyroData, NSError *error) {
3        CMRotationRate rate = gyroData.rotationRate;
4        double rotationX = rate.x;   // x 轴上的角速度
5        double rotationY = rate.y;   // y 轴上的角速度
6        double rotationZ = rate.z;   // z 轴上的角速度
7        NSLog(@"x:%f y:%f z:%f", rotationX, rotationY, rotationZ);
8    }];
```

如上面代码所示，开始采样使用的是运动管理者对象的 startGyroUpdatesToQueue 方法，该方法有一个 block 类型的参数，在这个 block 里可以得到采样数据，并进行相应的处理。代码的第 3~6 行取得陀螺仪在 3 轴方向上的角速度，第 7 行代码将 3 个角速度打印到控制台。

➢ pull 方式

（1）开始采样

pull 方式下使用的开始采样方法与 push 方式下不同，它使用的是无参数的 startAccelerometerUpdates 方法，代码如下：

```
[self.cmg startAccelerometerUpdates];
```

（2）获取采样数据

pull 方式不会主动发送采样数据，只能在需要的时候去获取。以下示例代码在用户单击屏幕的时候获取采样数据并打印到控制台，代码如下：

```
- (void)touchesBegan:(NSSet *)touches withEvent:(UIEvent *)event{
    //主动获取陀螺仪的角加速度数据
    CMRotationRate rate = self.cmg.gyroData.rotationRate;
    NSLog(@"x:%f y:%f z:%f",rate.x,rate.y,rate.z);
}
```

注意：
由于模拟器不能模仿陀螺仪的行为，所以必须使用真机来验证陀螺仪的使用方法。

4.6.4 加速计

加速计用于检测设备在 x 轴、y 轴、z 轴（三轴）的运动和加速度，它的经典应用场景包括"摇一摇"和计步器。加速计的原理是检测设备在 x 轴、y 轴、z 轴上的加速度，判断哪个方向有力的作用，哪个方向有运动。根据加速度数值，就可以判断出在各个方向上的作用力度。

加速计中三轴的方向及定义与陀螺仪中的三轴定义相同。由于地球重力加速度的影响，当 iPhone 正向竖立时，它在 y 轴方向感受到重力加速度，当 iPhone 横向持握时，它在 x 轴方向感受到重力；当 iPhone 平放于水平面时，它在 z 轴方向上感受到重力加速度。图 4-16 列出了 iPhone 设备在各种放置方式下的理想化加速度值。

加速计的管理与陀螺仪一样，也包含在 Core Motion 框架中，有 push 和 pull 两种获取数据的方式。为了让初学者全面地了解使用加速计的两种方式，接下来，针对这两种获取数

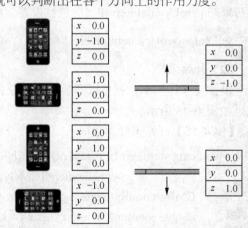

图 4-16　iPhone 设备各种放置方向的理想化加速度值

据的方式进行分步骤介绍。在后几个步骤，这两种方式的使用方式不一样，将进行分别说明。具体如下：

1. 导入头文件

由于加速计使用类包含在 Core Motion 框架中，所以要导入 <CoreMotion/CoreMotion.h> 头文件，示例代码如下：

```
#import <CoreMotion/CoreMotion.h>
```

2. 创建运动管理者对象

CoreMotion 框架使用运动管理者对象（CMMotionManager）来管理所有的运动，所以在使用加速计时，首先要定义一个属性存储运动管理者对象 cmg，示例代码如下：

```
@property (nonatomic,strong) CMMotionManager *cmg;
```

然后创建运动管理者对象，并赋值给这个 cmg 属性，代码如下：

```
self.cmg = [[CMMotionManager alloc] init];
```

3. 判断加速计是否可用

由于有些设备没有加速计或者加速计可能被损坏，所以在使用加速计之前，要先判断设备的加速计是否可用，示例代码如下：

```
if (!self.cmg.isAccelerometerAvailable){
    return;
}
```

上述代码使用运动管理者对象的 isAccelerometerAvailable 属性判断加速计是否可用，如果不可用，则程序不再向下执行。接下来的步骤，将针对 push 方式和 pull 方式两种不同的方式，分别进行讲解，具体如下。

➢ push 方式

（1）设置采样频率

push 方式下设置采样频率，就是加速计按什么频率采集加速数据，使用运动管理者对象的 accelerometerUpdateInterval 属性进行设置，单位是 s，示例代码如下：

```
self.cmg.accelerometerUpdateInterval = 1.0;
```

（2）开始采样

设置完采样频率，就可以开始采样了。开始采样的示例代码如例 4-16 所示。

【例 4-16】开始采样的代码

```
1  [self.cmg startAccelerometerUpdatesToQueue:[NSOperationQueue mainQueue]
2  withHandler:^(CMAccelerometerData *accelerometerData, NSError *error) {
3      if (error){
4          return;
5      }
6      CMAcceleration accelaration = accelerometerData.acceleration;
7      NSLog(@"x:%f y:%f z:%f",accelaration.x,accelaration.y,accelaration.z);
8  }];
```

如上面代码所示，开始采样使用的是运动管理者对象的 startAccelerometerUpdatesToQueue 方法，该方法有一个 block 类型的参数，在这个 block 里可以得到采样数据，并进行相应的处理。代码的第 3～5 行判断采样时是否出错，如果出错则不再向下执行，第 6 行获取到采样数据，第 7 行将加速计在 3 个方向上的加速数据打印到控制台。

➢ pull 方式

（1）开始采样

pull 方式下使用的开始采样方法与 push 方式下不同，它使用的是无参数的 startAccelerometer Updates 方法，代码如下：

```
[self.cmg startAccelerometerUpdates];
```

（2）获取采样数据

pull 方式不会主动发送采样数据，只能在需要的时候去获取。以下示例代码在用户单击屏幕的时候获取采样数据并打印到控制台，具体如下：

```
- (void)touchesBegan:(NSSet *)touches withEvent:(UIEvent *)event
{
    CMAcceleration acceleration = self.cmg.accelerometerData.acceleration;
    NSLog(@"x:%f y:%f z:%f",acceleration.x,acceleration.y,acceleration.z);
}
```

注意：

由于模拟器不能模仿加速计的行为，所以对加速计方法的验证必须使用真机才能进行。

多学一招："摇一摇"

实际应用中，"摇一摇"的使用场景比较常见。在开发中，"摇一摇"功能是基于加速计实现的。实现"摇一摇"功能有两种方法，一种是通过分析加速计数据来判断是否进行了"摇一摇"操作，实现起来比较复杂；另一种是使用 iOS 自带的摇动监控 API，这种方法使用简单。实际应用中使用后一种方法即可。

iOS 自带的摇动监控 API 提供了 3 种方法，实现这 3 种方法就可以实现"摇一摇"功能。而这 3 种方法定义在 UIResponder 类里，视图控制器继承自 UIResponder，因此只需要在视图控制器里实现这 3 种方法就可以实现"摇一摇"功能了，这 3 种方法示例如下。

（1）motionBegan 方法，在开始摇晃时调用，示例代码如下：

```
- (void)motionBegan:(UIEventSubtype)motion withEvent:(UIEvent *)event
{
    NSLog(@"摇晃开始…");
}
```

（2）motionEnded 方法，在摇晃结束时调用，示例代码如下：

```
- (void)motionEnded:(UIEventSubtype)motion withEvent:(UIEvent *)event
{
    NSLog(@"摇晃结束…");
}
```

（3）motionCancelled 方法，当摇晃被取消时调用。一般情况下，如果摇晃过程中有电话呼入，摇晃会被取消；如果摇晃持续时间过长，则开始的摇晃事件会被取消，然后产生新的摇晃事件，示例代码如下：

```
- (void)motionCancelled:(UIEventSubtype)motion withEvent:(UIEvent *)event
{
    NSLog(@"摇晃取消…");
}
```

需要注意的是，"摇一摇"操作不一定要用真机实现，用 iOS 模拟器也可以模拟。用模拟器模拟"摇一摇"操作，只需要在模拟器菜单中单击"Hardware"，选择第 4 项"Shake Gesture"即可，如图 4-17 所示。

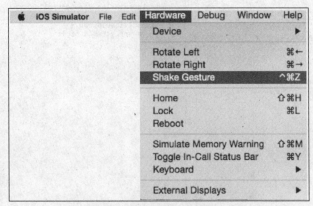

图 4-17　用模拟器模拟"摇一摇"操作

4.6.5　实战演练——计步器

iOS 设备自带的 App "健康"上可以看到用户每天行走的步数，这个计步器的功能也是基于加速计实现的。iOS 7 推出了专门的 CMStepCounter 类实现计步器功能。接下来，通过一个案例来介绍如何使用 CMStepCounter 类实现计步器功能，具体步骤如下。

1. 创建工程，设计界面

（1）新建一个 Single View Application 应用，取名为"计步器"。在应用的 Main.storyboard 文件中，在 ViewController 的视图上添加 3 个 Label 控件，一个用于显示文字"您今天一共走了"，一个用于显示步数，默认文字为"0"，第 3 个用于显示文字"步"。

（2）单击 ⓞ 图标，打开辅助编辑器，然后将用于显示步数的 Label 控件用拖曳的方式与 ViewController.m 文件关联，取名为 stepLabel，如图 4-18 所示。

2. 实现计步功能

界面准备好以后，就可以实现计步功能了，实现代码如例 4-17 所示。实现计步功能包含以下几个步骤。

（1）导入<CoreMotion/CoreMotion.h>头文件，如例 4-17 第 2 行代码所示。

（2）使用 CMStepCounter 类的 isStepCountingAvailable 属性判断设备的计步器功能是否可用，如果不可用，则直接返回，不再执行后续代码，如例 4-17 第 10~13 行代码所示。

（3）创建计步器对象 stepCounter，如例 4-17 第 15 行代码所示。

（4）开始计步，使用 stepCounter 对象的 startStepCountingUpdatesToQueue 方法开始计步。该方法定义如下：

```
- (void)startStepCountingUpdatesToQueue:(NSOperationQueue *)queue
updateOn:(NSInteger)stepCounts
withHandler:(CMStepUpdateHandler)handler
```

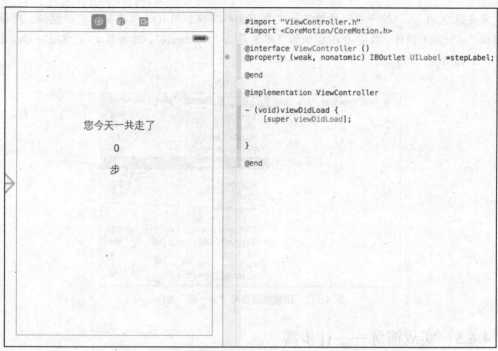

图 4-18 添加控件并与代码连线

从定义中看出，该方法有 3 个参数，分别如下。
① queue：指定计步器执行的线程。
② stepCounts：指定每走多少步执行一次 handler 参数里的方法。
③ handler：指定获取到步数后要执行的方法。

【例 4-17】ViewController.m 文件代码

```
1   #import "ViewController.h"
2   #import <CoreMotion/CoreMotion.h>
3   @interface ViewController ()
4   @property (weak, nonatomic) IBOutlet UILabel *stepLabel;
5   @end
6   @implementation ViewController
7   - (void)viewDidLoad {
8       [super viewDidLoad];
9       // 1.判断计步器是否可用
10      if (![CMStepCounter isStepCountingAvailable]) {
11          NSLog(@"计步器不可用");
12          return;
13      }
14      // 2.创建 CMStepCounter 计步器对象
15      CMStepCounter *stepCounter = [[CMStepCounter alloc] init];
16      // 3.开始计步
17      // updateOn 参数表示走多少步执行一次 block
```

```
18    [stepCounter startStepCountingUpdatesToQueue:
19    [NSOperationQueue mainQueue] updateOn:5
20    withHandler:^(NSInteger numberOfSteps, NSDate *timestamp,
21    NSError *error)
22    {
23        self.stepLabel.text = [NSString
24        stringWithFormat:@"%ld",numberOfSteps];
25    }];
26    }
27    @end
```

在例 4-17 中，在第 18～25 行代码中开始计步，并将获取到的步数显示在界面上。

注意：

CMStepCounter 类在 iOS 8 已经不推荐使用，但是由于目前的开发要同时适配 iOS 7 和 iOS 8，所以有必要学习 CMStepCounter 类。在 iOS 8 中推荐使用 CMPedometer 类，该类的使用方法与 CMStepCounter 十分相似，可将本例介绍的 CMStepCounter 类的使用方法稍加改动来使用 CMPedometer 类。

4.7 蓝牙

在 iOS 设备中蓝牙的使用由来已久，包括蓝牙耳机、蓝牙鼠标、蓝牙键盘、蓝牙音箱等。随着蓝牙技术的发展，它在智能家居、运动手环、嵌入式设备（金融刷卡器、心电测量器）等领域的应用更是普遍。

Core Bluetooth 框架是 iOS 系统内专门用来支持蓝牙技术的框架，是时下热门的技术，可用于与第三方蓝牙设备的交互（前提是第三方设备必须支持蓝牙 4.0）。

蓝牙是一种无线技术标准，可实现固定设备、移动设备和楼宇个人域网之间的短距离数据交换。蓝牙 4.0 是最新蓝牙版本，也叫 BLE（Bluetooth Low Energy），较之前版本具有更省电、成本低、3 毫秒低延迟、超长有效连接距离、AES-128 加密等特点，因此应用广泛。

每个蓝牙 4.0 设备都是通过服务（Service）和特征（Characteristic）来展示自己的。一个设备必然包含一个或多个服务，每个服务下面又包含若干个特征，它们的结构如图 4-19 所示。

设备是通过特征与外界互相传达消息的。例如，一台蓝牙 4.0 设备，用特征 A 来描述自己的出厂信息，用特征 B 来收发数据。服务和特征都是用 UUID 来唯一标识的，通过 UUID 就能区别不同的服务和特征。设备里的各个服务和特征的功能，都由蓝牙设备硬件厂商提供，如哪些是用来交互（读写），哪些可获取模块信息（只读）等。

Core Bluetooth 框架提供了中心设备和外围设备管理蓝牙连接的相关类，如图 4-20 所示。在 iOS 开发中使用的都是中心设备相关类，也就是图中左边列的类。

为了让初学者更好地学习如何使用 Core Bluetooth 框架使用蓝牙技术，接下来分步骤进行详细介绍，具体如下。

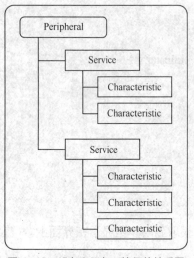

图 4-19 设备和服务、特征的关系图

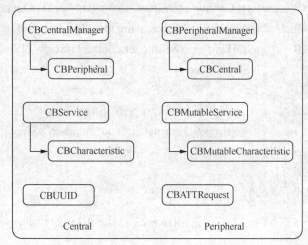

图 4-20 Core Bluetooth 框架的相关类

1. 导入框架

在使用 Core Bluetooth 框架之前，首先要导入该框架，示例代码如下：

```
#import <CoreBluetooth/CoreBluetooth.h>
```

2. 创建中心设备管理器

要连接外围蓝牙设备，首先要创建一个中心设备管理器，由它负责与外围蓝牙设备的连接。中心设备管理器使用 CBCentralManager 类定义，在创建之前，先要定义一个属性来保存这个管理器，示例代码如下：

```
@property (nonatomic,strong) CBCentralManager *mgr;
```

使用懒加载的方法对它进行初始化，示例代码如下：

```
- (CBCentralManager *)mgr{
    if (!_mgr) {
        _mgr = [[CBCentralManager alloc] initWithDelegate:self queue:nil];
    }
    return _mgr;
}
```

3. 扫描外设

有了中心设备管理器，就可以使用它的 scanForPeripheralsWithServices 方法来扫描外部设备了，该方法第 1 个参数代表要扫描的服务，传入 nil 代表扫描所有服务，示例代码如下：

```
[self.mgr scanForPeripheralsWithServices:nil options:nil];
self.mgr.delegate = self;    //设置代理
```

扫描完成后，会调用它的代理方法，所以要给它设置代理。它的代理必须遵守 CBCentralManagerDelegate 协议。在上述代码中，将 self 也就是控制器本身设置为 mgr 的代理，控制器成为它的代理之后，就可以实现代理方法，并在代理方法里获取到扫描到的所有外围设备，示例代码如下：

```objc
- (void)centralManager:(CBCentralManager *)central
didDiscoverPeripheral:(CBPeripheral *)peripheral
advertisementData:(NSDictionary *)advertisementData
RSSI:(NSNumber *)RSSI
{
    if (![self.peripherals containsObject:peripheral]) {
        [self.peripherals addObject:peripheral];
    }
}
```

4. 连接外设

获取到所有外设后，可调用 connectPeripheral 方法连接外设，示例代码如下：

```objc
- (void)startConnect{
    for (CBPeripheral *peripheral in self.peripherals) {
        // Services：扫描何种服务,传入 nil,表示扫描所有服务
        [self.mgr connectPeripheral:peripheral options:nil];
        // 设置代理,当发现某一个服务时候,会调用代理
        peripheral.delegate = self;
    }
}
```

上述代码中，将控制器设置为外部设备的代理，它的代理需要遵守 CBPeripheralDelegate 协议。

5. 扫描外设的服务和特征

与外设建立连接后，会调用 CBCentralManager 的相应代理方法。在这个代理方法里，就可以使用外围设备 CBPeripheral 对象的 discoverServices 方法扫描该外设的服务了。示例代码如下：

```objc
- (void)centralManager:(CBCentralManager *)central
didConnectPeripheral:(CBPeripheral *)peripheral{
    // 参数传 nil，代表查找外围设备中的所有服务
    [peripheral discoverServices:nil];
}
```

外设扫描到服务以后，会调用它的代理方法。在控制器类里实现这个方法，就可以获取外设扫描到的服务，并根据服务的 UUID 判断是不是程序需要的服务。获取到程序需要的服务后，就可以使用 discoverCharacteristics 方法获取该服务内的特性。示例代码如下：

```objc
- (void)peripheral:(CBPeripheral *)peripheral didDiscoverServices:(NSError *)error{
    for (CBService *service in peripheral.services) {
        // 根据 UUID 判断是不是程序需要的服务
        if ([service.UUID.UUIDString isEqualToString:@"456"]) {
```

```objc
        //获取到程序需要的服务
            // 下一步：获取程序需要的特性,就可以与外设交互
            [peripheral discoverCharacteristics:nil forService:service];
        }
    }
}
```

当获取到该服务的特性后，会调用它的代理方法。在这个代理方法里，就可以获取到该特性了，示例代码如下：

```objc
- (void)peripheral:(CBPeripheral *)peripheral
didDiscoverCharacteristicsForService:(CBService *)service error:(NSError *)error
{
    for (CBCharacteristic *characteristic in service.characteristics) {
        //根据 UUID 判断是不是程序需要的特性
        if ([characteristic.UUID.UUIDString isEqualToString:@"789"]) {
            // 拿到需要的特性
            NSData *data = characteristic.value;
        }
    }
}
```

6. 与特性交互

获得特性之后，就可以读取特征的值并与它交互了。如获取设备信息，或者运动手环的某些特性提供的心率等。

7. 订阅特性

当获取到特性以后，还可以订阅该特性的值，外设接收到订阅后，当该特性的值发生改变后，会自动将值发送给中心设备管理器。示例代码如下：

```objc
[peripheral setNotifyValue:YES forCharacteristic:characteristic];
```

中心设备管理器可通过代理方法 peripheral:didUpdateValueForCharacteristic:error 接收到订阅的值，示例代码如下：

```objc
//接收到外设传来的新值就会调用
- (void)peripheral:(CBPeripheral *)peripheral
didUpdateValueForCharacteristic:(CBCharacteristic *)characteristic
 error:(NSError *)error
{
    if (error) {
        NSLog(@"Error discovering characteristics: %@",
        [error localizedDescription]);
        return;
```

```
        }
        //取出最新的特征的值
        NSString *stringFromData = [[NSString alloc]
                                    initWithData:characteristic.value
                                    encoding:NSUTF8StringEncoding];
        if ([stringFromData isEqualToString:@"EOM"]) {
            //1.打印数据
            NSLog(@"%@", self.data);
            //2.交互结束取消订阅
            [peripheral setNotifyValue:NO forCharacteristic:characteristic];
            //3.断开连接
            [self.centralManager cancelPeripheralConnection:peripheral];
        }
        // 否则，直接将获取到的数据添加到 data 中
        [self.data appendData:characteristic.value];
    }
```

8. 关闭连接

使用完外部设备后，可调用中心设备管理器的 cancelPeripheralConnection 方法关闭与蓝牙外设的连接。该方法的定义如下：

- (void)cancelPeripheralConnection:(CBPeripheral *)peripheral

需要注意的是，可能还有其他 App 连接到这个外设，所以不能保证与外设的物理连接被关闭。但是从 App 的角度看，可当做这个蓝牙设备已经被关闭了。

4.8 本章小结

本章首先介绍了各种多媒体的应用，包括录制音频、播放音频音效、播放在线音乐、使用相机和图库、播放视频，以及扫描二维码等。然后介绍了各种传感器，包括距离传感器、陀螺仪、加速计，以及基于传感器的应用，如"摇一摇"、计步器等。最后介绍了如何使用蓝牙。本章的内容实用性很强，大家应多加练习，熟练使用本章介绍的各种实用技术。

【思考题】
1. 简述 iOS 设备有哪些常用的传感器，用途是什么。
2. 简述在播放音乐时，如何保证音乐播放器不被释放。

第 5 章 Address Book

学习目标

- 掌握访问本地通讯录的方法
- 掌握如何使用 UIApplication 打电话和发短信
- 熟悉 iOS 9 下新增访问本地通讯录的方法

目前各种网络社交软件应用广泛,在很大程度上已代替了传统的发短信、打电话等社交方式,如微信、QQ 等应用程序。很多社交软件都有从本地通讯录中查找和添加联系人的功能。具体做法是先导出本地通讯录里的联系人,然后根据联系人查找对应的微信号或者 QQ 号,如果用户想将某个联系人加为好友,只需单击该联系人旁边的"添加"按钮即可。这就需要用到访问本地通讯录的功能。接下来,本章将围绕 iOS 系统下访问本地通讯录的功能进行详细介绍。

5.1 iOS 7 及 iOS 8 的联系人管理框架

iOS 8 系统提供了两个框架来访问用户的通讯录,分别如下。

(1) AddressBook.framework:纯 C 语言的 API,只能获取联系人数据,没有提供 UI 界面展示数据。里面的数据类型大部分基于 Core Foundation 框架。

(2) AddressBookUI.framework:自带界面的框架,提供了联系人列表界面、联系人详情界面、添加联系人界面等,一般用于选择联系人,是用 OC 语言编写的。

这两个框架最大的区别在于前者没有 UI,而后者有系统自带的 UI。接下来,就对这两个框架分别进行详细的介绍。

5.1.1 使用 Address Book 框架管理联系人

Address Book 框架没有界面,只能读取联系人的信息,如果需要展示联系人信息,需要在程序中自己构建界面。

在该框架中,使用了 ABRecordRef 类型表示一条联系人信息,每个联系人都有自己的属性,如名字、电话、邮件、地址等。使用 ABRecordCopyValue 函数可以从 ABRecordRef 中获得联系人的属性,它是 C 语言的函数,具体定义如下:

AB_EXTERN CFTypeRef ABRecordCopyValue(ABRecordRef record,
ABPropertyID property);

从定义可以看出，ABRecordCopyValue 函数有两个参数，分别如下。

（1）record：表示一条联系人记录。

（2）property：表示联系人的属性。

联系人的属性包括以下类型。

- 简单属性：姓、名等，这类属性只有一个值。
- 多重属性：电话号码、电子邮件等，这类属性有多个值。如电话，分为工作电话、住宅电话、其他电话等。
- 组合属性：地址等，这类属性由几个部分组合而成。

在框架中定义了若干常量来表示不同的属性，常用的属性如下。

- kABPersonFirstNameProperty：表示联系人的名。
- kABPersonLastNameProperty：表示联系人的姓。两者组合在一起才是姓名。
- kABPersonMiddleNameProperty：表示中间名，在外国人的姓名中较常见。
- kABPersonPhoneProperty：表示电话。

ABRecordCopyValue 函数的返回值是 CFTypeRef 类型。CFTypeRef 是一个基类，可指向任意类型的 Core Foundation 对象。ABRecordCopyValue 函数返回的属性类型不同，返回值类型也不同。所以使用 CFTypeRef 表示它的返回值。

为了让初学者更好地学习如何使用 Address Book 框架访问通讯录，接下来就围绕如何使用 Address Book 框架获取联系人的姓名和电话进行详细的讲解，具体如下。

1. 导入主头文件

由于 Address Book 封装在 ABAddressBook.framework 框架中，所以要导入它的主头文件。代码如下所示：

```
#import <AddressBook/AddressBook.h>
```

2. 请求用户授权访问通讯录

从 iOS 6 开始，需要得到用户的授权才能访问本地通讯录，因此在使用之前，需要检查用户是否已经授权。如果没有授权，则需要编写代码请求用户授权程序访问通信录。可使用 ABAddressBookGetAuthorizationStatus() 函数获得用户的授权状态。授权状态使用 ABAuthorizationStatus 表示，它的取值包括以下几种。

- kABAuthorizationStatusNotDetermined：用户还没有决定是否授权程序访问通讯录。此时，应该编写代码请求用户授权。
- kABAuthorizationStatusRestricted：iOS 设备上的许可配置阻止了程序与通讯录的数据库进行交互。
- kABAuthorizationStatusDenied：用户拒绝了程序对通讯录的访问。
- kABAuthorizationStatusAuthorized：用户已经授权程序访问通讯录。只有在这个状态下，程序才可以访问到通讯录里的数据。

接下来就用一段示例代码，介绍如何获取用户授权状态以及如何请求授权，具体如下：

```
- (BOOL)application:(UIApplication *)application
didFinishLaunchingWithOptions:(NSDictionary *)launchOptions {
    // 1.获取用户的授权状态
    ABAuthorizationStatus status = ABAddressBookGetAuthorizationStatus();
```

```
// 2.判断用户授权状态
if (status == kABAuthorizationStatusNotDetermined) {
    // 2.1.请求用户授权
    ABAddressBookRef addressBook =
                    ABAddressBookCreateWithOptions(NULL, NULL);
    ABAddressBookRequestAccessWithCompletion(addressBook,
                    ^(bool granted, CFErrorRef error) {
        if (error) return;
        if (granted) {
            NSLog(@"用户授权成功");
        } else {
            NSLog(@"用户授权失败");
        }
    });
    // 2.2.释放不再使用对象
    CFRelease(addressBook);
}
return YES;
}
```

需要注意的是，一般在程序刚一启动时就向用户请求授权，因此，申请通讯录访问授权的代码，通常放在 AppDelegate 类的 application: didFinishLaunchingWithOptions:方法中。

在程序第一次请求用户授权时，会弹出以下对话框提示用户选择，如图 5-1 所示。

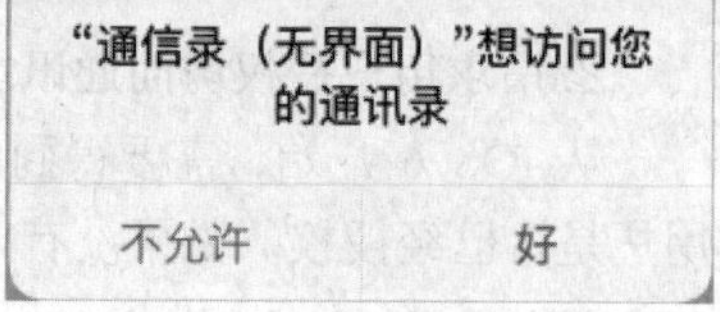

3. 获取联系人信息

在取得用户授权访问通讯录以后，使用 Address Book 框架就可以直接获取联系人信息了。具体步骤如下。

（1）验证用户授权状态

图 5-1 联系人管理界面

在访问通讯录之前，首先要验证用户授权状态，如果取得授权，则可以继续访问，否则无法访问通讯录信息，直接返回即可。

```
// 获取用户的授权状态
ABAuthorizationStatus status = ABAddressBookGetAuthorizationStatus();
//如果是授权成功时,再获取联系人，否则直接返回
if (status != kABAuthorizationStatusAuthorized) return;
```

（2）创建通讯录对象

要访问通讯录，首先要创建通讯录对象。创建通讯录对象使用的是 ABAddressBookCreateWithOptions 函数，返回的通讯录是 ABAddressBookRef 类型，示例代码如下：

```
//创建通讯录对象
ABAddressBookRef addressBook = ABAddressBookCreateWithOptions(NULL, NULL);
```

（3）获取所有联系人

创建了通讯录对象之后，就可以从通讯录中获取联系人列表了。获取联系人列表使用的是 ABAddressBookCopyArrayOfAllPeople 函数，并将通讯录对象作为参数传递进去，示例代码如下：

```
//获取所有的联系人
CFArrayRef peopleArray = ABAddressBookCopyArrayOfAllPeople(addressBook);
```

在上述示例代码中，读取到的通讯录是一个 C 语言的数组类型 CFArrayRef，表示这是一个联系人列表。列表中每个联系人都是一个 ABRecordRef 对象。

（4）获取联系人姓名

有了联系人列表之后，就可以遍历联系人列表，并获取每个联系人的详细信息了，包括联系人姓名、电话号码等。例 5-1 代码演示了获取联系人姓名的方法。

【例 5-1】ViewController.m 中读取联系人姓名

```
1   //遍历所有的联系人(获取到的每一个联系人就是一条记录)
2   CFIndex peopleCount = CFArrayGetCount(peopleArray);
3   for (CFIndex i = 0; i < peopleCount; i++) {
4       //获取联系人的记录
5       ABRecordRef person = CFArrayGetValueAtIndex(peopleArray, i);
6       // 获取联系人的姓名
7       CFStringRef firstName = ABRecordCopyValue(person,
8           kABPersonFirstNameProperty);
9       CFStringRef lastName = ABRecordCopyValue(person,
10          kABPersonLastNameProperty);
11      //转换成 OC 语言的类型
12      NSString *first = (__bridge NSString*)firstName;
13      NSString *last = (__bridge NSString*)lastName;
14      NSLog(@"firstName:%@ lastName:%@", firstName, lastName);
15      //手动释放 C 语言类型的内存
16      CFRelease(firstName);
17      CFRelease(lastName);
18  }
19  //释放不再使用的对象
20  CFRelease(addressBook);
21  CFRelease(peopleArray);
```

在例 5-1 中，第 2 行代码首先使用 CFArrayGetCount 函数得到列表中共有多少个联系人，然后从第 3 行代码开始遍历所有的联系人，并使用 CFArrayGetValueAtIndex 函数依次取得联系人对象。

第 7~10 行代码使用了 ABRecordCopyValue 函数获取联系人的名字和姓，由于名和姓都是简单类型，所以返回的是 CFStringRef 类型，表示一个 C 语言的字符串。要将它转换成 OC 语言类型，需要使用关键字 __bridge 进行桥接，如例 5-1 中第 12~13 行代码所示。

要注意的是，由于 ARC 无法管理 C 语言类型的内存，为避免内存泄露，需要手动释放程序中为 C 语言类型分配的内存，如第 16~21 行所示。

（5）获取联系人电话

除了读取联系人的姓名之外，还经常需要读取联系人的电话信息。由于联系人信息中，电话是复杂属性，所以 ABRecordCopyValue 函数返回的是 ABMultiValueRef 类型的数据，示例代码如例 5-2 所示。

【例 5-2】 ViewController.m 中读取联系人电话

```
1   //遍历所有的联系人(获取到的每一个联系人就是一条记录)
2   CFIndex peopleCount = CFArrayGetCount(peopleArray);
3   for (CFIndex i = 0; i < peopleCount; i++) {
4       //获取联系人的记录
5       ABRecordRef person = CFArrayGetValueAtIndex(peopleArray, i);
6       //1.获取联系记录里面所有电话号码
7       ABMultiValueRef phones = ABRecordCopyValue(person,
8           kABPersonPhoneProperty);
9       // 2.获取电话号码的个数
10      CFIndex count = ABMultiValueGetCount(phones);
11      // 3.将所有的电话号码进行遍历
12      for (CFIndex i = 0; i < count; i++) {
13          NSString *phoneLabel = (__bridge_transfer NSString *)
14          ABMultiValueCopyLabelAtIndex(phones, i);
15          NSString *phoneValue = (__bridge_transfer NSString *)
16          ABMultiValueCopyValueAtIndex(phones, i);
17          NSLog(@"phoneLabel:%@ phoneValue:%@", phoneLabel, phoneValue);
18      }
19      // 4.将不使用的对象进行 release
20      CFRelease(phones);
21  }
22  //5. 释放不再使用的对象
23  CFRelease(addressBook);
24  CFRelease(peopleArray);
```

在例 5-2 的第 2~5 行代码中，仍然是首先获取列表中共有多少个联系人，然后遍历所有联系人，并依次取得联系人对象。

第 7 行代码使用 ABRecordCopyValue 函数读取联系人的电话，传入的参数是表示电话的属性 kABPersonPhoneProperty。由于一个联系人可能有多个电话（工作电话、家庭电话、手机、传真等），所以该方法返回的电话信息可包含多组值，用 ABMultiValueRef 来表示。

第 10 行代码通过 ABMultiValueGetCount()函数得到 ABMultiValueRef 类型的电话中一共有几个值。

第 12~18 行代码遍历每一个电话信息，并使用 ABMultiValueCopyLabelAtIndex()函数读取每个电话的标签，使用 ABMultiValueCopyValueAtIndex()函数读取每个电话的电话号码。读取到的是 C 语言的 CFStringRef 类型，但是在代码中使用了 __bridge_transfer 关键字转换成了 OC 语言的 NSString 类型，同时还将生成的字符串对象的所有权移交给 ARC 管理。所以不会造成内存泄露。

然而，对于其他 C 语言类型的内存，还是需要手动释放内存，如第 20～24 行代码所示。

5.1.2 使用 Address BookUI 框架管理联系人

ABAddressBookUI 框架提供了系统自带的界面，如图 5-2 所示，图左是联系人列表界面，图右是联系人详细信息界面。默认情况下，当在联系人列表界面上单击联系人时，会进入联系人详细信息界面。在联系人详细信息界面单击某一属性时，会发生相应的系统行为，如打电话、发短信、发邮件等。

图 5-2 联系人管理界面

ABAddressBookUI 框架使用 ABPeoplePickerNavigationController（联系人控制器类）来管理这些界面，这个类继承自 UINavigationController，可用于管理多个界面。

ABAddressBookUI 框架是一个 OC 语言的框架，但是它引用了 Address Book 框架，所以涉及对通讯录和联系人的访问，还是需要使用 C 语言的函数和数据类型，如 ABAddressBookRef、ABRecordRef 等。

为了让初学者更好地学习使用 Address BookUI 管理联系人的方法，接下来就针对它的选择联系人功能进行分步骤详细的讲解。

1. 导入主头文件

由于 Address BookUI 封装在 ABAddressBookUI.framework 框架中，所以要导入它的主头文件。代码如下：

```
#import <AddressBookUI/AddressBookUI.h>
```

2. 创建联系人控制器

要使用管理联系人的 UI，首先要创建它的控制器，示例代码如下：

```
ABPeoplePickerNavigationController *ppnc =
[[ABPeoplePickerNavigationController alloc] init];
```

3. 设置代理

当联系人界面产生事件时，联系人控制器会调用它的代理方法。所以要监听联系人界面上的事件，就必须成为它的代理，并且要遵守 ABPeoplePickerNavigationControllerDelegate 协议，示例代码如下：

```
ppnc.peoplePickerDelegate = self;
```

4. 显示控制器的界面

联系人控制器的信息设置好以后，就可以将控制器界面显示给用户了，示例代码如下：

```
[self presentViewController:ppnc animated:YES completion:NULL];
```

5. 实现代理方法

要监听联系人页面的事件，必须实现代理方法。当用户在联系人列表界面单击某个联系人，在联系人详细信息页面单击某个属性，或者用户单击"取消"按钮时都会调用相应的代理方法。ABPeoplePickerNavigationControllerDelegate 协议为 iOS 8 之前和之后定义不同的代理方法，下面根据不同的系统，分别对这些方法进行介绍。

（1）在 iOS 8 及以后的系统中使用的方法

ABPeoplePickerNavigationControllerDelegate 协议为 iOS 8 及以后的系统定义了两个特有方法，分别如下。

① peoplePickerNavigationController:didSelectPerson:方法：当用户在联系人列表中选择了某一个联系人时调用。方法定义如下：

```
- (void)peoplePickerNavigationController:
(ABPeoplePickerNavigationController *)peoplePicker
didSelectPerson:(ABRecordRef)person
```

要注意的是，如果实现了这个方法，就接管了用户单击联系人之后的事件，那么系统将自动退出当前的联系人列表页面，而且并不会显示联系人详细信息页面。

② peoplePickerNavigationController: didSelectPerson: property: identifier:方法：当用户在联系人详细信息界面上单击了联系人的某一属性时调用。方法定义如下：

```
- (void)peoplePickerNavigationController:
(ABPeoplePickerNavigationController*)peoplePicker
didSelectPerson:(ABRecordRef)person
property:(ABPropertyID)property
identifier:(ABMultiValueIdentifier)identifier
```

要注意的是，如果用户实现了这个代理方法，则该方法接管了用户单击联系人属性之后的事件，此时系统自动退出当前页面，而且并不会自动打电话、发短信、发邮件等。

（2）在 iOS 7 及之前的系统中使用的方法

iOS 7 及之前的系统使用的是 ABPeoplePickerNavigationControllerDelegate 协议的另外 3 个方法，分别如下：

① peoplePickerNavigationController: shouldContinueAfterSelectingPerson:方法：当用户在联系人列表页面选择了某一个联系人时调用。示例如下：

```
- (BOOL)peoplePickerNavigationController:
(ABPeoplePickerNavigationController *)peoplePicker
shouldContinueAfterSelectingPerson:(ABRecordRef)person
{
    [peoplePicker dismissViewControllerAnimated:YES completion:nil];
    return NO;
}
```

在上述示例代码中，该方法的返回值是 BOOL 类型，表示是否要跳转到联系人详细信息页面。如果返回 YES，则跳转到联系人详细信息页面；如果返回 NO，则不跳转，并且不会自动退出当前控制器，需要使用 dismissViewControllerAnimated 方法手动退出。

② peoplePickerNavigationController:shouldContinueAfterSelectingPerson:property:identifier:方法：当用户在联系人详细信息页面上单击了联系人的某一属性时调用。示例代码如下：

```
- (BOOL)peoplePickerNavigationController:
(ABPeoplePickerNavigationController *)peoplePicker
shouldContinueAfterSelectingPerson:(ABRecordRef)person
property:(ABPropertyID)property
identifier:(ABMultiValueIdentifier)identifier
{
    [peoplePicker dismissViewControllerAnimated:YES completion:nil];
    return NO;
}
```

在上述示例代码中，该方法的返回值是 BOOL 类型，表示单击联系人的属性后是否要继续进行系统默认行为（如单击电话属性后是否要自动呼出电话）。如果返回 YES，则继续；如果返回 NO，则不继续，并且也不会退出当前控制器，而是需要使用 dismissViewControllerAnimated 方法手动退出。

③ peoplePickerNavigationControllerDidCancel 方法：当用户单击"取消"按钮时调用。这个方法在 iOS 7 下必须实现，否则当用户单击"取消"按钮时系统会崩溃。并且在这个方法里还要手动退出当前控制器。示例代码如下：

```
- (void)peoplePickerNavigationControllerDidCancel:
(ABPeoplePickerNavigationController *)peoplePicker;
{
    [peoplePicker dismissViewControllerAnimated:YES completion:nil];
}
```

要注意的是，如果你的程序要同时支持 iOS 8 和 iOS 7 系统，并且在两个版本下都要获取联系人信息，那么就要同时实现针对 iOS 8 和 iOS 7 系统的代理方法，只实现针对 iOS7 系统的代理方法是不可行的。

6. 读取联系人的姓名

在实现代理方法里，就可以获取到用户选择的联系人信息了。这些代理方法包含了一个 ABRecordRef 类型的参数，代表用户选择的联系人。联系人信息是基于 C 语言的，所以要使用 C 语言的函数来读取。例 5-3 演示了在 iOS 8 系统上单击联系人时，是如何获取联系人信息的，代码如下。

【例 5-3】 ViewController.m 中读取联系人姓名

```
1   - (void)peoplePickerNavigationController:
2   (ABPeoplePickerNavigationController *)peoplePicker
3   didSelectPerson:(ABRecordRef)person
4   {
5       // 获取联系人的姓名
6       CFStringRef firstName = ABRecordCopyValue(person,
7       kABPersonFirstNameProperty);
8       CFStringRef lastName = ABRecordCopyValue(person,
9       kABPersonLastNameProperty);
10      //转换成 OC 语言的类型
11      NSString *first = (__bridge NSString*)firstName;
12      NSString *last = (__bridge NSString*)lastName;
13      NSLog(@"firstName:%@ lastName:%@", firstName, lastName);
14      //手动释放 C 语言类型的内存
15      CFRelease(firstName);
16      CFRelease(lastName);
17  }
```

在例 5-3 中，使用了 ABRecordCopyValue 函数来获取联系人的信息。在本例第 6～9 行代码中，复制联系人的姓和名返回的是 CFStringRef 类型，这是 C 语言的字符串类型，要将它转换成 OC 语言类型，需要使用关键字 __bridge 进行桥接，如例 5-1 中第 11～12 行代码所示。

要注意的是，由于 ARC 无法自动管理 C 语言类型的内存，所以需要手动释放内存，如第 15～16 行代码所示。

7. 读取联系人的电话

读取联系人的电话也使用了 ABRecordCopyValue 函数，它返回的是 ABMultiValueRef 类型的数据，代码如例 5-4 所示。

【例 5-4】 ViewController.m 中读取联系人电话

```
1   //1.获取联系记录里面所有电话号码
2   ABMultiValueRef phones = ABRecordCopyValue(person,
3   kABPersonPhoneProperty);
```

```
4       // 2.获取电话号码的个数
5       CFIndex count = ABMultiValueGetCount(phones);
6       // 3.将所有的电话号码进行遍历
7       for (CFIndex i = 0; i < count; i++) {
8           NSString *phoneLabel = (__bridge_transfer NSString *)
9           ABMultiValueCopyLabelAtIndex(phones, i);
10          NSString *phoneValue = (__bridge_transfer NSString *)
11          ABMultiValueCopyValueAtIndex(phones, i);
12          NSLog(@"phoneLabel:%@ phoneValue:%@", phoneLabel, phoneValue);
13      }
14      // 4.将不使用的对象进行 release
15      CFRelease(phones);
```

在例 5-4 第 2~3 行代码中，仍然使用了 ABRecordCopyValue 函数读取联系人的电话，由于一个联系人可能有多个电话，所以该方法返回值用 ABMultiValueRef 表示。

第 5 行代码通过 ABMultiValueGetCount 函数得到 ABMultiValueRef 类型的电话中一共有几个值。

第 7~13 行代码遍历每一个电话信息，并使用 ABMultiValueCopyLabelAtIndex 函数读取每个电话的标签，使用 ABMultiValueCopyValueAtIndex 函数读取每个电话的电话号码。

同样的，由于 ARC 无法自动管理 C 语言类型的内存，所以需要手动释放内存。如第 15 行代码所示。

要注意的是，无论是 iOS 7 或者 iOS 8，对于读取联系人姓名和电话的方式和代码是一样的，只是在不同的事件方法中实现而已。

另外，在 iOS 7 下，系统会弹出对话框请求用户授权程序访问通信录，如图 5-3 所示，在 iOS 8 下则不会弹出。

图 5-3　请求访问通信录对话框

5.2　实战演练——使用 UIApplication 打电话和发短信

除了在系统通讯录中可以打电话和发短信之外，在应用程序里也可以跳转到系统应用，实现打电话和发短信的功能。在应用程序中调用系统的打电话和发短信功能是通过 UIApplication 对象的 openURL 方法实现的，方法定义如下：

- (BOOL)openURL:(NSURL *)url

由定义可看出，它有一个 NSURL 类型的参数，代表一个统一资源定位符（Uniform Resource Locator），可以是本地资源、远程服务器资源，或者是其他程序资源，可以是使用应用程序自身打开的资源，也可以是需要调用其他程序打开的资源。

关于 URL 的内容前面已经介绍过，它主要包含协议头、主机地址和资源路径，其中 iOS 支持的协议头有很多种，常见的有如下几种。

（1）http：超文本传输协议资源，使用 Safari 浏览器打开。

（2）https：由安全套接字层传送的超文本传输协议，使用 Safari 浏览器打开。

（3）file：本地文件或网上分享的文件。
（4）tel：电话号码，使用系统的打电话应用打开。
（5）sms：电话号码，使用系统的短消息应用打开。
（6）facetime：电话号码或邮箱地址，使用系统 Facetime 应用打开。
（7）mailto：电子邮箱地址，使用系统邮件应用打开。

该方法返回值是 BOOL 类型，代表资源打开的结果，YES 表示资源打开成功，NO 表示打开失败。以下示例代码实现了调用浏览器打开指定网站的功能：

```
NSString *urlString = @"http://www.itcast.cn";
NSURL * url = [NSURL URLWithString:urlString];
[[UIApplication sharedApplication] openURL:url];
```

为了让大家更好地学习如何使用 UIApplication 打电话和发短信，接下来就开发一个案例，实现获取本地通讯录、给联系人打电话和发短信等功能。该案例的界面如图 5-4 所示。

当单击"导入通讯录"按钮时，将系统通讯录的所有联系人都导出并显示在界面上。单击每个联系人名称旁边的发短消息和打电话图标，会调用系统的短消息应用和打电话应用实现相关功能。本案例的具体实现步骤如下所示。

1．创建工程，设计界面

（1）新建一个 Single View Application 应用，在应用的 Main.storyboard 文件中，在 ViewController 的视图顶部添加一个 Button，设置按钮的文字为"导入通讯录"，用于导入本地通讯录。在按钮的下方添加一个 Table View，用于显示通讯录里的联系人列表。

图 5-4　使用 UIApplication 打电话和发短信的案例界面

（2）单击 ◎ 图标，打开辅助编辑器，在辅助编辑器里显示 ViewController.m 文件。用拖曳的方式为 Button 添加事件处理方法，取名为 importContacts，如图 5-5 所示。

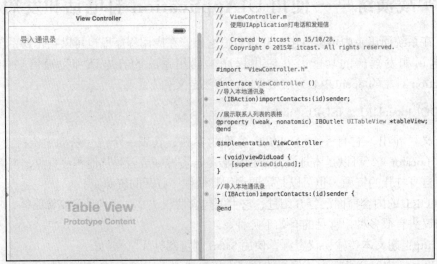

图 5-5　设计主界面并与代码关联

2. 自定义 Table View Cell

（1）打开 Main.storyboard 文件，单击 ⊙ 控件库，从控件库中拖一个 Table View Cell 控件到 Table View 中，用于显示联系人。然后将一个 Label、两个 Button 拖入 Table View Cell 中，用于给联系人发短信和打电话。为两个 Button 分别设置发短信和打电话的图片，如图 5-6 所示。选中 Table View Cell，将它的 ID 设置为 "contact_cell"，如图 5-6 所示。

（2）新建一个类，继承自 UITableViewCell，取名为 ContactCell，用来表示这个自定义 Table View Cell。

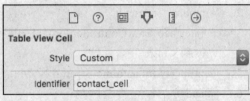

图 5-6 设计主界面并与代码关联

（3）打开 Main.storyboard 文件，然后单击 ⊘ 图标，打开辅助编辑器，在辅助编辑器里显示 ContactCell.m 文件。将 Label 控件与 ContactCell.m 文件关联，取名为 contactNameView，用拖曳的方式为两个 Button 添加事件处理方法，分别取名为 sendMessage 和 callCantact，如图 5-7 所示。

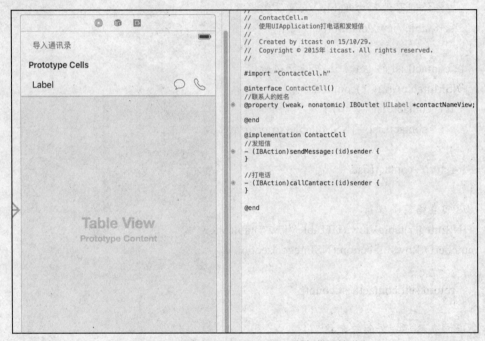

图 5-7 自定义 Table View Cell 并与代码关联

3. 编写代码，实现导入通讯录功能

（1）新建一个类，继承自 NSObject，取名为 Contact，用于表示一个联系人。在 Contact.h 文件中给这个类添加两个属性，分别用于表示联系人的姓名和电话号码，示例代码如下：

```
#import <Foundation/Foundation.h>
@interface Contact : NSObject
@property (nonatomic, copy) NSString *name;           //联系人的姓名
@property (nonatomic, copy) NSString *phoneNumber;    //联系人的电话号码
@end
```

（2）在 ViewController.m 文件中，添加 contactList 属性用于存储联系人列表信息，并在它

的懒加载方法中进行初始化。如例 5-5 所示,在第 5 行代码中定义 contactList 属性保存联系人列表,在第 15~20 行代码中实现 contactList 属性的懒加载。

【例 5-5】ViewController.m 中的新增代码

```objectivec
1   #import "ContactCell.h"
2   #import "Contact.h"
3   @interface ViewController ()<UITableViewDataSource>
4   //联系人列表
5   @property (nonatomic, strong) NSMutableArray *contactList;
6   @end
7   
8   @implementation ViewController
9   - (void)viewDidLoad {
10      [super viewDidLoad];
11      //将控制器设置为 Table View 的数据源
12      self.tableView.dataSource = self;
13  }
14  //在 contactList 的 get 方法中进行初始化
15  - (NSMutableArray *)contactList{
16      if (_contactList == nil) {
17          _contactList = [NSMutableArray array];
18      }
19      return _contactList;
20  }
21  //返回表格有多少行
22  - (NSInteger)tableView:(UITableView *)tableView
23  numberOfRowsInSection:(NSInteger)section
24  {
25      return self.contactList.count;
26  }
27  //返回表格每一行的单元格
28  - (UITableViewCell *)tableView:(UITableView *)tableView
29  cellForRowAtIndexPath:(NSIndexPath *)indexPath
30  {
31      //根据 Cell 的 ID 进行单元格复用
32      static NSString *ID = @"contact_cell";
33      ContactCell *cell = [tableView dequeueReusableCellWithIdentifier:ID];
34      //根据单元格的序号获取联系人,并赋值给单元格的联系人属性
35      cell.contact = self.contactList[indexPath.row];
36      //返回单元格
37      return cell;
38  }
```

（3）将控制器设置为 Table View 的数据源，并实现数据源方法。如例5-5所示，第3行代码中控制器实现了 Table View 的数据源协议，第12行代码将控制器设置为 Table View 的数据源。第22~38行代码实现了两个数据源方法，分别设置了表格的行数以及每行返回的 Cell。其中，第32~33行代码实现了单元格的复用。

（4）实现 importContacts 方法，在该方法中将本地通讯录导入。如例5-6所示，首先导入 AddressBook 框架的主头文件，然后使用 AddressBook 框架获取本地通讯录里所有联系人的姓名和电话，保存在 contactList 属性里。

【例5-6】ViewController.m 中的新增代码

```
1   #import <AddressBook/AddressBook.h>
2   @implementation ViewController
3   //导入本地通讯录
4   - (IBAction)importContacts:(id)sender {
5       [_contactList removeAllObjects];              //将之前加载的内容清空
6       // 1.获取用户的授权状态
7       ABAuthorizationStatus status = ABAddressBookGetAuthorizationStatus();
8       // 2.如果是已授权状态，则获取联系人，否则弹出对话框，提示用户到"设置"里授权
9       if (status != kABAuthorizationStatusAuthorized){
10          return;
11      }
12      // 3.创建通讯录对象
13      ABAddressBookRef addressBook =
14      ABAddressBookCreateWithOptions(NULL, NULL);
15      // 4.获取所有的联系人
16      CFArrayRef peopleArray =
17      ABAddressBookCopyArrayOfAllPeople(addressBook);
18      // 5.遍历所有的联系人(获取到的每一个联系人就是一条记录)
19      CFIndex peopleCount = CFArrayGetCount(peopleArray);
20      for (CFIndex i = 0; i < peopleCount; i++) {
21          // 5.1.获取联系人的记录
22          ABRecordRef person = CFArrayGetValueAtIndex(peopleArray, i);
23          Contact *contact = [[Contact alloc] init];    //创建联系人对象
24          // 5.2.获取联系人的姓名
25          NSString *firstName = (__bridge_transfer NSString *)
26          ABRecordCopyValue(person, kABPersonFirstNameProperty);
27          NSString *lastName = (__bridge_transfer NSString *)
28          ABRecordCopyValue(person, kABPersonLastNameProperty);
29          lastName = (lastName==nil) ? @"": lastName;
30          firstName = (firstName == nil) ? @"":firstName;
31          //设置联系人的姓名
```

```
32          contact.name = [NSString
33          stringWithFormat:@"%@%@",lastName,firstName];
34          // 5.3.获取联系人的电话号码
35          ABMultiValueRef phones = ABRecordCopyValue(person,
36          kABPersonPhoneProperty);
37          CFIndex phoneCount = ABMultiValueGetCount(phones);
38          if (phoneCount > 0) {
39              NSString *phoneValue = (__bridge_transfer NSString *)
40              ABMultiValueCopyValueAtIndex(phones, 0);
41              contact.phoneNumber = phoneValue; //将电话号码设置给联系人
42          }
43          [self.contactList addObject:contact];
44          // 5.4.释放不再使用的对象
45          CFRelease(phones);
46      }
47      //让 Table View 重新加载数据
48      [self.tableView reloadData];
49      // 6.释放不再使用的对象
50      CFRelease(addressBook);
51      CFRelease(peopleArray);
52  }
53  @end
```

（5）如果没有权限访问通讯录，要提醒用户到系统"设置"里重新授权，如例 5-7 所示。

【例 5-7】 ViewController.m 中的新增代码

```
1   @implementation ViewController () <UIAlertViewDelegate>
2   - (IBAction)importContacts:(id)sender {
3       if (status != kABAuthorizationStatusAuthorized){
4           UIAlertView *alert = [[UIAlertView alloc]
5                               initWithTitle:@"无权访问您的通讯录"
6                               message:@"请到"设置"里允许程序访问您的通讯录。"
7                               delegate:self
8                               cancelButtonTitle:@"不设置了"
9                               otherButtonTitles:@"好的，去设置", nil];
10          [alert show];
11          return;
12      }
13  }
14  - (void)alertView:(UIAlertView *)alertView
```

```
15    clickedButtonAtIndex:(NSInteger)buttonIndex{
16        if (buttonIndex == 1) {
17            if ([UIDevice currentDevice].systemVersion.intValue >= 8){
18                //在 iOS 8 以后打开系统设置的方法
19                [[UIApplication sharedApplication]
20                 openURL:[NSURL URLWithString:UIApplicationOpenSettingsURLString]];
21            } else{
22                //在 iOS 8 以前
23                [[UIApplication sharedApplication]
24                 openURL:[NSURL URLWithString:@"prefs:root=Settings"]];
25            }
26        }
27    }
28    @end
```

在例 5-7 中，第 3~12 行代码用于判断用户是否授权，如果没有授权，则弹出 Alert View 对话框，让用户选择是否要到系统"设置"里重新授权。并让控制器遵守 UIAlertViewDelegate 协议并成为 Alert View 的代理。对话框显示效果如图 5-8 所示。

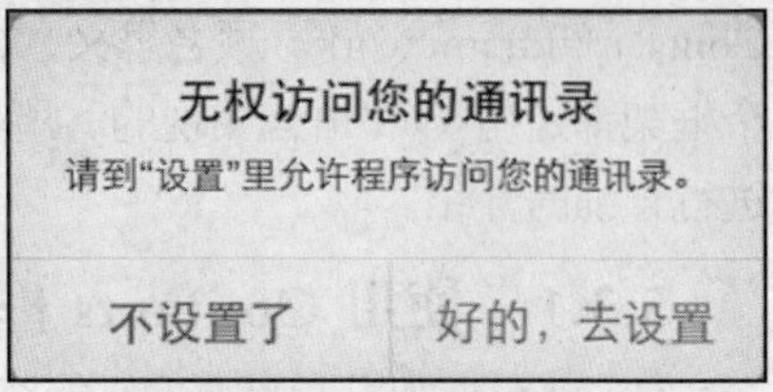

如果用户单击"好的，去设置"按钮，则程序自动跳转到系统的"设置"程序。这是在例 5-7 中第 14~27 行的 Alert View 事件处理方法 clickedButtonAtIndex 里实现的，其中第 25 行代码使用了 prefs 协议头来访问本地设置。

图 5-8 提醒用户去设置的对话框

4. 编写代码，实现发短信和打电话功能

在用户单击联系人旁边的短信图标和电话图标时，可以直接进入系统的短信或者电话应用，这是通过调用 UIApplication 对象的 openURL 方法实现的，实现代码如例 5-8 所示。

【例 5-8】ContactCell.m 中的新增代码

```
1     //发短信
2     - (IBAction)sendMessage:(id)sender {
3         // 打开网页的操作
4         UIApplication * app = [UIApplication sharedApplication];
5         NSString *urlString = [NSString
6          stringWithFormat:@"sms://%@",self.contact.phoneNumber];
7         NSURL * url = [NSURL URLWithString:urlString];
8         [app openURL:url];
9     }
10    //打电话
11    - (IBAction)callCantact:(id)sender {
12        UIApplication * app = [UIApplication sharedApplication];
13        NSString *urlString = [NSString
```

```
14        stringWithFormat:@"tel://%@",self.contact.phoneNumber];
15        NSURL * url = [NSURL URLWithString:urlString];
16        [app openURL:url];
17    }
```

在例5-8中,第5~8行代码使用了sms协议头和联系人的电话号码构建NSURL地址,通过UIApplication对象的openURL方法启动系统短信应用,进入系统短信应用的短信编辑界面。第12~16行代码中,使用同样的方法启动系统的打电话应用,实现打电话功能。

注意:
由于模拟器不具备打电话和发短信的功能,所以需要使用真机调试。

5.3 iOS 9中管理联系人的新框架

2015年6月9日,苹果在WWDC 2015大会上正式发布iOS 9操作系统,并于同年10月22日发布iOS 9.1正式版。在iOS 9中推出了管理联系人的两个新框架:Contacts.framework和ContactsUI.framework。顾名思义,ContactsUI框架比Contacts框架多了系统自带的UI。这两个框架都是用OC语言实现的,所以使用起来更简单直观。接下来,就针对这两个框架分别进行详细的介绍。

5.3.1 使用Contacts框架管理联系人

Contacts框架没有界面,只能获取通讯录里的联系人列表,如果需要展示联系人信息,需要手动搭建界面展示。

该框架使用CNContactStore类来管理联系人,包括获取联系人、保存联系人、请求访问本地通讯录,以及获取授权状态等。

使用CNContact类来表示一个联系人对象,并通过属性来展示联系人信息。CNContact类的常用属性如表5-1所示。

表5-1　CNContact类的常用属性

属性声明	功能描述
@property (readonly, copy, NS_NONATOMIC_IOSONLY) NSString *givenName;	用于获取联系人的名
@property (readonly, copy, NS_NONATOMIC_IOSONLY) NSString *middleName;	用于获取联系人的中间名
@property (readonly, copy, NS_NONATOMIC_IOSONLY) NSString *familyName;	用于获取联系人的姓
@property (readonly, copy, nullable, NS_NONATOMIC_IOSONLY) NSData *imageData;	用于获取联系人的头像大图
@property (readonly, copy, nullable, NS_NONATOMIC_IOSONLY) NSData *thumbnailImageData;	用于获取联系人的头像

续表

属性声明	功能描述
@property (readonly, copy, NS_NONATOMIC_IOSONLY) NSArray<CNLabeledValue<CNPhoneNumber*>*> *phoneNumbers;	用于获取联系人的电话

在联系人的电话属性中，使用了 CNLabeledValue<CNPhoneNumber*> 类型表示一组电话。CNLabeledValue 类表示一个标签和对应的值，在定义 CNLabeledValue 类时可以指定值的类型。在表示电话时指定了值的类型是 CNPhoneNumber，表示一个电话号码，可使用它的 stringValue 属性获取 NSString 类型的电话号码值。

在 Contacts 框架中定义了 3 个通用标签，可用于表示联系人的电话、E-mail、Address、url 等，如下所示。

① CONTACTS_EXTERN NSString * const CNLabelHome：家庭。
② CONTACTS_EXTERN NSString * const CNLabelWork：工作。
③ CONTACTS_EXTERN NSString * const CNLabelOther：其他。

除此之外，还定义了若干常量来表示电话号码的标签，如下所示。

① CONTACTS_EXTERN NSString * const CNLabelPhoneNumberiPhone：iPhone。
② CONTACTS_EXTERN NSString * const CNLabelPhoneNumberMobile：手机。
③ CONTACTS_EXTERN NSString * const CNLabelPhoneNumberMain：主要。
④ CONTACTS_EXTERN NSString * const CNLabelPhoneNumberHomeFax：家庭传真。
⑤ CONTACTS_EXTERN NSString * const CNLabelPhoneNumberWorkFax：工作传真。
⑥ CONTACTS_EXTERN NSString * const CNLabelPhoneNumberOtherFax：其他传真。
⑦ CONTACTS_EXTERN NSString * const CNLabelPhoneNumberPager：传呼机号码。

为了让初学者更好地学习如何使用 Contacts 框架管理联系人，接下来就围绕 Contacts 框架下如何获取联系人信息进行详细的分步骤的介绍，具体如下。

1. 导入主头文件

由于 Contacts 框架包含在 Contacts.framework 框架里，所以要导入主头文件。示例代码如下：

```
#import <Contacts/Contacts.h>
```

2. 请求用户授权

在 iOS 9 中仍然需要取得用户授权才可以访问本地通讯录，在访问通讯录之前，需要检查用户是否已经授权。如果没有授权，则需要编写代码请求用户授权程序访问通讯录。

可使用 CNContactStore 类来获取授权状态和请求授权，它有两个相关的方法，分别介绍如下。

（1）authorizationStatusForEntityType 方法：获取程序的授权状态。方法定义如下：

```
+ (CNAuthorizationStatus)authorizationStatusForEntityType:
(CNEntityType)entityType;
```

在上述定义中，该方法有一个 CNEntityType 类型的参数，表示所获取授权的实体种类，目前只有一个取值，即 CNEntityTypeContacts，表示获取的是通讯录的授权状态。

该方法的返回参数是 CNAuthorizationStatus 类型，表示应用程序当前的授权状态，它的取值范围包括以下几方面。

- CNAuthorizationStatusNotDetermined：表示用户还没有决定是否授权程序访问通讯录。此时，应该编写代码请求用户授权。
- CNAuthorizationStatusRestricted：表示 iOS 设备上的许可配置阻止了程序与通讯录的数据库进行交互。
- CNAuthorizationStatusDenied：表示用户拒绝了程序对通讯录的访问。
- CNAuthorizationStatusAuthorized：用户已经授权程序访问通讯录。只有在这个状态下，程序才可以访问到通讯录里的数据。

（2）requestAccessForEntityType:completionHandler:方法：向用户请求授权访问本地通讯录。方法定义如下：

```
- (void)requestAccessForEntityType:(CNEntityType)entityType
completionHandler:(void (^)(BOOL granted, NSError * __nullable
 error))completionHandler;
```

由定义可以看出，该方法接收的参数也是 CNEntityType 类型，传入 CNEntityTypeContacts 表示请求对通讯录的访问授权。另一个参数是回调 block，在请求授权结束时，将授权结果作为 block 的参数 granted 传递。当 granted 取值为 YES 时，表示用户同意访问本地通讯录，否则表示不同意。

接下来就使用一段示例代码向大家介绍如何在 iOS 9 系统下请求授权，代码如下：

```
- (BOOL)application:(UIApplication *)application
didFinishLaunchingWithOptions:(NSDictionary *)launchOptions {
    //获取应用程序的授权状态
    CNAuthorizationStatus status = [CNContactStore
        authorizationStatusForEntityType:CNEntityTypeContacts];
    //如果授权状态是未决定，则可以请求用户授权
    if (status == CNAuthorizationStatusNotDetermined) {
      CNContactStore *store = [[CNContactStore alloc] init];
      //请求用户授权
      [store requestAccessForEntityType:(CNEntityTypeContacts)
          completionHandler:^(BOOL granted, NSError * _Nullable error){
          if (error) {return;}
          if (granted) {
              NSLog(@"%@", @"授权成功");
          }else{
              NSLog(@"%@", @"授权失败");
          }
      }];
    }
    return YES;
}
```

需要注意的是，一般在程序刚一启动时就向用户请求授权，因此，申请通讯录访问授权的代码，通常放在 AppDelegate 类的 didFinishLaunchingWithOptions 方法中。

在程序第一次请求用户授权时，会弹出以下对话框提示用户选择，如图 5-9 所示。

3. 获取联系人信息

在取得用户授权访问通讯录以后，使用 Contacts 框架就可以直接获取联系人信息了，具体步骤如下：

图 5-9　请求访问通讯录对话框

（1）判断授权状态

访问通讯录之前首先要判断用户的授权状态。如果不是已授权，则无法访问通讯录，在实际开发中，可先提示用户到手机的"设置"里修改本应用程序的授权状态，然后直接返回即可。示例代码如下：

```
//判断授权状态
if ([CNContactStore authorizationStatusForEntityType: CNEntityTypeContacts
!= CNAuthorizationStatusAuthorized])
{
    return;
}
```

（2）创建联系人请求对象

如果是已授权状态，就可以开始访问通讯录并取得联系人信息了。首先要构建 CNContactFetchRequest 对象，它的构建方法定义如下：

```
- (instancetype)initWithKeysToFetch:(NSArray <id<CNKeyDescriptor>>*) keysToFetch;
```

由定义可知，该方法有一个 NSArray<id<CNKeyDescriptor>>*类型的参数，表示要查询的联系人的属性集合。如果参数传 nil，则不会查询到任何结果。在 Contacts 框架中定义了很多字符串常量来表示联系人的属性，常用的属性常量示例如下。

- CNContactGivenNameKey：表示联系人的名。
- CNContactPhoneNumbersKey：表示联系人的电话号码。
- CNContactFamilyNameKey：表示联系人的姓。
- CNContactThumbnailImageDataKey：表示联系人的头像大图。
- CNContactImageDataKey：表示联系人的头像小图。

以下代码提供了一个创建 CNContactFetchRequest 对象的实例：

```
//创建数组，存放要请求的联系人属性
CNContactFetchRequest *request = [[CNContactFetchRequest alloc]
initWithKeysToFetch:@[CNContactGivenNameKey,CNContactPhoneNumbersKey]];
```

（3）执行请求并返回结果

创建联系人商店对象，并调用它的 enumerateContactsWithFetchRequest 方法执行请求并返回查询结果。该方法将遍历符合请求条件的所有联系人信息，并将每次遍历得到的联系人作为参数传入 block。该方法定义如下：

```
- (BOOL)enumerateContactsWithFetchRequest:
(CNContactFetchRequest *)fetchRequest
error:(NSError *__nullable *__nullable)error
usingBlock:(void (^)(CNContact *contact, BOOL *stop))block;
```

由定义可知，该方法有 3 个参数，分别如下。

① fetchRequest：表示查询请求。

② error：表示可能出现的错误，如果不为空，则说明请求执行过程中出错了。

③ block：用于对请求结果进行遍历的块代码。它也有两个参数，其中 contact 参数表示当前遍历到的联系人对象，stop 参数表示是否要停止遍历。

接下来使用一个示例来介绍如何执行查询，如例 5-9 所示。

【例 5-9】执行请求并获取联系人

```
1    //创建联系人商店
2    CNContactStore *store = [[CNContactStore alloc] init];
3    //商店遍历联系人
4    [store enumerateContactsWithFetchRequest:request error:nil
5    usingBlock:^(CNContact * _Nonnull contact, BOOL * _Nonnull stop) {
6        NSLog(@"%@", contact.givenName);
7        NSLog(@"%@", contact.phoneNumbers.lastObject.value.stringValue);
8    }];
```

（4）获取联系人信息

在查询结果中，就可以获取到 CNContact 类型的联系人对象，使用它的相关属性就可以获取到联系人的信息了。例如，在例 5-9 的第 6～7 行代码，使用了 givenName 属性和 phoneNumbers 属性分别获取到了联系人的名字和电话号码。

5.3.2 使用 ContactsUI 框架管理联系人

iOS 9 下的通讯录界面同样由联系人列表界面和联系人详细信息界面组成，但与 iOS 8 系统相比有一些变化，如图 5-10 所示。图左是联系人列表界面，图右是联系人详细信息界面。默认情况下，当在联系人列表界面上单击联系人时，会进入联系人详细信息界面。在联系人详细信息界面单击某一属性时，会发生相应的系统行为，如打电话、发短信、发邮件等。

ContactsUI 框架提供了 CNContactPickerViewController 类负责对联系人界面的管理，它直接继承于 UIViewController。

为了让初学者更好地学习 Contacts UI 框架的使用，接下来就针对该框架下如何选择联系人进行详细的分步骤的讲解，具体如下。

1. 引入主头文件

由于 Contacts UI 封装在 ContactsUI.framework 框架中，所以要导入它的主头文件。示例代码如下：

```
#import <ContactsUI/ContactsUI.h>
```

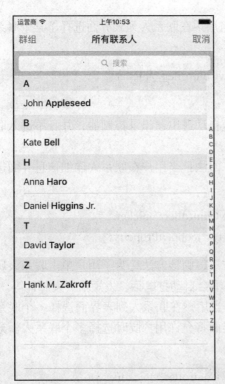

图 5-10 iOS 9 下的通讯录界面

2. 创建控制器

要使用系统自带的联系人管理 UI，首先要创建它的控制器，示例代码如下：

```
CNContactPickerViewController *pvc =
[[CNContactPickerViewController alloc] init];
```

3. 设置代理

当联系人界面产生事件时，联系人控制器会调用它的代理方法。所以要监听联系人界面上的事件，就必须成为它的代理，并且要遵守 CNContactPickerDelegate 协议，示例代码如下：

```
pvc.delegate = self;
```

4. 显示控制器的界面

联系人控制器的信息设置好以后，就可以将控制器界面显示给用户了，示例代码如下：

```
[self presentViewController:pvc animated:YES completion:NULL];
```

5. 实现代理方法

要监听联系人页面的事件，必须实现代理方法。当用户在联系人列表界面单击某个联系人、在联系人详细信息页面单击某个属性，或者用户单击"取消"按钮时都会调用相应的代理方法。CNContactPickerDelegate 协议的代理方法如下。

（1）contactPickerDidCancel:方法：当用户在联系人列表中单击"取消"按钮时调用。实现这个方法不会影响通讯录的自动退出。方法定义如下：

```
- (void)contactPickerDidCancel:(CNContactPickerViewController *)picker;
```

（2）contactPicker:didSelectContact:方法：当用户在联系人列表界面选择了某个联系人时调用。方法定义如下：

- (void)contactPicker:(CNContactPickerViewController *)picker
didSelectContact:(CNContact *)contact;

要注意的是，当实现了这个方法后，系统自动退出通讯录控制器，并且不进入联系人详细信息界面。

（3）contactPicker:didSelectContactProperty:方法：当用户在联系人详细信息界面选择了某个属性时调用。方法定义如下：

- (void)contactPicker:(CNContactPickerViewController *)picker
didSelectContactProperty:(CNContactProperty *)contactProperty;

要注意的是，如果用户实现了这个代理方法，则该方法接管了用户单击联系人属性之后的事件，此时系统自动退出当前页面，而且并不会自动打电话、发短信、发邮件等。

（4）contactPicker:didSelectContacts:方法：当用户在联系人列表界面选择多个联系人时调用。当实现了这个代理方法时，联系人列表界面将允许用户同时选择多个联系人。方法定义如下：

- (void)contactPicker:(CNContactPickerViewController *)picker
didSelectContacts:(NSArray<CNContact*> *)contacts;

需要注意的是当实现了这个方法后，系统自动退出通讯录控制器，并且不进入联系人详细信息界面。

（5）contactPicker:didSelectContactProperties:方法：当用户在联系人详细信息界面选择了多个属性时调用。当实现了这个代理方法时，联系人详细信息界面将允许用户同时选择多个属性。方法定义如下：

- (void)contactPicker:(CNContactPickerViewController *)picker
didSelectContactProperties: (NSArray<CNContactProperty*> *)contactProperties;

需要注意的是，如果用户实现了这个代理方法，则该方法接管了用户单击联系人属性之后的事件，此时系统自动退出当前页面，而且并不会自动打电话、发短信、发邮件等。

如果同时实现了联系人或属性的单选和多选方法，则系统会执行多选方法，忽略单选方法。

从以上代理方法介绍可以看出，在iOS 9下增加了选择多个联系人或者多个属性的功能，这在以前的系统版本里是没有的，如图5-11所示。

6. 获取联系人信息

在代理方法里，就可以获取联系人的信息了，包括姓名、电话等。下面的代码演示了如何在代理方法里使用联系人的属性获取名字和电话号码，具体如下：

- (void)contactPicker:(CNContactPickerViewController *)picker
didSelectContact:(CNContact *)contact
{
    //获取联系人的名字和电话

```
    NSLog(@"%@", contact.givenName);
    NSLog(@"%@", contact.phoneNumbers.lastObject.value.stringValue);
}
```

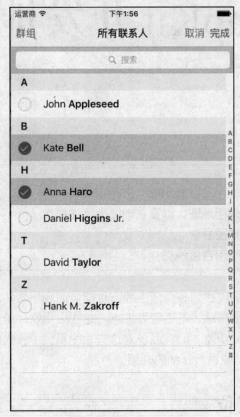

图 5-11 通讯录多选界面

5.4 本章小结

本章首先介绍了在 iOS 7、iOS 8 系统下管理联系人的两个框架：无界面的 Address Book 框架和自带界面的 Address BookUI 框架。然后运用一个案例给大家介绍使用 UIApplication 打电话和发短信的方法，最后介绍了最新的 iOS 9 系统下管理联系人的新框架，包括无界面的 Contacts 框架和自带界面的 Contacts UI 框架。大家在实际开发中可根据项目需要选择合适的框架。

【思考题】
1. 简述如何使用 Address Book 框架显示联系人。
2. 简述如何在 C 语言对象和 OC 语言对象之间桥接。

第 6 章 使用 MapKit 开发地图服务

学习目标

- 掌握如何使用 CLLocation 进行定位
- 掌握如何使用地图，以及在地图上添加锚点
- 熟练使用地图导航
- 了解如何使用百度地图

随着技术的发展，人们现在到一个陌生地方也能借助应用软件轻松导航到目的地，还能搜索附近的餐厅、银行、火车站、电影院等地点。这些应用软件给生活提供了巨大的方便，它们都使用了定位和地图的功能。iOS 系统对这些功能提供了强大的技术支持。本章将围绕 iOS 设备上的定位和地图功能进行详细的介绍。

6.1 根据地址定位

目前使用定位服务的 App 越来越多，包括各种打车软件、购物软件、运动软件等。iOS 使用了 3 种不同的定位方式，包括 GPS 卫星定位、蜂窝式移动电话基站定位和 Wi-Fi 网络定位，iOS 底层会根据设备情况和周边环境自动选择一个最优的定位方式。定位的本质是获取 iOS 设备的地理位置信息，主要是经纬度信息。关于经纬度的介绍如图 6-1 所示。

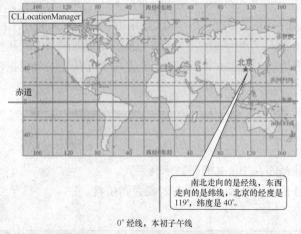

图 6-1 地址定位的经纬度

图 6-1 中，南北走向是经线，东西走向是纬线。0 度经线，即本初子午线，位于英国格林尼治天文台。本初子午线的东西两边分别定为东经和西经，于 180° 相遇，共 360°。纬度的 0° 位于赤道，赤道以北的点的纬度叫北纬，为正数；赤道以南的点的纬度称南纬，为负数。南北纬各 90°，共 180°。图 6-2 给出了中国部分城市的经纬度。

城市	经度	纬度
北京	E116°28'	N39°54'
广州	E113°15'	N23°08'
成都	E104°05'	N30°39'
上海	E121°29'	N31°14'
深圳	E113°46'	N22°27'
武汉	E114°21'	N30°37'
郑州	E113°42'	N34°48'

图 6-2 中部经纬度

6.1.1 根据地址定位

iOS 系统中提供定位功能的是 Core Location 框架。其中表示位置信息的是 CLLocation 类。该类使用 coordinate 属性表示位置的经纬度，这是一个 CLLocationCoordinate2D 类型的属性。该类型定义如下：

```
typedef struct {
    CLLocationDegrees latitude;
    CLLocationDegrees longitude;
} CLLocationCoordinate2D;
```

由上述定义可以看出，CLLocationCoordinate2D 类型是个结构体，其中 latitude 代表纬度，longitude 代表经度。

另外，Core Location 框架使用了 CLLocationManager 管理类来管理定位操作，该类提供了许多属性，其中最常用的属性如表 6-1 所示。

表 6-1 CLLocationManager 类的常用属性

属性声明	功能描述
@property(assign, nonatomic) CLLocationDistance distanceFilter;	用于指定当位置发生多大改变时重新定位
@property(assign, nonatomic) CLLocationAccuracy desiredAccuracy	用于指定定位精度
@property(assign, nonatomic) id<CLLocationManagerDelegate> delegate	用于指定代理

表 6-1 中，desiredAccuracy 属性的取值包含一系列常量，具体如下：

（1）const CLLocationAccuracy kCLLocationAccuracyBestForNavigation：导航专用。
（2）const CLLocationAccuracy kCLLocationAccuracyBest：最优精度。
（3）const CLLocationAccuracy kCLLocationAccuracyNearestTenMeters：精度为 10m。
（4）const CLLocationAccuracy kCLLocationAccuracyHundredMeters：精度为 100m。
（5）const CLLocationAccuracy kCLLocationAccuracyKilometer：精度为 1 000m。

（6）const CLLocationAccuracy kCLLocationAccuracyThreeKilometers：精度为 3 000m。

CLLocationManager 类不仅提供了很多属性，而且还定义了很多方法，具体如表 6-2 所示。

表 6-2　CLLocationManager 类的常用方法

方法声明	功能描述
- (void)startUpdatingLocation	开始定位
- (void)stopUpdatingLocation	停止定位

为了让初学者更好地掌握如何使用 Core Location 框架实现定位功能，接下来针对 Core Location 框架定位进行详细介绍，具体步骤如下：

1. 导入主头文件

由于 Xcode 默认没有导入 Core Location 框架的主头文件，所以需要手工导入。导入方式如下：

```
#import <CoreLocation/CoreLocation.h>
```

2. 创建 CLLocationManager 管理器

要使用定位功能，首先要创建 CLLocationManager 管理器对象，并定义一个属性来表示，具体示例代码如下：

```
@property (nonatomic, strong) CLLocationManager *mgr;
```

通过懒加载创建一个 CLLocationManager 对象，并为其设置代理和其他属性，具体示例代码如下：

```
- (CLLocationManager *)mgr{
    if (_mgr == nil) {
        // 1.创建 CLLocationManager
        _mgr = [[CLLocationManager alloc] init];
        // 2.设置代理
        _mgr.delegate = self;
        // 3.设置位置发生多大改变的时候重新定位
        _mgr.distanceFilter = 10;
        // 4.设置定位的精确度(精确度越高越耗电)
        _mgr.desiredAccuracy = kCLLocationAccuracyBestForNavigation;
    }
    return _mgr;
}
```

3. 请求用户授权

在 iOS 6 以后，苹果公司更加注重保护用户的隐私，如果程序需要使用用户的位置信息，需要取得用户同意，系统自动弹出提示框，如图 6-3 所示。

但在 iOS 8 以后，需要调用方法请求用户授权，并且在项目的 info.plist 文件中添加对应的设置信息，指定在弹出提

图 6-3　使用位置

示框时的自定义提示信息。请求用户授权有两种方法，具体如下。

（1）requestAlwaysAuthorization：请求程序运行期间始终使用用户位置，需要添加 NSLocationAlwaysUsageDescription 设置信息。

（2）requestWhenInUseAuthorization：请求程序在前台运行时使用用户位置，需要添加 NSLocationWhenInUseDescription 设置信息。

接下来，通过一段示例代码来演示这两个方法的使用，具体如下：

```objectivec
if ([UIDevice currentDevice].systemVersion.intValue >= 8.0) {
    //始终使用用户位置
    [self.manager requestAlwaysAuthorization];
    //当应用在前台运行时使用位置，进入后台时不使用
    //[self.manager requestWhenInUseAuthorization];
}
```

在 info.plist 文件中的设置信息如图 6-4 所示。

Information Property List		Dictionary	(15 items)
Localization native development region		String	en
Executable file		String	$(EXECUTABLE_NAME)
Bundle identifier		String	cn.itcast.123999
InfoDictionary version		String	6.0
Bundle name		String	$(PRODUCT_NAME)
Bundle OS Type code		String	APPL
Bundle versions string, short		String	1.0
Bundle creator OS Type code		String	????
Bundle version		String	1
Application requires iPhone environment		Boolean	YES
NSLocationAlwaysUsageDescription		String	需要使用您的位置才能定位

图 6-4 设置

4. 开始定位

开始定位时，需要调用 startUpdatingLocation 方法，具体示例代码如下：

```objectivec
[self.mgr startUpdatingLocation];
```

5. 获取定位信息

在调用定位方法后，系统就可以开始定位了。由于外部设备环境不同，定位设置的精度不同等原因，定时间间也不一样。当定位完成时，CLLocationManager 会调用它的代理方法。它的代理需要遵守 CLLocationManagerDelegate 协议，然后实现 locationManager:didUpdateLocations 方法，如此，便可以获取位置的经纬度了，示例代码如下：

```objectivec
- (void)locationManager:(CLLocationManager *)manager
       didUpdateLocations:(NSArray *)locations
{
    // 取出包含用户信息的对象
    CLLocation *location = [locations lastObject];
    // 拿到用户的经纬度
    CLLocationCoordinate2D coordinate = location.coordinate;
```

NSLog(@"纬度:%f 经度:%f", coordinate.latitude, coordinate.longitude);
}

6. 停止定位

开始定位以后，由于持续不断地定位非常耗电，因此，取得用户的位置后，需要及时停止定位。停止定位使用的方法是 stopUpdatingLocation，示例代码如下：

[self.mgr stopUpdatingLocation];

需要注意的是，如果 iOS 设备没有开启定位功能，则系统会自动弹出提示框，用户单击"Settings"按钮就可以直接到设置页面手动开启定位功能，如图 6-5 所示。

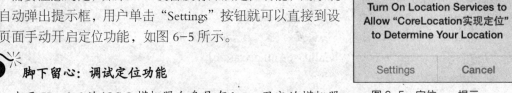

图 6-5 定位 提示

脚下留心：调试定位功能

由于 Xcode6 的 iOS 8 模拟器自身具有 bug，用它的模拟器无法正确测试定位功能。要想测试定位功能，可以在真机上进行测试，也可以在低版本的模拟器上进行测试。这里，我们以模拟器为例，讲解如何调试定位功能，具体如下。

（1）在 Xcode→Preferences→Downloads 目录下下载安装 iOS 7.1 模拟器，如图 6-6 所示。

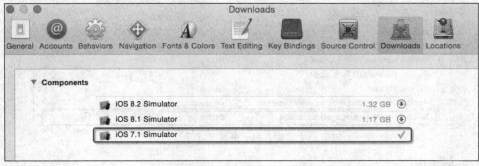

图 6-6 　 i S 7.1

（2）在 Xcode 中选中项目，在 General 配置项下，将项目的部署目标系统设为 iOS 7.1，如图 6-7 所示。

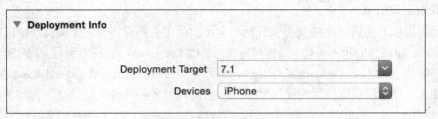

图 6-7 设置项目 行目标

（3）让项目运行在 iPhone 5s（7.1）模拟器上，如图 6-8 所示。

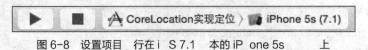

图 6-8 设置项目 行在 i S 7.1 本的 iP one 5s 上

这样，就可以在模拟器上调试定位功能了。

6.1.2 正向地理编码和反向地理编码

定位得到的经纬度数字对用户来说一般不具备实际意义,用户需要的是具体的位置信息,因此需要反向地理编码。反向地理编码是指根据给定的经纬度,获得具体的位置信息,如城市名称、地址的名称等。反之,若想根据指定的地名,获取具体的位置信息,则需要通过正向地理编码。

针对地理编码中得到的位置信息,iOS 系统中的 Core Location 框架中提供了 CLPlacemark(地标)类。该类封装了详细的地址位置信息,包括经纬度、地址名称、城市名称等,并且这些信息都可以使用 CLPlacemark 类的属性来获取,接下来,通过一张表来列举 CLPlacemark 类的常见属性,具体如表 6-3 所示。

表 6-3 CLPlacemark 类的常用属性

属性声明	功能描述
@property (nonatomic, readonly, copy) CLLocation *location;	用于获取位置对象,包含地理信息
@property (nonatomic, readonly, copy) CLRegion *region;	用于获取区域范围
@property (nonatomic, readonly, copy) NSTimeZone *timeZone;	用于获取时区
@property (nonatomic, readonly, copy) NSString *country;	用于获取地标的国家
@property (nonatomic, readonly, copy) NSString *postalCode;	用于获取地标的邮政编码
@property (nonatomic, readonly, copy) NSString *name;	用于获取地标的具体名称
@property (nonatomic, readonly, copy) NSString *administrativeArea;	用于获取地标的行政区域(州,省)
@property (nonatomic, readonly, copy) NSString *subAdministrativeArea;	用于获取地标的行政区域附加信息(郡,县)
@property (nonatomic, readonly, copy) NSString *locality;	用于获取地标的城市
@property (nonatomic, readonly, copy) NSString *subLocality;	用于获取地标的城市附加信息
@property (nonatomic, readonly, copy) NSString *thoroughfare;	用于获取地标的街道信息
@property (nonatomic, readonly, copy) NSString *subThoroughfare;	用于获取地标的街道附加信息(铭牌号)

iOS 系统的正向地理编码和反向地理编码都使用 CLGeocoder 类实现,正向地理编码使用 geocodeAddressString 方法,反向地理编码使用 reverseGeocodeLocation 方法实现。接下来,围绕 CLGeocoder 类实现正向地理编码和反向地理编码的过程进行详细讲解,具体步骤如下:

1. 导入主头文件

由于 Xcode 默认没有导入 Core Location 框架的主头文件,所以要手工导入,示例如下:

```
#import <CoreLocation/CoreLocation.h>
```

2. 创建 CLGeocoder 对象

要进行正向编码或者反向编码,首先需要创建 CLGeocoder 对象,示例代码如下:

```
CLGeocoder *geocoder = [[CLGeocoder alloc] init];
```

3. 实现正向地理编码

实现正向地理编码调用的是 geocodeAddressString 方法,该方法传入一个 address 参数,指定要进行地理编码的地区,然后在块代码的参数里将包含地标查询结果的数组传递出来。示例代码如下:

```
//正向地理编码
//获取用户输入的地址信息
NSString *address = @"金燕龙办公楼";
//实现地理编码
[geocoder geocodeAddressString:address
            completionHandler:^(NSArray *placemarks, NSError *errcr) {
    //如果没有查到结果或者出错，则直接返回
    if (placemarks.count == 0 || error) {
        return;
    }
    //循环打印查询到的地标信息
    for (CLPlacemark *placemark in placemarks) {
        //获取地标对象
        CLLocationCoordinate2D coordinate = placemark.location.coordinate;
        //打印地标的纬度、经度和地址名称
        NSLog(@"纬度：%.2f, 经度：%.2f, 地址：%@",
              coordinate.latitude,coordinate.longitude,placemark.name);
    }
}];
```

4. 实现反向地理编码

实现反向地理编码功能的是 reverseGeocodeLocation 方法，该方法传入一个 CLLocation 类型的参数，并将解析结果作为块代码的参数传递出来。示例代码如下：

```
//反向地理编码
//根据经纬度创建一个 CLLocation 对象
CLLocation *location = [[CLLocation alloc]
                        initWithLatitude:40 longitude:116];
//开始反向地理编码
[geocoder reverseGeocodeLocation:location
            completionHandler:^(NSArray *placemarks, NSError *error)
{
    for (CLPlacemark *placemark in placemarks) {
        //获取地标对象
        CLLocationCoordinate2D coordinate = placemark.location.coordinate;
        //打印地标的纬度、经度和地址名称
        NSLog(@"纬度：%.2f, 经度：%.2f, 地址：%@",
              coordinate.latitude,coordinate.longitude,placemark.name);
    }
}];
```

6.2 MapKit 框架

定位到具体位置以后，下一步就是将位置在地图上显示出来，给用户一个直观显示。在导航应用和查找周边功能中都要用到地图功能，为此，iOS 专门提供了一个 MapKit 框架用于实现地图的操作。接下来，本节将围绕 MapKit 框架访问地图进行详细讲解。

6.2.1 MKMapView 控件

在 iOS 中，MapKit 框架专门提供了一个 MKMapView 控件用于显示地图，它提供了一个 mapType 属性，该属性可以设置地图的 3 种显示方式，具体如下。

（1）MKMapTypeStandard：普通地图（见图 6-9（a）），是默认值。

（2）MKMapTypeSatellite：卫星云图（见图 6-9（b））。

（3）MKMapTypeHybrid：普通地图覆盖于卫星云图之上（见图 6-9（c））。

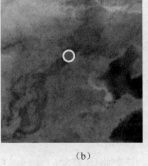

(a)　　　　　　　　　　　(b)　　　　　　　　　　　(c)

图 6-9　3　地图类

通过设置它的 userTrackingMode 属性可以跟踪显示用户的当前位置，它可取的值具体如下。

（1）MKUserTrackingModeNone：不跟踪用户的位置，是默认值。

（2）MKUserTrackingModeFollow：跟踪并在地图上显示用户的当前位置。

（3）MKUserTrackingModeFollowWithHeading：跟踪并在地图上显示用户的当前位置，地图会跟随用户的前进方向进行旋转。

接下来，通过一张图来描述地图跟踪显示用户位置的效果，具体如图 6-10 所示。

在图 6-10 中，蓝色发光圆点就是用户的当前位置，通常我们将这个圆点称作"大头针"。

MapKit 框架使用 MKUserLocation 类表示用户的位置，该类提供了许多属性，其中最常用的属性如表 6-4 所示。

图 6-10　定位位置

表 6-4　MKUserLocation 类的常用属性

属性声明	功能描述
@property (readonly, nonatomic) CLLocation *location	用于获取用户的地理位置
@property (nonatomic, copy) NSString *title;	用于获取或设置位置的标题
@property (nonatomic, copy) NSString *subtitle;	用于获取或设置位置的副标题

当设置地图跟踪用户当前的位置时,可通过它的代理获得用户当前位置。为了让初学者学习如何通过 MKMapView 控件获取用户当前位置,接下来围绕 MKMapView 控件的基本使用进行详细讲解,具体步骤如下。

1. 添加 MKMapView 控件

新建一个"Single View Application"项目,打开 Main.storyboard 文件,在控件库里找到 图标,将 MKMapView 控件用拖曳的方式添加到项目界面上,并与代码进行关联,取名为 mapView。

2. 导入框架和头文件

由于在 storyboard 中使用了 MKMapView 控件,因此需要在项目中显式导入 MapKit 框架。在 Xcode 里选中项目,在"General"→"Build Phases"→"Link Binary With Libraries"里,添加 MapKit.framework 框架,添加后的效果如图 6-11 所示。

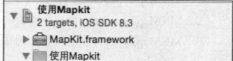

需要注意的是,编写代码时,切记要导入主头文件,示例代码如下:

图 6-11 导 MapKit 框

`#import <MapKit/MapKit.h>`

3. 设置地图跟踪模式

默认情况下,地图的跟踪模式是不跟踪用户的位置,这里,我们将其设置为跟踪,具体代码如下:

`self.mapView.userTrackingMode = MKUserTrackingModeFollow;`

需要注意的是,由于地图跟踪模式使用了定位功能,所以在 iOS 8 系统下要主动请求用户授权,并在 info.plist 文件中添加 NSLocationAlwaysUsageDescription 或 NSLocationWhenInUseDescription 设置信息。示例代码如下:

```
if ([UIDevice currentDevice].systemVersion.intValue >= 8.0) {
    //始终使用用户位置
    [self.manager requestAlwaysAuthorization];
    //当应用在前台运行时使用位置,进入后台时不使用
    [self.manager requestWhenInUseAuthorization];
}
```

4. 设置代理并实现代理方法

当地图获取到用户的当前位置之后,会调用相应的代理方法。所以需要在它的代理方法里获取用户位置。这里,我们需要先将控制器设置为 Map View 的代理,并让控制器遵守 MKMapViewDelegate 协议。示例代码如下:

`self.mapView.delegate = self;`

当实现代理方法时,要想获取到用户位置,需要调用 mapView: didUpdateUserLocation:代理方法,这个方法包含一个 MKUserLocation 类型的参数,用于传递用户位置的经纬度信息。具体代码如例 6-1 所示。

【例 6-1】ViewController.m 文件的代码

```
1    //当获取用户的位置信息时会调用该方法
2    // @param userLocation   大头针模型
3    - (void)mapView:(MKMapView *)mapView
4                    didUpdateUserLocation:(MKUserLocation *)userLocation
5    {
6        //创建 Geocoder 对象
7        CLGeocoder *geocoder = [[CLGeocoder alloc] init];
8        //反地理编码
9        [geocoder reverseGeocodeLocation:userLocation.location
10                      completionHandler:^(NSArray *placemarks, NSError *error) {
11           //获取到的地标
12           MKPlacemark *pm = [placemarks firstObject];
13           //用户位置的标题和副标题
14           userLocation.title = pm.locality;
15           userLocation.subtitle = pm.name;
16       }];
17   }
```

在例 6-1 中，第 3~17 行代码实现了代理方法，其中 userLocation 参数表示获取到的用户位置信息。第 7 行代码创建了 Geocoder 对象；第 9~16 行代码对获取到的用户地理位置进行反地理编码，获取到位置的详细信息，包括地名、城市名，并设置给锚点，单击锚点，就可以看到定位地点的具体信息了，具体如图 6-12 所示。

需要注意的是，由于在地图应用中也使用了定位功能，所以对 MapKit 框架的调试方法与 6.1.1 小节"根据地址定位"中调试定位功能的方法是一样的。

图 6-12　在地图中定位　　位置

6.2.2 指定地图显示中心和显示区域

由于设备屏幕大小的限制，只能将地图的一部分区域展示给用户。这块展示给用户的区域就是地图的显示区域。在 iOS 中，地图的显示区域使用 MKCoordinateRegion 类表示，它的定义如下：

```
typedef struct {
    CLLocationCoordinate2D center;
    MKCoordinateSpan span;
} MKCoordinateRegion;
```

由定义可以看出，显示区域也是一个结构体，它包含了两个属性，分别是 CLLocationCoordinate2D 和 MKCoordinateSpan，其中，CLLocationCoordinate2D 表示地图的显示中心，MKCoordinateSpan 表示地图的显示跨度，它也是一个结构体，其定义方式如下：

```
typedef struct {
    CLLocationDegrees latitudeDelta;
    CLLocationDegrees longitudeDelta;
} MKCoordinateSpan;
```

从上述定义可以看出，地图的跨度由纬度跨度 latitudeDelta 和经度跨度 longitudeDelta 组成。其中，纬度跨度指定地图上南北向的显示距离，由度数表示，1 度约相当于 111km；经度跨度指定地图上东西向的显示距离，由度数表示，但与纬度跨度不同，经度跨度的 1 度表示的距离依赖于所在的纬度。例如，在赤道上经度跨度的 1 度相当于 111km，随着纬度增加，1 度表示的距离越来越小；在北极，1 度代表的距离缩小为 0。

为了帮助大家更好地理解跨度，接下来，通过图 6-13 来描述。

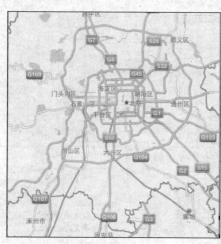

图 6-13 的 度显示 的

在图 6-13 中，左边是跨度为 1.0 时的显示范围，右边是跨度为 0.1 时的显示范围，很明显可以得出结论，跨度的值与地图的缩放成反比，跨度越大，地图显示范围越大，缩放程度越小；跨度越小，显示范围越小，缩放程度越大。

当用户搜索某一地点，地图在展示结果时可以将该地点设置为地图的显示中心，并根据不同的需求设置跨度，显示该地点的周围显示范围，这样就确定了地图的显示区域。接下来，围绕如何获取和设置用户的显示中心和显示区域进行分步骤详细的讲解。

1. 添加 MKMapView 控件

新建一个 "Single View Application" 项目，打开 Main.storyboard 文件，在控件库里找到 图标，将 MKMapView 控件用拖曳的方式添加到项目界面上。

2. 导入框架和头文件

由于在 storyboard 中使用了 MKMapView 控件，所以要在项目中显式导入 MapKit 框架。并且在代码中导入主头文件，示例代码如下：

```
#import <MapKit/MapKit.h>
```

3. 根据用户输入的地址设置演示区域

首先根据用户输入的地址，进行正向地理编码，获取地址的地理信息。然后将该地理信息设置为显示区域的中心点，并设置合适的显示跨度，确定地图的显示区域。示例代码如下：

```objc
//获取地址信息
NSString *address = @"北京市金燕龙办公楼";
//正向地理编码，获取地址的地理信息
CLGeocoder *geocoder = [[CLGeocoder alloc] init];
[geocoder geocodeAddressString:address
            completionHandler:^(NSArray *placemarks, NSError *error)
{
    //获取地标对象，并获取地标的地理位置
    CLPlacemark *pm = [placemarks firstObject];
    CLLocationCoordinate2D coordinate = pm.location.coordinate;
    //设置合适的跨度
    MKCoordinateSpan span = MKCoordinateSpanMake(0.028883, 0.022036);
    //创建显示区域，并设置给 Map View
    MKCoordinateRegion region = MKCoordinateRegionMake(coordinate, span);
    self.mapView.region = region;
}];
```

> **多学一招：如何获取合适的显示跨度**

在设置地图的显示区域时，需要设置合适的显示跨度。在确定这个显示跨度时，可以缩放地图使其成为想要显示的比例，然后打印出对应的跨度。实现这个功能需要进行以下操作步骤。

（1）将控制器设置为 Map View 的代理，并让控制器遵守 MKMapViewDelegate 协议。示例代码如下：

```objc
self.mapView.delegate = self;
```

（2）在控制器里实现 Map View 的代理方法。

当地图的显示区域改变时，会调用 Map View 的 regionDidChangeAnimated 代理方法，从该代理方法的参数 mapView 里就可以获取此时的显示跨度。示例代码如下：

```objc
- (void)mapView:(MKMapView *)mapView
                    regionDidChangeAnimated:(BOOL)animated
{
    //获取地图当前的显示区域
    MKCoordinateRegion region = mapView.region;
    //获取地图当前的显示跨度，并打印到控制台
    MKCoordinateSpan span = region.span;
    NSLog(@"纬度跨度%f,经度跨度%f", span.latitudeDelta, span.longitudeDelta);
}
```

6.2.3 使用 iOS 7 新增的 MKMapCamera

在 iOS7 的地图框架中增加了一个新特性——地图摄像头，即假设在地图上空放置一个虚拟摄像头，通过设置摄像头的位置、高度、朝向和倾斜角度，展示一个类似 3D 效果的地图视

图。为此，iOS 提供了 MKMapCamera 类。该类提供了很多属性，例如，设置摄像头的位置、高度等属性，接下来，通过表 6-5 来列举 MKMapCamera 类的常见属性。

表 6-5　MKMapCamera 类的常用属性

属性声明	功能描述
@property(nonatomic) CLLocationCoordinate2D centerCoordinate	用于获取或设置地图的显示中心点
@property(nonatomic) CLLocationDirection heading	用于获取或设置摄像头的朝向，0 代表指向正北方，90° 代表指向东方，180° 代表指向南方
@property(nonatomic) CGFloat pitch	用于获取或设置摄像头的角度，以度数表示，0 代表摄像头指向正下方，大于 0 的度数代表倾斜度数。该属性只对标准类型的地图有效，对于街景地图和混合地图该值是 0
@property(nonatomic) CLLocationDistance altitude	用于获取或设置摄像头距离地面的高度，单位是 m，取值必须大于 0

除了通过属性设置摄像头的信息外，还可以通过它的创建方法指定摄像头的所有具体信息，它的创建方法的定义如下：

```
+(instancetype) cameraLookingAtCenterCoordinate:
(CLLocationCoordinate2D) centerCoordinate
fromEyeCoordinate: (CLLocationCoordinate2D) eyeCoordinate
           eyeAltitude: (CLLocationDistance) eyeAltitude
```

从上述定义可以看出，它的创建方法有 3 个参数，关于这 3 个参数的讲解如下。

（1）centerCoordinate：指定地图的显示中心点的位置。

（2）eyeCoordinate：指定摄像头放置的位置。如果与地图中心点位置相同，则相当于摄像头垂直于地面拍摄；如果与地图中心点位置不同，则相当于摄像头以某个朝向和角度拍摄地面。

（3）eyeAltitude：指定摄像头距离地面的距离，单位是 m。

使用这个创建方法，可以指定摄像头的所有信息。创建了摄像头以后，添加到 Map View 上就可以以摄像头的角度展示地图了。接下来，针对如何给一个现有的地图添加摄像头进行分步骤讲解，具体如下。

1. 创建摄像头

要使用摄像头，第一步是创建摄像头，示例代码如下：

```
MKMapCamera *mapCamera = [MKMapCamera camera];
```

2. 设置摄像头的属性

刚创建出来的摄像头没有任何信息，但在使用之前必须设置它的相关信息，这时，可以通过它的属性来设置。示例代码如下：

```
mapCamera.centerCoordinate =
        CLLocationCoordinate2DMake(41.056322, 116.342796);//设置地图中心点
```

```
mapCamera.altitude = 180;        //设置摄像头的高度,单位是 m
mapCamera.pitch = 0;             //设置摄像头与垂直线的角度
mapCamera.heading = 0;           //设置摄像头的朝向,0 度代表正北
```

3. 将摄像头添加到地图上

摄像头设置好以后,就要将其添加到地图上。这样就完成展示类似 3D 效果的地图功能了。示例代码如下:

```
self.mapView.camera = mapCamera;
```

这样设置摄像头之后的地图如图 6-14(a)所示,没有设置摄像头的地图如图 6-14(b)所示。从它们的对照可以看出,仅仅是设置了摄像头的高度就已经引起了地图显示的较大变化。

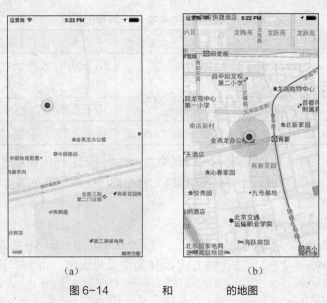

图 6-14　　　　和　　　　的地图

6.3 在地图上添加锚点

实际生活中,我们经常会使用地图搜索附近的一些地方,如搜索附近的银行,地图会将搜寻到的所有银行用一个图标标记出来,单击某个图标,可以看见该银行的名称、具体位置等详细信息。通常情况下,我们把这个图标标记称为锚点,它用来标识某个位置上有特定的事物。接下来,本节将针对如何在地图上添加锚点进行详细讲解。

6.3.1 添加简单的锚点

相信大家都见过生活中的大头针,其实,iOS 开发中,地图上的锚点默认也是使用大头针来标注的,接下来,通过图 6-15 来描述。

iOS 系统中并没有直接定义锚点类,而是定义了锚点协议 MKAnnotation,只要是遵守了这个协议的任何对象,都可以作为锚点添加到地图上。MKAnnotation 协议里规定了属性用于描述锚点的位置、标题等信息,它的常见属性列表如表 6-6 所示。

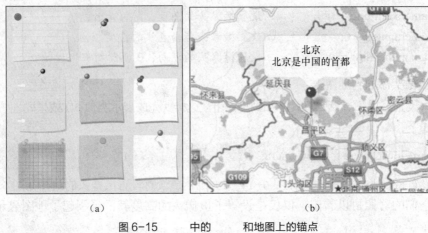

（a） （b）

图 6-15 　　　　中的　　　　和地图上的锚点

表 6-6　MKAnnotation 　　的常用属性

属性声明	功能描述
@property (nonatomic, readonly) CLLocation Coordinate2D coordinate	用于获取锚点所在的位置，是必备属性
@property (nonatomic, readonly, copy) NSString *title	用于获取锚点的标题，是可选属性
@property (nonatomic, readonly, copy) NSString *subtitle	用于获取锚点的副标题，是可选属性

只要自定义一个遵守 MKAnnotation 协议的类，就可以把它作为锚点添加到地图上。为了让初学者更好地了解锚点的使用，接下来围绕如何在地图上添加简单锚点分步骤进行讲解，具体如下：

1. 添加 MKMapView 控件

新建一个 "Single View Application" 项目，打开 Main.storyboard 文件，在控件库里找到图标，将 MKMapView 控件用拖曳的方式添加到项目界面上，并与代码相关联，取名为 mapView。

2. 导入框架和头文件

由于在 storyboard 中使用了 MKMapView 控件，所以要在项目中显式导入 MapKit 框架。并且在代码中导入主头文件，示例代码如下：

```
#import <MapKit/MapKit.h>
```

3. 创建锚点类

新建一个类，继承自 NSObject，取名为 "MyAnnotation"。让它遵守 MKAnnotation 协议，并定义协议里规定的属性。MyAnnotation.h 文件的代码如下：

```
#import <Foundation/Foundation.h>
#import <MapKit/MapKit.h>
@interface MyAnnotation : NSObject <MKAnnotation>
@property (nonatomic, assign) CLLocationCoordinate2D coordinate;    //锚点位置
@property (nonatomic, copy) NSString *title;                        //锚点标题
@property (nonatomic, copy) NSString *subtitle;                     //锚点副标题
@end
```

需要注意的是，在定义锚点类时，要将 coordinate 属性的 readonly 修饰符替换成 assign 修饰符，并且将 title 和 subtitle 属性的 readonly 修饰符去掉。

4. 创建锚点对象，添加到地图

有了锚点类，就可以创建锚点对象，设置锚点的位置、标题和副标题等信息，将锚点添加到地图上，这样就可以在地图上显示这个锚点了。示例代码如下所示：

```
- (void)viewDidLoad {
    [super viewDidLoad];
    //创建锚点对象，并设置位置，标题等属性
    MyAnnotation *myAnno = [[MyAnnotation alloc] init];
    myAnno.coordinate = CLLocationCoordinate2DMake(40.3, 116.22);
    myAnno.title = @"北京";
    myAnno.subtitle = @"北京是中国的首都";
    //将锚点添加到地图上
    [self.mapView addAnnotation:myAnno];
}
```

上述代码执行后显示效果如图 6-15（b）所示，这种方式添加的锚点默认使用的是大头针形状，图中的红色大头针就是锚点。

6.3.2 添加自定义锚点

简单锚点只包含了锚点的数据信息，并不包含显示信息，它默认使用系统自带的红色大头针视图。如果想使用其他图片，则需要自定义它的显示视图，也就是自定义锚点。自定义锚点通过在简单锚点的基础上自定义显示视图来实现。

iOS 中锚点的显示视图由 MKAnnotationView 类表示，它的常用属性如表 6-7 所示。

表 6-7 MKAnnotationView 类的常用属性

属性声明	功能描述
@property (nonatomic, strong) UIImage *image;	用于设置和获取锚点的显示图片
@property (nonatomic) BOOL canShowCallout;	用于设置和获取是否可以显示气泡，气泡可显示锚点的标题、副标题等附加信息
@property (strong, nonatomic) UIView *leftCalloutAccessoryView;	用于设置和获取气泡左端的附加视图
@property (strong, nonatomic) UIView *rightCalloutAccessoryView;	用于设置和获取气泡右端的附加视图
@property (nonatomic, strong) id <MKAnnotation> annotation;	用户设置和获取锚点的数据模型

添加自定义锚点需要通过 Map View 的代理。在锚点被添加到地图上之后，会调用地图的代理方法 mapView:viewForAnnotation:，为每一个锚点设置它的显示视图。该方法定义如下：

```
- (MKAnnotationView *)mapView:(MKMapView *)mapView
        viewForAnnotation:(id<MKAnnotation>)annotation
```

从定义可以看出，该方法为每一个锚点设置了一个 MKAnnotationView 对象作为它的显示视图。如果方法返回 nil，则使用系统默认的大头针视图。

为了让初学者更好地学习如何给地图添加自定义锚点，接下来就围绕在已经添加了简单锚点的基础上，针对如何添加自定义锚点的显示视图进行讲解，具体步骤如下：

1. 将控制器设置为地图的代理

控制器要成为地图的代理，必须遵守 MKMapViewDelegate 协议。示例代码如下：

```
@interface ViewController () <MKMapViewDelegate>
```

然后将控制器设置为地图的代理，一般在加载完成的方法里设置。示例代码如下：

```
- (void)viewDidLoad {
    [super viewDidLoad];
    self.mapView.delegate = self;
}
```

2. 实现代理方法

控制器成为地图的代理后，就可以实现它的代理方法，并自定义锚点的显示视图了，代码如例 6-2 所示。在自定义视图中要注意以下几点。

（1）如果使用了用户位置，则显示用户位置的蓝色发光圆圈也是一个锚点，在添加过程中也要调用这个代理方法，所以要对它进行判断，如果是显示用户位置的锚点就不自定义它的显示视图，如例 6-2 中第 5~7 行代码所示。

（2）地图对锚点的显示视图进行了复用，当挪动地图时，会将不再显示的锚点视图存储起来。在创建新的锚点时，会先检查是否有已存储的锚点视图，如果有，则复用到新的显示锚点上；如果没有，则创建新的锚点视图，如例 6-2 中第 9~16 行代码所示。

（3）由于自定义锚点在单击时，默认不能显示气泡。如果想显示气泡，需要将它的 canShowCallout 属性设置为 YES，如例 6-2 中第 15 行代码所示。

【例 6-2】ViewController.m 文件的代码

```
1   - (MKAnnotationView *)mapView:(MKMapView *)mapView
2                viewForAnnotation:(id<MKAnnotation>)annotation
3   {
4       //如果是显示用户位置的锚点，则返回 nil，不改变它的显示样式
5       if ([annotation isKindOfClass:[MKUserLocation class]]) {
6           return nil;
7       }
8       //自定义的大头针模型对象，并进行复用
9       static NSString *ID = @"annoView";
10      MKAnnotationView *annoView = (MKAnnotationView *)[mapView
11                  dequeueReusableAnnotationViewWithIdentifier:ID];
12      if (annoView == nil) {
13          annoView = [[MKAnnotationView alloc]
14                  initWithAnnotation:nil reuseIdentifier:ID];
```

```
15          annoView.canShowCallout = YES; //设置显示锚点的气泡
16      }
17      //设置锚点的显示图片
18      annoView.image = [UIImage imageNamed:@"category_4"];
19      //设置锚点的数据模型
20      annoView.annotation = annotation;
21      //设置气泡左边的附加视图
22      annoView.leftCalloutAccessoryView = [[UIImageView alloc]
23                      initWithImage:[UIImage imageNamed:@"category_3"]];
24      return annoView;
25  }
```

例 6-2 的代码自定义了锚点的图片（图片名为 category_4.png，可替换成自己的图片），并且给它设置了气泡的左端附加视图（图片名为 category_3.png，可替换成自己的图片），这段代码执行后的效果如图 6-16 所示。

多学一招：自定义大头针锚点

自定义锚点时，如果不想使用自己的图片，而是继续使用大头针视图显示锚点，可以使用 MKAnnotationView 类的子类 MKPinAnnotationView。它规定了锚点的图片仍然是大头针，但是可以改变大头针的颜色，而且可以添加降落动画。这些特性通过它的两个特定属性实现，如表 6-8 所示。

图 6-16　　定　锚点

表 6-8　MKPinAnnotationView 类的　定属性

属性声明	功能描述
@property(nonatomic) MKPinAnnotationColor pinColor	用于设置和获取锚点的颜色，有红色、绿色和紫色 3 种颜色可选
@property(nonatomic) BOOL animatesDrop	用于设置和获取是否使用锚点的降落动画

接下来的代码使用了 MKPinAnnotationView 类而不是 MKAnnotationView 类，自定义使用大头针的锚点，设置大头针为绿色，并添加了掉落动画效果。这样添加的大头针锚点就是有颜色和动画的。代码如例 6-3 所示。

【例 6-3】ViewController.m 文件的代码

```
1  - (MKAnnotationView *)mapView:(MKMapView *)mapView
2              viewForAnnotation:(id<MKAnnotation>)annotation
3  {
4      //如果是显示用户位置的锚点，则返回 nil，不改变它的显示样式
5      if ([annotation isKindOfClass:[MKUserLocation class]]) {
6          return nil;
7      }
```

```
8          //自定义的大头针模型对象,并进行复用
9          static NSString *ID = @"annoView";
10         MKPinAnnotationView *annoView = (MKPinAnnotationView *)[mapView
11                         dequeueReusableAnnotationViewWithIdentifier:ID];
12         if (annoView == nil) {
13             annoView = [[MKPinAnnotationView alloc]
14                         initWithAnnotation:nil reuseIdentifier:ID];
15             annoView.canShowCallout = YES; //设置显示锚点的气泡
16             //设置掉落效果
17             annoView.animatesDrop = YES;
18         }
19         //设置大头针的颜色
20         annoView.pinColor = MKPinAnnotationColorGreen;
21         annoView.annotation = annotation;
22         return annoView;
23     }
```

6.4 使用 iOS 7 新增的 MKTileOverlay 覆盖层

除了添加锚点之外,有时候用户还希望在地图上添加其他信息,如导航的路线图、城市路况线路图、某个城市的轮廓等,此时可以往地图上添加覆盖层。除了可以添加圆形、多边形、线段等覆盖层外,在 iOS 7 中还增加了使用位图平铺的覆盖层。

平铺覆盖层中使用类 MKTileOverlay 表示覆盖层的数据信息,包括平铺图片的大小、位置、图片数据等。使用 MKTileOverlayRenderer 表示覆盖层的显示信息,包括透明度等。MKTileOverlay 类的常见属性如表 6-9 所示。

表 6-9 MKTileOverlay 类的常用属性

属性声明	功能描述
@property CGSize tileSize;	用于获取和设置平铺图片的大小。默认是 256×256 像素
@property (nonatomic) BOOL canReplaceMapContent;	用于获取和设置平铺图片是否完全不透明。如果图片完全不透明,将这个属性设置为 YES,则不再绘制被平铺图片覆盖的地图,以提高效率

为了让初学者更好地了解如何使用平铺覆盖层,接下来围绕如何给地图添加平铺覆盖层进行详细讲解,具体步骤如下。

1. 准备地图控件

首先将地图控件拖曳到项目里的 StoryBoard 文件上,与代码关联,取名为 mapView。然后将 MapKit 框架显式地导入项目,在文件中引入主头文件,示例代码如下:

```objc
#import <MapKit/MapKit.h>
```

给地图设置显示区域,示例代码如下:

```objc
- (void)setRegion{
    //获取地址信息
    NSString *address = @"北京市金燕龙办公楼";
    //创建 CLGeoCoder 对象
    CLGeocoder *geocoder = [[CLGeocoder alloc] init];
    [geocoder geocodeAddressString:address
            completionHandler:^(NSArray *placemarks, NSError *error) {
        //获取地标对象的地理位置
        CLPlacemark *pm = [placemarks firstObject];
        CLLocationCoordinate2D coordinate = pm.location.coordinate;
        //设置跨度大小
        MKCoordinateSpan span = MKCoordinateSpanMake(0.028883, 0.022036);
        //创建显示区域
        MKCoordinateRegion region = MKCoordinateRegionMake(coordinate, span);
        self.mapView.region = region;
    }];
}
```

2. 创建覆盖层

创建覆盖层时要传入平铺图片的 URL 地址,这个 URL 地址可以在本地,也可以在网络服务器上。示例代码如下:

```objc
NSURL *url = [[NSBundle mainBundle] URLForResource:@"logo.jpg" withExtension:nil];
MKTileOverlay *tileOl = [[MKTileOverlay alloc] initWithURLTemplate:url.description];
```

上述代码先取得本地平铺图片的 URL 地址,然后使用这个地址创建了覆盖层。

3. 将覆盖层添加到地图

创建完覆盖层以后,就可以添加到地图上了。添加覆盖层使用的是 addOverlay 方法,示例代码如下:

```objc
[self.mapView addOverlay:tileOl];
```

4. 将覆盖层控件渲染显示

将覆盖层添加到地图上之后,需要重写 MKMapView 的代理方法,mapView:renderForOverlay:返回 MKTileOverlayRenderer 对象,表示绘制覆盖层时的设置信息,如颜色、线条粗细、透明度等。示例代码如下:

```objc
- (MKOverlayRenderer *)mapView:(MKMapView *)mapView
              rendererForOverlay:(id<MKOverlay>)overlay
{
    MKTileOverlayRenderer *renderer = [[MKTileOverlayRenderer alloc]
```

```
                         initWithOverlay:(MKTileOverlay *)overlay];
    renderer.alpha = 0.7;
    return renderer;
}
```

项目运行后，可以发现覆盖层的图片已经平铺到了地图上，具体如图 6-17 所示。

图 6-17　　　　显示效果

6.5　使用 iOS 7 新增的 MKDirections 获取导航路线

去到一个陌生的地点，需要打开导航功能，跟随导航的指示信息到达目的地。iOS 地图自带导航功能，并且操作非常简单，只需要输入出发地和目的地，就可以开启系统自带的导航。

在 iOS 开发中，如果想对导航进行定制，可通过 MKDirections 获取导航路线。MKDirections 使用包含出发地和目的地信息的 MKDirectionsRequest 请求对象，能够计算导航路线，返回包含导航路线的 MKDirectionsResponse 对象，然后将导航路线使用覆盖层添加到地图上，就可以开始导航了。

使用 MKDirections 获取导航路线要用到几个关键的类，接下来对这几个类进行详细的介绍，具体如下。

（1）MKDirectionsRequest 类，用于请求导航信息，包含了导航的起点、终点、交通方式等规划导航必备的信息。该类的常用属性如表 6-10 所示。

表 6-10　MKDirectionsRequest 类的常用属性

属性声明	功能描述
- (MKMapItem *)source	用于获取和设置导航起点信息
- (MKMapItem *)destination	用于获取和设置导航终点信息

属性声明	功能描述
@property(nonatomic) MKDirections TransportType transportType	用于获取和设置交通方式，包括： （1）MKDirectionsTransportTypeAutomobile（驾驶汽车） （2）MKDirectionsTransportTypeWalking（步行） （3）MKDirectionsTransportTypeAny（任意交通方式），这是默认值
@property(nonatomic) BOOL requestsAlternateRoutes	用于获取和设置是否需要多条路线
@property(nonatomic, copy) NSDate *departureDate	用于获取和设置出发时间，服务器可根据出发时间优化导航线路，如避开高峰期易堵路段等
@property(nonatomic, copy) NSDate *arrivalDate	用于获取和设置到达时间，服务器可根据到达时间优化导航线路，如避开高峰期易堵路段等

（2）MKDirectionsResponse 类，用于返回导航计算的结果，包含了计算得到的导航路线。它的常用属性如表 6-11 所示。

表 6-11　MKDirectionsResponse 类的常用属性

属性声明	功能描述
@property(nonatomic, readonly) MKMapItem *source	用于获取导航起点信息
@property(nonatomic, readonly) MKMapItem *destination	用于获取导航终点信息
@property(nonatomic, readonly) NSArray *routes	用于获取导航路线

其中，routes 属性就是计算得出的导航路线，里面的元素是 MKRoute 类型，代表一条路线。如果在请求时设置为需要多条路线，则该属性可能包含一个或多个 MKRoute 对象，如果没有设置请求多条路线，则该属性里最多只包含一个 MKRoute 对象。

（3）MKRoute 类，用于表示一条导航路线，包含了从起点到终点的所有具体路线信息。它的常用属性如表 6-12 所示。

表 6-12　MKRoute 类的常用属性

属性声明	功能描述
@property(nonatomic, readonly) MKPolyline *polyline	用于获取导航路线的几何图形，可作为覆盖层添加到地图上
@property(nonatomic, readonly) NSArray *steps	用于获取导航路线的各个具体路段，如在转弯之前的一条直行路段
@property(nonatomic, readonly) NSString *name	用于获取路线的名称
@property(nonatomic, readonly) NSArray *advisoryNotices	用于获取路线的提示信息
@property(nonatomic, readonly) CLLocationDistance distance	用于获取路线的总长度，单位是 m
@property(nonatomic, readonly) NSTimeInterval expectedTravelTime	用于获取理想状况下的路线时长

为了让初学者了解如何使用 MKDirections 获取导航路线，接下来针对它的使用进行详细讲解，具体步骤如下。

（1）准备地图控件

首先将地图控件拖曳到项目里的 StoryBoard 文件上，与代码关联，取名为 mapView。然后将 MapKit 框架显式地导入项目，在文件中引入主头文件，示例代码如下：

#import <MapKit/MapKit.h>

（2）构建导航请求对象

在开始导航请求时，首先要确定导航的起点和终点。一般使用用户的当前位置作为起点，终点则由用户输入，并使用正向地理编码取得终点的确切位置信息。有了起点和终点，就可以构建 MKDirectionsRequest 对象了，示例代码如例 6-4 所示。

【例 6-4】ViewController.m 文件代码

```
1   - (void)touchesBegan:(NSSet *)touches withEvent:(UIEvent *)event
2   {
3       //获取终点信息
4       NSString *destination = @"杭州市";
5       //使用正向地理编码得到终点的地理位置
6       CLGeocoder *geoCoder = [[CLGeocoder alloc] init];
7       [geoCoder geocodeAddressString:destination
8           completionHandler:^(NSArray *placemarks, NSError *error) {
9           CLPlacemark *pm = [placemarks firstObject];
10          MKPlacemark *mkpm = [[MKPlacemark alloc] initWithPlacemark:pm];
11          //构建 MKDirectionsRequest 对象，并设置起点和终点
12          MKDirectionsRequest *request = [[MKDirectionsRequest alloc] init];
13          request.source = [MKMapItem mapItemForCurrentLocation];
14          request.destination = [[MKMapItem alloc] initWithPlacemark:mkpm];
15          //根据 MKDirectionsRequest 对象，计算导航路线
16          MKDirections *directions = [[MKDirections alloc]
17                                           initWithRequest:request];
18          [directions calculateDirectionsWithCompletionHandler:
19              ^(MKDirectionsResponse *response, NSError *error)
20          {
21              //得到导航路线，如果有多条，则进行遍历
22              for (MKRoute *route in response.routes) {
23                  //将导航路线作为覆盖层添加到地图上
24                  [self.mapView addOverlay:route.polyline];
25              }
26          }];
```

```
27      }];
28 }
```

（3）计算导航路线

将 MKDirectionsRequest 作为参数，创建 MKDirections 对象。然后使用 MKDirections 对象的 calculateDirectionsWithCompletionHandler 方法计算导航路线。该方法执行完后，它的 block 回调参数里包含了计算出的导航路线结果，并以 MKDirectionsResponse 对象表示，示例代码如例 6-4 第 16~26 行所示。

（4）将导航路线添加到地图上

导航结果对象里包含了导航路线，以 MKRoute 类表示，每条路线都有一个 polyline 属性，是一个 MKPolyline 类型的线段覆盖层数据对象，可以作为覆盖层添加到地图上，示例代码如例 6-4 第 22~25 行所示。

（5）显示导航路线

导航路线是通过覆盖层的方式添加到地图上的，所以也需要对路线进行渲染显示，需要重写 Map View 的代理方法 mapView: rendererForOverlay:。由于导航路线使用的是 MKPolyline 线段覆盖层，所以它对应的渲染对象是 MKPolylineRender。示例代码如下：

```
- (MKOverlayRenderer *)mapView:(MKMapView *)mapView
              rendererForOverlay:(id<MKOverlay>)overlay
{
    MKPolylineRenderer *renderer = [[MKPolylineRenderer alloc]initWithOverlay:overlay];
    render.lineWidth = 3;                          //设置线条宽度
    render.fillColor = [UIColor redColor];         //设置线条颜色
    return render;
}
```

这样，导航路线就显示在地图上了，显示效果如图 6-18 所示。

图 6-18 导航

6.6 实战演练——行车导航仪

地图和导航应用在现在的生活中越来越普遍，为了让大家更好地学习地图的使用，接下来就使用系统自带地图开发一个行车导航仪的案例，该案例可由用户输入起点（不输入则将用户当前位置作为起点）和终点，计算得到一条导航线路，并且调整地图的显示区域，将这条线路完全显示到屏幕上。具体开发步骤如下。

1. 创建工程，设计页面

（1）首先新建一个 Single View Application 的工程，取名为"使用 MapKit 开发导航仪"。然后在 Main.storyboard 文件中添加两个 UILabel 控件，用于显示起点和终点；其次，添加两个 UITextField 控件，用于接收用户输入的起点和终点，在起点输入框中显示默认文字"您的当前位置"，表示起点默认使用用户的当前位置；再次，添加一个 UIButton，设置文本为"计算路径"，用于接收用户单击，开始计算路径；最后，添加一个 MKMapView 控件，用于显示系统默认的地图。

（2）将两个 UITextField 控件与代码关联，取名为"sourceField"和"destinationField"，将 MKMapView 控件与代码关联，取名为"mapView"。为 UIButton 控件添加事件处理方法，取名为"startDrawLine"，如图 6-19 所示。

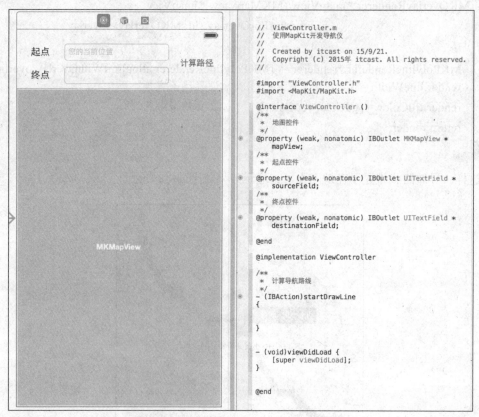

图 6-19 设 界面

2. 实现定位功能

（1）导入框架，引入头文件

导入地图框架 MapKit.framework，并在代码里导入地图框架的头文件，代码如下：

```
#import <MapKit/MapKit.h>
```

(2)获取用户授权,跟踪用户位置

在 info.plist 文件中添加请求授权的设置信息 NSLocationAlwaysUsageDescription。定义 CLLocationManager 类型的属性,取名为 manager,用来请求用户授权和获取用户的位置。让控制器成为 manager 的代理,遵守 MKMapViewDelegate 协议,并实现 mapView:didUpdateUserLocation:代理方法。示例代码如下:

```objc
#import "ViewController.h"
#import <MapKit/MapKit.h>
@interface ViewController () <MKMapViewDelegate>
@property (weak, nonatomic) IBOutlet MKMapView *mapView;
@property (weak, nonatomic) IBOutlet UITextField *sourceField;
@property (weak, nonatomic) IBOutlet UITextField *destinationField;
//位置管理器
@property (nonatomic,strong) CLLocationManager *manager;
@end
@implementation ViewController
// 计算导航路线
- (IBAction)startDrawLine{

}
- (void)viewDidLoad {
    [super viewDidLoad];
    //获取用户的授权
    self.manager = [[CLLocationManager alloc]init];
    [self.manager requestAlwaysAuthorization];
    //设置定位精度为导航最优精度
    self.manager.desiredAccuracy = kCLLocationAccuracyBestForNavigation;
    self.mapView.delegate = self;
    //设置为跟踪用户的位置
    self.mapView.userTrackingMode = MKUserTrackingModeFollow;
}
//当获取到用户位置时,调用此方法
- (void)mapView:(MKMapView *)mapView
didUpdateUserLocation:(MKUserLocation *)userLocation
{
    NSLog(@"定位到用户的位置");
}
@end
```

3. 实现导航功能

接下来要实现导航功能,具体步骤如下,代码如例 6-5 所示。

（1）首先判断用户有没有输入目的地，如果没有则应该提示用户输入。如代码第 11~13 行所示。

（2）判断用户是否输入了起点，如果没有，则使用用户当前位置。如果输入了起点，则使用地理编码获得起点的地理信息。在实际开发中，应列出所有的编码结果，供用户选择。如代码第 18~28 行所示。

（3）获取用户输入的终点，并进行地理编码。取得结果后，计算导航线路，并添加到地图上，如代码第 30~79 行所示。

（4）设置地图的显示区域，让路线处于地图中间，并且完整显示整条路线，如代码 53~75 行所示。

（5）实现代理方法 mapView:rendererForOverlay:方法对地图的覆盖层进行渲染，显示整条路线。如代码第 81~92 行所示。这样，导航地图就完成了。

【例 6-5】 ViewController.m 文件的新增代码

```
1   @implementation ViewController
2   - (void)touchesBegan:(NSSet *)touches withEvent:(UIEvent *)event{
3       //当用户结束输入，单击地图其他区域时，退出键盘
4       [self.view endEditing:YES];
5   }
6   //计算导航路线
7   - (IBAction)startDrawLine {
8       [self.view endEditing:YES];                //退出键盘
9       [self.mapView removeOverlay:self.path];    //删除之前的导航路线
10      //先输入目的地，在实际开发中，如果没有输入目的地，需要提示用户输入
11      if (self.destinationField.text.length == 0) {
12          return;
13      }
14      //创建 MKDirectionsRequest 对象
15      MKDirectionsRequest *request = [[MKDirectionsRequest alloc]init];
16      CLGeocoder   *geocoder = [[CLGeocoder alloc]init];
17      //设置起点。判断起点有没有输入文字，没有则使用用户当前位置
18      if (self.sourceField.text.length ==  0) {
19          request.source = [MKMapItem mapItemForCurrentLocation];
20      }else{
21          //用户输入了起点，则使用地理编码，获得起点的地理信息
22          [geocoder geocodeAddressString:self.sourceField.text
23              completionHandler:^(NSArray *placemarks, NSError *error) {
24              MKPlacemark *placemak = [[MKPlacemark alloc]
25                          initWithPlacemark:placemarks.lastObject];
26              request.source = [[MKMapItem alloc]initWithPlacemark:placemak];
27          }];
```

```
28          }
29          //地理编码,获得终点的地理信息
30          [geocoder geocodeAddressString:self.destinationField.text
31                      completionHandler:^(NSArray *placemarks, NSError *error) {
32              MKPlacemark *placemark = [[MKPlacemark alloc]
33                                  initWithPlacemark:placemarks.firstObject];
34              //设置终点
35              request.destination = [[MKMapItem alloc]
36                                              initWithPlacemark: placemark];
37              //创建 MKDirections 对象
38              MKDirections    *directions = [[MKDirections alloc]
39                                                  initWithRequest:request];
40              //调用方法,请求所有的线路
41              [directions calculateDirectionsWithCompletionHandler:
42                      ^(MKDirectionsResponse *response, NSError *error) {
43                  //请求到线路时,会执行该 block
44                  if (response.routes.count == 0 ||error) {
45                      return ;
46                  }
47                  //遍历所有的线路
48                  for (MKRoute *route in response.routes) {
49                      self.path = route.polyline;
50                      [self.mapView addOverlay:route.polyline];
51                      //添加路线后,设置地图显示区域,以完整显示整条路线,并将路线居中
52                      //获得起点和终点的中点位置
53                      CLLocationCoordinate2D sourceCoordinate =
54                                          response.source.placemark.coordinate;
55                      float centerLatitude = (sourceCoordinate.latitude +
56                                          placemark.coordinate.latitude) / 2.0;
57                      float centerLongitude = (sourceCoordinate.longitude +
58                                          placemark.coordinate.longitude) / 2;
59                      CLLocationCoordinate2D centerLocation =
60                      CLLocationCoordinate2DMake(centerLatitude, centerLongitude);
61                      //获得地图的显示跨度
62                      float latitudeDelta = sourceCoordinate.latitude –
63                                          placemark.coordinate.latitude;
64                      float longitudeDelta = sourceCoordinate.longitude –
65                                          placemark.coordinate.longitude;
66                      latitudeDelta = (latitudeDelta < 0) ?
```

```
67                              -latitudeDelta:latitudeDelta;
68              longitudeDelta = (longitudeDelta < 0) ?
69                              -longitudeDelta:longitudeDelta;
70              MKCoordinateSpan span = MKCoordinateSpanMake
71                              (latitudeDelta * 1.2, longitudeDelta * 1.2);
72              //根据中点和跨度设置显示区域
73              MKCoordinateRegion region =
74                              MKCoordinateRegionMake(centerLocation, span);
75              self.mapView.region = region;
76          }
77       }];
78    }];
79  }
80  //当在地图上添加遮盖时，会调用该方法
81  - (MKOverlayRenderer *)mapView:(MKMapView *)mapView
82                  rendererForOverlay:(id<MKOverlay>)overlay
83  {
84      //1.创建遮盖渲染对象
85      MKPolylineRenderer *poly = [[MKPolylineRenderer alloc
86                      initWithOverlay:overlay];
87      //2.设置线段的宽度
88      poly.lineWidth = 10;
89      //3.设置线段的颜色
90      poly.strokeColor = [UIColor redColor];
91      return poly;
92  }
93  @end
```

6.7 第三方使用——百度地图

在实际使用中，经常要搜索周边的餐馆、学校、银行，或者搜索公交线路等，这些功能使用系统自带的地图无法实现。另外，在公司开发中，还可能要求对各个手机系统使用统一的地图 SDK。这时，都需要用到第三方地图。

百度地图是最常用的第三方地图之一，它提供了丰富的功能，例如，检索兴趣点、公交线路查询、离线地图、周边雷达、LBS 云服务和其他特色功能等。

为了让初学者更好地学习如何使用百度地图，接下来，我们在 iOS 8 系统下，使用百度地图开发一个案例，名称为"使用百度地图"，该案例能够定位用户的位置，并能搜索附近的餐馆，具体实现步骤如下。

1. 新建项目,并申请密钥

新建一个 Single View Application 的项目,取名为"使用百度地图"。在地图初始化时需要用到百度地图移动版开发密钥(Key),没有密钥则无法启动百度地图。该密钥可在百度网站上申请,申请时须使用百度账户登陆,并提供引用 SDK 的程序包名。关于如何申请密钥,百度地图的网站上有非常详细的官方说明文档,参考地址:http://developer.baidu.com/map/index.php?title=iossdk/guide/key。

2. 设置开发环境

(1)到百度网站上下载百度地图的 framework 形式的静态库,解压缩以后分为 3 个压缩文件,分别包含文档、类库和代码范例,如图 6-20(a)所示。将包含类库的压缩文件解压缩,其中包含了两个文件夹:"Release-iphoneos"和"Release-iphonesimulator",分别用于真机运行和模拟器运行,如图 6-20(b)所示。

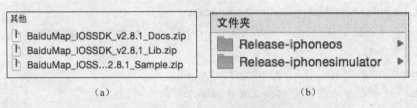

图 6-20 百度地图 API

每个文件夹里都包含了名为"BaiduMapAPI.framework"的文件。如果要在真机运行,就将"Release-iphoneos"文件夹下的 BaiduMapAPI.framework 文件添加到项目中;如果在模拟器上运行,则将"Release-iphonesimulator"文件夹下的 BaiduMapAPI.framework 文件添加到项目中。

(2)打开添加到项目中的 BaiduMapAPI.framework 文件,将"Resources"目录下的 mapapi.bundle 文件添加到项目中。

(3)打开项目,单击"Project"→"TARGETS"下的当前 Target"使用百度地图",在"General"→"Linked Frameworks and Libraries"里引入如下框架,包括:CoreLocation.framework、QuartzCore.framework、OpenGLES.framework、SystemConfiguration.framework、CoreGraphics.framework、Security.framework、MessageUI.framework 和 BaiduMapAPI.framework。

由于百度地图静态库使用了 Object-C++实现,而我们的项目是 OC 项目,为了让系统对静态库的 Object C++文件进行编译,需要进行一些设置。一个方法是将项目中任意一个.m 文件后缀改成.mm 即可。

经过这三步导入和设置之后的项目结构如图 6-21 所示。

(4)在项目的 info.plist 文件中,添加 NSLocationAlwaysUsageDescription 和 Bundle display name 设置项,前者是为了使用地图定位功能,后者是为了启动百度地图引擎。

3. 启动百度地图引擎

设置环境完成后,就可以启动百度地图引擎了。百度地图引擎使用 BMKMapManager 类表示。这里,我们先引入头文件,具体如下:

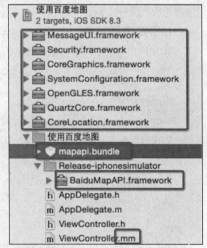

图 6-21　和文件　的项目

```
#import <BaiduMapAPI/BMapKit.h>
```

在 AppDelegate.m 文件中声明一个 BMKMapManager 对象类型的实例变量,用于保存该对象。示例代码如下:

```
@interface AppDelegate ()<BMKGeneralDelegate>
{
    BMKMapManager *_mapManager;
}
@end
```

最后是创建引擎,并启动引擎。在启动引擎时需要提供在百度网站获取的密钥。示例代码如下:

```
- (BOOL)application:(UIApplication *)application
            didFinishLaunchingWithOptions:(NSDictionary *)launchOptions {
    //创建引擎对象
    _mapManager = [[BMKMapManager alloc]init];
    //程序使用百度地图的密钥,在百度网站上获取
    NSString *key = @"j0Sbu4G6FhhAgbmbxcwMi1zw";
    //启动百度地图引擎,启动时需要提供密钥
    BOOL ret = [_mapManager start:key generalDelegate:nil];
    if (!ret) {
        NSLog(@"manager start failed!");
    }
    return YES;
}
```

在上述代码中可以看出,创建百度地图引擎和启动引擎都是在 AppDelegate.m 文件的程序启动完成的事件方法里进行的。

4. 创建地图对象

百度地图视图使用 BMKMapView 类表示,需要在代码里创建一个地图对象并添加到控制器的视图上。从这里开始的代码都在 ViewController.mm 文件中,项目代码如下:

```
#import "ViewController.h"
#import <BaiduMapAPI/BMapKit.h>                          //1. 导入主头文件
@interface ViewController ()<BMKMapViewDelegate>         //2. 让控制器遵守地图的协议
{
    BMKMapView *_mapView;                                //3. 定义实例变量,保存地图对象
}
@end
@implementation ViewController
- (void)viewDidLoad {
    [super viewDidLoad];
```

```objc
//4. 创建并添加地图控件
BMKMapView *mapView = [[BMKMapView alloc] initWithFrame:self.view.bounds];
    [self.view addSubview:mapView];
    _mapView = mapView;
}
```

由于一个项目可能在多个页面同时使用百度地图，而在一个时刻只能有一个 BMKMapView 对象接受回调消息，所以要在控制器文件的 viewWillAppear 方法里设置它的代理，然后在 viewWillDisappear 方法里将代理去除。另外，BMKMapView 还提供了 viewWillAppear、viewWillDisappear 方法用来管理地图的生命周期。ViewController.mm 文件中的项目代码如下：

```objc
//在控制器的 viewWillAppear 和 viewWillDisappear 方法中管理地图的生命周期和代理
- (void)viewWillAppear:(BOOL)animated
{
    [_mapView viewWillAppear];
    _mapView.delegate = self;           // 设置地图对象的代理
}
- (void)viewWillDisappear:(BOOL)animated
{
    [_mapView viewWillDisappear];
    _mapView.delegate = nil;            // 不用时，将代理置 nil
}
```

5. 实现定位功能

创建完地图以后，就可以实现定位功能了。由于 iOS 系统不允许使用第三方定位，因此百度地图的定位功能，本质上是对原生定位的二次封装，通过封装使用户更方便地使用定位。百度地图使用 BMKLocationService 类实现定位功能，并使用 BMKUserLocation 类表示用户的位置。它的定位用法与系统自带的定位用法很相似。以下是在 ViewController.mm 文件中实现定位功能的新增代码：

```objc
@interface ViewController ()<BMKLocationServiceDelegate> //遵守定位协议
{
    BMKLocationService *_locService;        //定义实例变量，保存地图定位服务对象
    BMKUserLocation *_userLocation;         //定位实例变量，保存用户位置
}
@end
@implementation ViewController
- (void)viewDidLoad {
    //定位用户当前的位置
    //设置显示定位图层
    _mapView.showsUserLocation = YES;
    _locService = [[BMKLocationService alloc]init];
```

```
    //将控制器设置为定位服务的代理
    _locService.delegate = self;
    //启动 LocationService 定位服务,开始定位
    [_locService startUserLocationService];
}
//处理位置坐标更新
- (void)didUpdateBMKUserLocation:(BMKUserLocation *)userLocation
{
    [_mapView updateLocationData:userLocation];   //在地图上更新用户位置
    _userLocation = userLocation;                 //保存用户位置,在以后的功能中用到
    // 设置缩放等级,在 iOS 设备上使用的等级在 3~19。
    [_mapView setZoomLevel:17.0];
    // 将用户当前位置设置为地图的显示中心点
    [_mapView setCenterCoordinate:userLocation.location.coordinate];
}
```

6. 实现搜索附近的功能

百度地图比系统自带地图增加了搜索附近的功能,是一个非常实用的功能。搜索附近功能使用的是 BMKPoiSearch 类,其中 Poi 的意思是兴趣点。接下来,以搜索用户位置附近餐馆功能为例进行讲解。

(1)首先定义在界面上添加一个按钮,当单击按钮时,开始搜索附近的餐馆。并给按钮添加单击事件处理方法。项目代码如下:

```
@interface ViewController ()<BMKPoiSearchDelegate>
@end
@implementation ViewController
- (void)viewDidLoad {
    //添加按钮,单击搜索周边的餐馆
    UIButton *btn = [[UIButton alloc] initWithFrame:CGRectMake(10, 30, 50, 50)];
    btn.backgroundColor = [UIColor redColor];
    [btn setTitle:@"搜索附近餐馆" forState:UIControlStateNormal];
    [btn sizeToFit];
    [self.view addSubview:btn];
    //给按钮添加单击事件处理方法
    [btn addTarget:self action:@selector(searchPoi)
                  forControlEvents:UIControlEventTouchUpInside];
}
```

(2)在按钮的事件处理方法中,实现开始搜索的功能。首先创建一个 BMKPoiSearch 对象,并将控制器设置为它的代理。控制器需要遵守 BMKPoiSearchDelegate 协议。然后封装搜索选项,设置搜索的中心位置、关键词、分页显示的页号和每页显示数量。最后调用 poiSearchNearBy

方法开始搜索。项目代码如下:

```objc
//当单击按钮时,开始搜索周边
- (void)searchPoi{
    //初始化搜索对象
    BMKPoiSearch *poiSearch = [[BMKPoiSearch alloc] init];
    //设置代理
    poiSearch.delegate = self;
    //封装一个搜索操作对象,封装了这次搜索的一些信息
    BMKNearbySearchOption *option = [[BMKNearbySearchOption alloc] init];
    option.location = _userLocation.location.coordinate;      //设置搜索中心位置
    option.keyword = @"餐馆";              //设置关键字为餐馆
    option.pageCapacity = 20;           //分页返回结果,设置每页返回20条信息
    option.pageIndex = 0;               //分页返回结果,设置当前请求页号
    //开始搜索,并且检测是否搜索成功
    BOOL flag = [poiSearch poiSearchNearBy:option];
    if(flag){
        NSLog(@"周边搜索发送成功");
    }
    else{
        NSLog(@"周边搜索发送失败");
    }
}
```

(3)当搜索完成后,需要实现 BMKPoiSearchDelegate 协议的 onGetPoiResult 方法获取搜索结果,该方法的 poiResult 参数包含了搜索到的兴趣点列表。遍历该列表,为每个兴趣点创建一个锚点,添加到地图上。单击每个锚点,能显示兴趣点的名称的地址。示例代码如下:

```objc
#pragma mark - BMKPoiSearch 的代理方法
- (void)onGetPoiResult:(BMKPoiSearch*)searcher
            result:(BMKPoiResult*)poiResult
            errorCode:(BMKSearchErrorCode)errorCode
{
    // 清除地图上原有的 annotation
    NSArray* array = [NSArray arrayWithArray:_mapView.annotations];
    [_mapView removeAnnotations:array];
    //将搜索到的结果以锚点的形式添加到地图上
    for (BMKPoiInfo *info in poiResult.poiInfoList) {
        BMKPointAnnotation *point = [[BMKPointAnnotation alloc] init];
        point.coordinate = info.pt;
```

```
            point.title = info.name;
            point.subtitle = info.address;
            [_mapView addAnnotation:point];
        }
    }
@end
```

运行程序，效果如图 6-22 所示。

图 6-22 使用百度地图 现定位和 的界面

6.8 本章小结

本章主要介绍了使用 MapKit 框架开发地图服务，首先介绍了根据地址定位和地理编码，接着对 MapKit 框架的使用进行了详细的讲解，包括 MKMapView 控件的使用，如何指定地图的显示中心和显示区域，还有 iOS 7 新增的 MKMapCamera 等。然后讲解了如何在地图上添加锚点。最后介绍了 iOS 开发常用的第三方地图——百度地图的使用。希望大家能够多加练习，可以熟练地运用 MapKit 开发地图服务。

【思考题】
1. 简述如何给地图添加自定义锚点。
2. 简述什么是正向地理编码和反向地理编码。

第 7 章
推送机制

学习目标

- 掌握如何推送本地通知
- 掌握远程推送的原理和用法
- 熟悉极光推送的用法

当程序不在前台运行时，仍然可以收到来自程序的通知信息，如 QQ、微信等应用，仍然可以给我们发送消息，这些消息其实是通过推送机制实现的。iOS 系统下的推送机制包括本地通知、远程通知和极光推送，接下来，本章将针对这些推送机制进行详细讲解。

7.1 推送机制概述

推送机制与之前学习的 NSNotification 不同，NSNotification 对用户是不可见的，而推送通知则主要是为了提示用户，对用户是可见的。例如，通知中心能够展示所有应用程序的通知，用户可以从手机屏幕顶部往下滑调出通知中心，从底部往上滑，退出通知中心，具体如图 7-1 所示。

除图 7-1 所示的推送效果外，推送通知还有其他的呈现效果，接下来，依次给大家展示推送通知的呈现效果，具体如下。

（1）在屏幕顶部显示一块横幅并自动消失，显示具体内容，具体如图 7-2 所示。

（2）在屏幕中间弹出一个提醒框，显示具体内容，具体如图 7-3 所示。

（3）在锁屏界面显示一块横幅，显示具体内容，具体如图 7-4 所示。

（4）更新程序图标上的数字，说明新内容的数量，具体如图 7-5 所示。

（5）显示通知的时候同时播放音效，以提示用户。

图 7-1 通知中心

图 7-2 屏幕顶部显示一块横幅

图 7-3 屏幕中间弹出提示框

图 7-4 在锁屏界面显示一块横幅

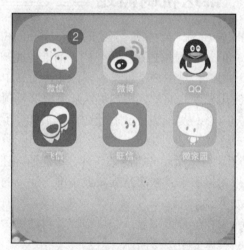

图 7-5 本地通知更新程序图标上的数字

由于 iOS 版本众多,用户可以根据需求设置推送通知的呈现效果,设置的方式在不同版本的 iOS 中稍微有些区别。接下来,通过一张图来演示如何在 iOS 8 系统下设置 QQ 程序的通知呈现方式,具体如图 7-6 所示。

从图 7-6 中可以看出,用户可以设置是否接收程序推送的通知,是否在"通知中心"显示通知以及最多显示几条、是否开启提示音、是否在程序图标上显示数字、锁屏时是否显示通知,以及解锁状态下的通知样式(不通知,横幅样式,或者提醒样式)。

图 7-6　设置程序的通知呈现效果

7.2　iOS 本地通知

本地通知指的是程序发送到 iOS 设备本地的通知，如未读短信、未接电话等。如果程序不在前台运行，就会将本地通知显示在屏幕上。

iOS 中的本地通知使用 UILocalNotification 类表示，它提供了许多属性，用于设置本地通知的内容、发送时间、发送频率等。接下来，通过一张表来列举 UILocalNotification 类的常见属性，具体如表 7-1 所示。

表 7-1　UILocalNotification 类的常用属性

属性声明	功能描述
@property(nonatomic,copy) NSDate *fireDate	用于设置和获取通知发送的时间
@property(nonatomic) NSCalendarUnit repeatInterval	用于设置和获取重复发送通知的间隔，默认是 0，表示不重复。它是一个枚举类型，有固定的值，包括每年、月、日、小时、分钟等
@property(nonatomic,copy) NSCalendar *repeatCalendar;	用于设置和获取重复发送通知的间隔，当间隔时间在 repeatInterval 中没有定义时，可以使用这个属性来设置
@property(nonatomic,copy) NSString *alertBody;	用于设置和获取通知的内容
@property(nonatomic,copy) NSString *alertLaunchImage;	用于设置和获取当单击通知进入程序时的启动图片
@property(nonatomic,copy) NSString *soundName;	用于设置和获取通知的提示音文件名。系统提供提示音名为 UILocalNotificationDefaultSoundName

属性声明	功能描述
@property(nonatomic) NSInteger applicationIconBadgeNumber	用于设置和获取程序图标上的数字
@property(nonatomic,copy) NSDictionary *userInfo;	用于设置和获取通知的自定义信息

为了让初学者更好地了解如何发送本地通知，接下来，围绕本地通知的发送，分步骤进行讲解，具体如下。

1. 注册请求用户授权

在 iOS 8 以后，由于苹果公司对用户隐私的保护，在向用户推送本地通知时必须通过代码注册的方式，显式地请求用户授权发送推送通知。注册使用 UIApplication 对象的 registerUserNotificationSettings 方法，示例代码如下：

```
// 注册用户允许来发送本地通知
if ([[UIDevicecurrentDevice].systemVersionintValue] >= 8.0) {
    UIUserNotificationSettings *settings = [UIUserNotificationSettings
                        settingsForTypes:UIUserNotificationTypeBadge
                                        |UIUserNotificationTypeAlert
                                        |UIUserNotificationTypeSound
                        categories:nil];
    [[UIApplicationsharedApplication] registerUserNotificationSettings:settings];
}
```

在上述代码中，注册通知时需要指定程序可能包含的通知类型，通知类型的枚举值有以下几种。

（1）UIUserNotificationTypeNone：表示不显示通知。
（2）UIUserNotificationTypeBadge：表示程序图标上的标记数字。
（3）UIUserNotificationTypeSound：表示通知提示音。
（4）UIUserNotificationTypeAlert：表示通知的提示框。

2. 创建通知对象

要发送通知，首先要创建通知对象，并设置通知的内容、发送时间、发送频率、提示音、程序图标数字等信息，接下来，通过一段示例代码来演示，具体如下：

```
UILocalNotification *localNoti = [[UILocalNotification alloc] init];
//设置通知发出的时间为5s后
localNoti.fireDate = [NSDate dateWithTimeIntervalSinceNow:5];
//设置通知内容
localNoti.alertBody = @"你吃饭了吗？";
//设置通知重复间隔，0 为不重复
localNoti.repeatInterval = 0;
// 设置启动图片(通过通知打开的)
```

```
localNoti.alertLaunchImage = @"default";
//设置通知的提示音
localNoti.soundName = UILocalNotificationDefaultSoundName;
//设置应用图标右上角显示的数字
localNoti.applicationIconBadgeNumber = 99;
//设置通知的自定义信息
localNoti.userInfo = @{@"qq" : @"123456", @"msg" : @"没吃的话请我吃饭"};
```

3. 执行通知

创建通知对象以后，就可以执行通知了。执行通知使用的是 UIApplication 对象的 scheduleLocalNotification 方法，示例代码如下：

```
[[UIApplication sharedApplication] scheduleLocalNotification:localNoti];
```

示例代码执行以后，在 5s 后，如果当时应用程序不在前台运行，这条本地通知就会推送到屏幕上。

4. 取消通知

创建通知之后，还可以将通知取消。可以取消所有通知，也可以取消特定通知，示例代码如下：

```
//取消所有通知
[[UIApplication sharedApplication] cancelAllLocalNotifications];
//取消特定通知
[[UIApplication sharedApplication] cancelLocalNotification:localNoti];
```

5. 监听用户对通知的选择

通过单击横幅显示或通知中心里的通知，或者单击通知提醒框里的"打开"按钮，或者在锁屏时滑动通知，系统都会自动打开程序，并调用程序里的特定方法。如果希望选择通知打开程序时展示特定页面或者进行特定操作，包含两种情况，具体如下。

（1）如果 App 在后台执行，则会让 App 进入前台，并会调用 AppDelegate 的以下方法：

```
- (void)application:(UIApplication*)application
didReceiveLocalNotification:(UILocalNotification *)notification;
```

（2）如果 App 已经被关闭，则启动完毕后会调用 AppDelegate 的以下方法：

```
- (BOOL)application:(UIApplication *)application
didFinishLaunchingWithOptions:(NSDictionary *)launchOptions;
```

上述方法的 launchOptions 参数通过 UIApplicationLaunchOptionsLocalNotificationKey 取出本地推送通知对象。

7.3 实战演练——闹钟

iOS 设备里的闹钟程序就是通过本地推送通知实现的闹铃功能。手持设备里的闹钟程序功能强大、方便实用、时间精准，已经逐渐取代了传统闹钟，成为了人们使用闹钟的首选方式。

为了让大家更好地学习如何使用本地推送，接下来开发一个闹钟项目，该项目包含一个闹钟页面用于添加和显示闹钟信息，单击"铃声"行，可进入选择铃声界面选择闹铃声音。具体效果如图7-7所示。

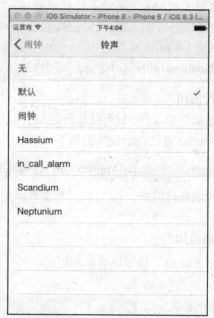

图7-7 闹钟项目的界面

清楚了闹钟项目的界面，接下来，为大家演示闹钟项目的开发过程，具体步骤如下。

1. 创建工程，设计"闹钟"界面

（1）新建一个Single View Application的工程，取名为"本地推送-闹钟"。在默认控制器的外部嵌入一个Navigation Controller。将默认控制器的标题改为"闹钟"，往控制器的view上添加一个Label控件，用于显示闹钟信息，默认文字设为"您还没有添加闹钟"。再添加一个开关控件，用于打开和关闭闹钟。然后添加一个Date Picker控件，用于设置闹钟的时间。最后添加一个Table View控件，用于添加闹钟和设置闹钟的信息，包括闹钟是否重复、闹钟铃声、闹钟的名称等。

（2）将Label控件与代码关联，取名为"alarmLabel"。将开关控件与代码关联，取名为"alarmSwitch"，并关联事件处理方法，取名为"changeAlarmState"。将Date Picker控件与代码关联，取名为"alarmDate"，将Table View控件与代码关联，取名为"alarmInfoTable"，如图7-8所示。

2. 完成添加闹钟功能

（1）完成项目启动设置

在项目启动方法中，注册本地通知，请求用户授权发送本地通知，并将控制器设置为Table View的数据源和代理。设置闹钟的默认提示音，并设置闹钟为关闭状态。实现该功能的ViewController.m文件的代码如下：

```
@interface ViewController ()<UITableViewDataSource,UITableViewDelegate>
@property (nonatomic,strong) NSString *soundName; //闹钟铃声
@end
```

```
@implementation ViewController
- (void)viewDidLoad {
    [super viewDidLoad];
    //注册本地通知，请求用户授权发送本地通知，包括横幅、程序数字和提示音
    if ([[UIDevicecurrentDevice].systemVersionintValue] >= 8.0) {
        UIUserNotificationSettings *settings = [UIUserNotificationSettings
                                                settingsForTypes:UIUserNotificationTypeBadge
                                                |UIUserNotificationTypeAlert
                                                |UIUserNotificationTypeSound
                                                categories:nil];
        [[UIApplication sharedApplication] registerUserNotificationSettings:settings];
    }
    //设置 tableview 的数据源和代理
    self.alarmInfoTable.dataSource = self;
    self.alarmInfoTable.delegate = self;
    //设置闹钟的默认提示音
    self.soundName = @"默认";
    //当程序刚启动时没有闹钟，不显示开关
    self.alarmSwitch.hidden = YES;
}
@end
```

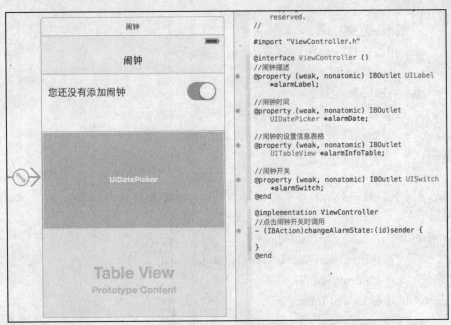

图 7-8　闹钟界面及控件

（2）实现 Table View 的数据源方法

实现数据源方法，显示是否重复、铃声、闹钟名称等信息。在实际开发中，这些功能都

要实现，但在本例中，由于篇幅所限，只实现选择铃声的功能。当用户单击"铃声"这一行时，可以进入选择铃声页面。实现该功能的 ViewController.m 文件的新增代码如下：

```objectivec
- (NSInteger)tableView:(UITableView *)tableView
                    numberOfRowsInSection:(NSInteger)section
{
    return 4;
}
- (UITableViewCell *)tableView:(UITableView *)tableView
                    cellForRowAtIndexPath:(NSIndexPath *)indexPath
{
    //往表格的前三行添加闹钟的设置信息，包括是否重复、铃声和闹钟的名称
    UITableViewCell *cell;
    if (indexPath.row< 3) {
        cell = [[UITableViewCell alloc]
                initWithStyle:UITableViewCellStyleValue1
                reuseIdentifier:nil];
        cell.accessoryType = UITableViewCellAccessoryDisclosureIndicator;
        if (indexPath.row == 0) {
            cell.textLabel.text = @"重复";
            cell.detailTextLabel.text = @"无";
        }
        else if (indexPath.row == 1) {
            cell.textLabel.text = @"铃声";
            cell.detailTextLabel.text = self.soundName;
        }
        else if (indexPath.row == 2){
            cell.textLabel.text = @"名称";
            cell.detailTextLabel.text = @"我的闹钟";
        }
    }
    //在表格的最后一行添加一个按钮,单击按钮即可添加闹钟
    else{
        cell = [[UITableViewCell alloc]
                initWithStyle:UITableViewCellStyleDefault
                reuseIdentifier:nil];
        CGRect rect = cell.frame;
        rect.size.width = self.view.bounds.size.width;
        UIButton *btn = [[UIButton alloc] initWithFrame:rect];
        btn.backgroundColor = [UIColor redColor];
        [btnsetTitle:@"添加闹钟" forState:UIControlStateNormal];
```

```
        [btn addTarget:self action:@selector(addAlarm)
        forControlEvents:UIControlEventTouchUpInside];
        [cell addSubview:btn];
    }
    return cell;
}
```

(3)实现添加闹钟的功能

首先定义一个实例变量,用于保存本地闹钟对象。当单击"添加闹钟"按钮时创建本地推送通知,并更新 Label 的显示信息,将闹钟开关设置为显示状态。实现代码如下:

```
- (void)addAlarm
{
    //添加闹钟的本地推送通知
    UILocalNotification *noti = [[UILocalNotification alloc] init];
    noti.soundName = [NSString stringWithFormat:@"%@.caf",self.soundName];
    noti.fireDate = self.alarmDate.date;
    noti.alertBody = @"闹钟响啦";
    [[UIApplication sharedApplication] scheduleLocalNotification:noti];
    //保存成实例变量
    self.noti = noti;
    //设置 Label 显示闹钟具体信息
    NSDateFormatter *df = [[NSDateFormatter alloc] init];
    //设置时间格式为上午/下午小时:分钟
    df.dateFormat = @"ahh:mm";
    self.alarmLabel.text = [NSString stringWithFormat:@"%@,不重复",
                                      [df stringFromDate:noti.fireDate]];
    //添加闹钟后,显示闹钟开关
    self.alarmSwitch.hidden = NO;
}
```

(4)实现开启和关闭闹钟的功能

当添加闹钟以后,闹钟开关就可以显示了。当关闭闹钟时,要删除本地推送通知;当开启闹钟时,重新添加本地推送通知。实现代码如下:

```
@interface ViewController ()<UITableViewDataSource,UITableViewDelegate>
//闹钟的本地通知
@property (nonatomic,strong) UILocalNotification *noti;
@end
@implementation ViewController
// 单击闹钟开关时调用
- (IBAction)changeAlarmState:(id)sender {
```

```
//如果开关打开,则发送闹钟通知
if (self.alarmSwitch.isOn) {
    [[UIApplication sharedApplication]
        scheduleLocalNotification:self.noti];
}
//如果开关关闭,则删除闹钟通知
else{
    [[UIApplication sharedApplication] cancelAllLocalNotifications];
}
}
```

3. 设计"选择铃声"界面

(1) 在 main.storyboard 文件中拖入一个 Table View Controller 控制器。单击默认控制器的控制器图标,按住"Control"键,添加一个 Segue 到表格控制器。将表格控制器的标题设置为"铃声"。

(2) 选中 Segue,单击属性图标,将 Segue 取名为"selectSound",如图 7-9 所示。

图 7-9 设置 Segue 的 ID

(3) 在项目中添加一个"Cocoa Touch Class"文件,取名为 SoundViewController,继承自 UITableViewController,并在 Main.storyboard 文件中将 Table View Controller 的类名设置为 SoundViewController。

(4) 将自定义铃声文件添加到项目中,并将描述铃声信息的 sounds.plist 文件导入项目中,具体如图 7-10 所示。

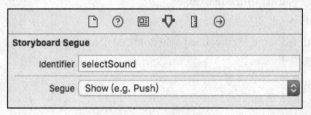

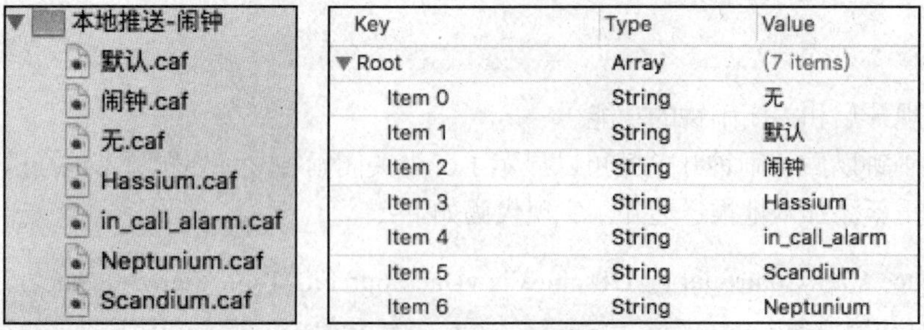

图 7-10 铃声文件和 sounds.plist 文件的内容

4. 实现铃声页面功能

(1) 在 SoundViewController.h 文件中,添加一个"soundName"属性用于接收和保存用户选择的铃声名称。并定义一个 block 用于接收当用户选择完铃声以后应该执行的操作,将铃声名称作为参数传入到 block 中。SoundViewController.h 的代码如下:

```
#import <UIKit/UIKit.h>
//定义块代码的格式
typedef void (^MyBlock)(NSString *soundName);
@interface SoundViewController :UITableViewController
//块代码,由上一个页面传入,当选择完铃声时执行
@property (nonatomic,copy) MyBlock changeSound;
//铃声的名称
@property (nonatomic,copy) NSString *soundName;
@end
```

(2)在 SoundViewController.m 文件中,添加一个数组类型的 soundList 属性用于保存声音列表,实现该属性的懒加载方法。实现代码如下:

```
#import "SoundViewController.h"
@interface SoundViewController ()
//铃声列表
@property (nonatomic,strong) NSArray *soundList;
@end
@implementation SoundViewController
//懒加载所有铃声列表
- (NSArray *)soundList{
    if (_soundList == nil) {
        NSString *soundPath = [[NSBundle mainBundle]
                        pathForResource:@"sounds.plist" ofType:nil];
        _soundList = [NSArray arrayWithContentsOfFile:soundPath];
    }
    return _soundList;
}
@end
```

(3)实现 Table View 的数据源方法,显示所有的铃声,并在用户选择的铃声后添加标记。实现代码如下:

```
#pragma mark - tableView 的数据源方法
- (NSInteger)tableView:(UITableView *)tableView
numberOfRowsInSection:(NSInteger)section
{
    return self.soundList.count;
}
- (UITableViewCell *)tableView:(UITableView *)tableView
cellForRowAtIndexPath:(NSIndexPath *)indexPath
{
    static NSString *ID = @"sound";
```

```
            UITableViewCell *cell = [tableView
                              dequeueReusableCellWithIdentifier:ID];
    if (cell == nil) {
        cell = [[UITableViewCell alloc]
                              initWithStyle:UITableViewCellStyleValue1
                              reuseIdentifier:ID];
    }
    cell.textLabel.text = self.soundList[indexPath.row];
    //遍历所有声音名称，在用户选择的铃声名称后添加标记
    if ([self.soundName isEqualToString:self.soundList[indexPath.row]])
    {
        cell.accessoryType = UITableViewCellAccessoryCheckmark;
    }else{
        cell.accessoryType = UITableViewCellAccessoryNone;
    }
    return cell;
}
```

（4）实现 Table View 的代理方法，当用户单击某一行时，将该行对应的声音文件设置为闹钟的铃声。实现代码如下：

```
#pragma mark - tableView 的代理方法
// 当选中某一行时，设置闹铃声音
- (void)tableView:(UITableView *)tableView
        didSelectRowAtIndexPath:(NSIndexPath *)indexPath
{
    //获取选中的声音
    NSString *soundName = self.soundList[indexPath.row];
    self.soundName = soundName;
    //执行块代码，在块代码中更新上一个界面
    self.changeSound(soundName);
    //刷新表格
    [self.tableView reloadData];
}
```

5. 实现页面跳转功能

（1）两个页面都准备好了以后，就可以实现页面跳转功能了。来到闹钟页面，在 View Controller.m 文件中，导入 SoundViewController 头文件。实现代码如下：

```
#import "SoundViewController.h"
```

（2）实现 TableView 的 didSelectRowAtIndexPath 代理方法，当用户单击"铃声"行时，跳转到选择铃声页面。实现代码如下：

```objc
- (void)tableView:(UITableView *)tableView
            didSelectRowAtIndexPath:(NSIndexPath *)indexPath
{
    //当单击选择表格的"铃声"行时，执行跳转
    if (indexPath.row == 1){
        [self performSegueWithIdentifier:@"selectSound" sender:nil];
    }
}
```

（3）在跳转之前，要将块代码和用户之前选择的铃声名称传入铃声页面。在块代码中接收到用户在选择铃声界面中选择的声音文件名。实现代码如下：

```objc
//当页面跳转时调用
- (void)prepareForSegue:(UIStoryboardSegue *)segue sender:(id)sender
{
    //判断是否跳转到选择声音页面
    if ([segue.identifier isEqualToString:@"selectSound"]) {
        SoundViewController *vc = segue.destinationViewController;
        //设置 block
        vc.changeSound = ^(NSString *soundName){
            if (![self.soundName isEqualToString:soundName]) {
                self.soundName = soundName;
                [self.alarmInfoTable reloadData];
            }
        };
        //将当前闹钟声音传入选择声音页面
        vc.soundName = self.soundName;
    }
}
```

7.4 iOS 远程推送通知

当用户关闭程序后，我们就无法同程序的服务器沟通，也无法从服务器上获得最新的数据，iOS 的远程推送服务（Apple Push Notification Service，APNs）解决了这个问题。使用远程推送，不论程序是运行还是关闭状态，只要设备联网了，就可以收到服务器推送的远程通知。远程推送是通过苹果的 APNs 发送给设备的，具体如图 7-11 所示。

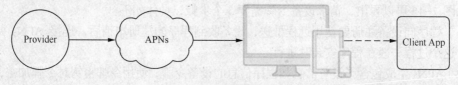

图 7-11　APNs 远程推送

在图 7-11 中，程序的服务器（Provider）发送通知包给苹果的 APNs，通知包里包含了设备令牌（Device Token）和通知的内容，APNs 验证设备令牌之后，将通知的内容远程推送到设备上。

图 7-11 所示是单个程序使用远程推送的简单描述，但在实际应用中，往往是多个应用程序的服务器通过 APNs 向多个设备发送远程推送通知。具体如图 7-12 所示。

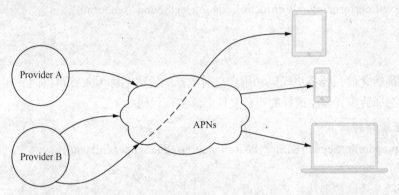

图 7-12　APNs 远程推送

以上是对远程推送通知的简述，它的详细步骤包含以下两个阶段。

第一个阶段：申请和传递设备令牌

程序要想接收远程推送通知，首先必须申请设备令牌。设备令牌包含了设备标识（UUID）和程序标识（Bundle Identifier）信息，由设备和程序申请，APNs 加密生成并返回。接下来，通过一张图来描述申请设备令牌的具体过程，如图 7-13 所示。

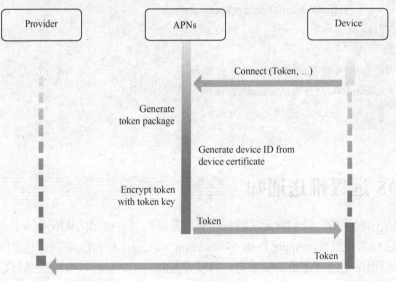

图 7-13　请求设备令牌

从图 7-13 可以看出，请求设备令牌需要 3 个步骤，具体如下。

（1）程序向设备注册要使用远程推送，设备收到程序的注册申请后，连接 APNs 并转发请求，这个过程一般在程序安装时进行。

（2）APNs 生成包含了设备信息和程序信息的设备令牌，使用令牌密钥对令牌加密，然后将设备令牌返回给设备和程序。

（3）程序将设备令牌发送给程序的服务器。

第二个阶段：远程推送通知

有了设备令牌之后，就可以推送远程通知了。推送远程通知的流程如图 7-14 所示。

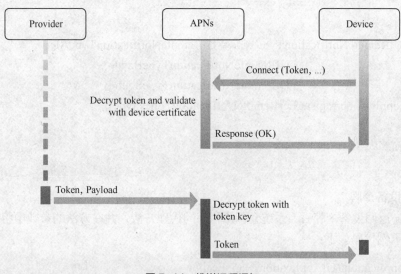

图 7-14　推送远程通知

从图 7-14 可以看出，推送远程通知分为 4 个步骤，具体如下。

（1）设备连接 APNs，每次连接都必须提供设备令牌。

（2）APNs 对设备令牌进行验证，确定与连接设备是否相符，并返回验证结果。

（3）程序的服务器向 APNs 发送通知包和设备令牌。

（4）APNs 破译设备令牌，验证通知是否有效。然后根据设备令牌中包含的设备 ID 确定要推送远程通知的目标设备。

为了让初学者更好地学习如何使用远程推送通知功能，接下来针对客户端如何接收 APNs 的远程推送通知进行详细的介绍，具体步骤如下。

1. 注册得到用户授权

程序要想接收远程推送通知，必须取得用户的授权。一般情况下，需要在程序安装完成时马上注册，需要注意的是，在 iOS 8 之前和之后使用的注册方法不同。具体示例代码如下：

```objc
- (BOOL)application:(UIApplication *)application
            didFinishLaunchingWithOptions:(NSDictionary *)launchOptions
{
    //注册取得用户授权接收推送通知
    //iOS 8 之后和之前版本使用不同的注册方法
    if ([UIDevice currentDevice].systemVersion.intValue>= 8) {
        UIUserNotificationSettings *setting = [UIUserNotificationSettings
                        settingsForTypes:UIUserNotificationTypeAlert
                        | UIUserNotificationTypeBadge
                        | UIUserNotificationTypeSoundcategories:nil];
        //获取用户授权接收推送通知
```

```
        [application registerUserNotificationSettings:setting];
        //向苹果发送请求，获取设备令牌
        [application registerForRemoteNotifications];
    }
    else {
        UIRemoteNotificationType type = UIRemoteNotificationTypeAlert
                        | UIRemoteNotificationTypeBadge
                        | UIRemoteNotificationTypeSound;
        [application registerForRemoteNotificationTypes:type];
    }
    return YES;
}
```

2. 获得设备令牌

当APNs返回设备令牌后，系统会调用程序的代理方法，并在方法的参数中将设备令牌传递给程序。示例代码如下：

```
- (void)application:(UIApplication *)application
    didRegisterForRemoteNotificationsWithDeviceToken:(NSData *)deviceToken
{
    NSLog(@"%@",deviceToken.description);
}
```

有了设备令牌，就可以将设备令牌发送给程序的服务器了。程序的服务器会存储该设备对应的令牌，在远程推送通知时需要将设备令牌发送给APNs。

3. 监听用户对通知的单击

当用户单击远程推送通知，会自动打开App，并调用相应方法。如果要在单击推送通知时打开特定页面或做一些特定处理，这里有两种情况，具体如下。

（1）程序并没有关闭，而是在后台运行。此时会让程序进入前台，并调用AppDelegate的以下方法：

```
- (void)application:(UIApplication *)application
didReceiveRemoteNotification:(NSDictionary *)userInfo;
```

（2）程序已经关闭。此时系统会启动App，启动完毕后会调用AppDelegate的下面方法：

```
- (BOOL)application:(UIApplication *)application
didFinishLaunchingWithOptions:(NSDictionary *)launchOptions;
```

该方法的launchOptions参数通过UIApplicationLaunchOptionsRemoteNotificationKey取出服务器返回的字典内容。

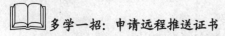
多学一招：申请远程推送证书

要对远程推送通知的功能进行调试和发布，必须申请并安装用于调试或发布远程推送的证书。在苹果官网上申请证书的步骤如下：

第一步，创建 App ID。

创建 App ID 是为了指定需要使用推送服务的 App。如图 7-15 所示，单击加号添加新的 App ID。在添加时注意勾选 Push Notification，如图 7-16（a）所示。要注意的是，为远程推送服务创建的 App ID 一定要是全称，不能带有*号，如图 7-16（b）所示。

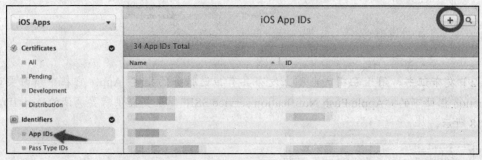

图 7-15　创建新的 App ID

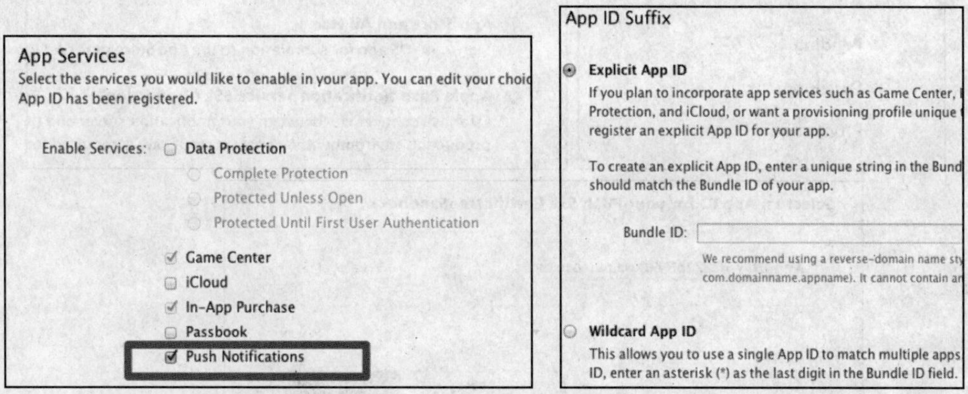

(a)　　　　　　　　　　　　　　　　　(b)

图 7-16　创建 App ID 时选择推送服务

如果之前已经创建过 App ID，也可以不再新建，在原来的 App ID 上进行修改，为它添加 Push Notification 的服务即可。

第二步，为 App ID 创建 APNs SSL 证书。

在普通证书之外，远程推送还需要另外申请 APNs SSL 证书，包括调试证书和发布证书，具体申请方法如下。

（1）调试证书，用于在指定电脑上调试具有推送服务的指定 App。它在申请时要选择 Development 栏目下的"Apple Push Notification service SSL"，还要提供需要调试的 App ID，如图 7-17 所示。

图 7-17　申请调试证书

图 7-17　申请调试证书（续）

（2）发布证书，用于在指定电脑上发布具有推送服务的指定 App。它在申请时要选择 Production 栏目下的"Apple Push Notification service SSL"，也要提供需要调试的 App ID，如图 7-18 所示。

图 7-18　申请发布证书

第三步，生成描述文件。

描述文件用于描述指定设备在指定电脑上调试指定程序，在生成描述文件时需要指定生成的描述文件类型为 Development，并且要依次选择 App ID、iOS 开发证书和设备 ID，如图 7-19 所示。

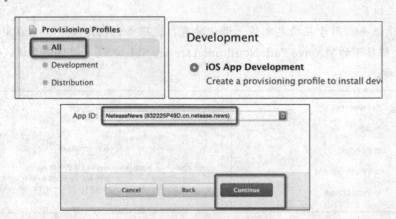

图 7-19　生成描述文件

最终会得到 3 个文件，具体如下。

① aps_development.cer：用于真机调试使用远程推送的程序的证书。

② aps_production.cer：用于发布使用远程推送的程序的证书。

③ demo_dev.mobileprovision：描述文件。

先安装.cer 文件，再安装.mobileprovision 描述文件，就可以对远程推送功能进行调试和发布了。

7.5 极光推送

远程推送是通过程序的服务器端发送请求的，为了实现远程推送功能，需要在服务器端进行复杂费时的开发工作。实际上，还可以直接借助第三方平台集成推送功能，从而节省项目开发时间，减少开发工作量和复杂度。极光推送（JPush）就是一个端对端的第三方推送服务，能够将服务器端消息远程推送到用户终端设备上，并且支持 iOS 和 Android 两个平台，在实际开发中应用比较广泛。

用 JPush 可以代替程序服务器给设备发送远程消息。JPush 将它的核心代码封装成 SDK，应用程序集成了它的 SDK 之后，JPush 会自动搜集应用程序安装后的 Device Token，并上报给 JPush Server，免去应用程序自己管理 Device Token 的工作。接下来就针对如何集成极光推送的 SDK，以及如何发送推送消息进行详细介绍，具体步骤如下。

1. 极光 SDK 的集成步骤

（1）在 JPush 的管理平台创建应用并上传证书

登录 JPush 的管理网站（https://www.jpush.cn 或用关键字"极光推送"在网上搜索），并注册成为会员。在登录成功后，就来到了 JPush 的管理平台，单击左边的"创建应用"按钮，进入创建应用的界面，如图 7-20 所示。

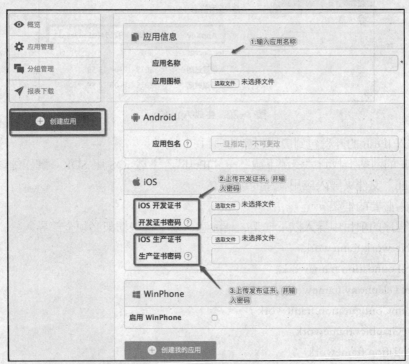

图 7-20 创建应用

① 输入应用名称。

② 上传开发证书。这个证书是以.p12为后缀的APNs开发证书，可从钥匙串中右键单击证书"Apple Development iOS Push Services"，选择"导出"，然后设置该证书的密码，得到该证书文件，如图7-21所示。得到文件后，回到图7-20所示的页面，单击"选取文件"按钮，将该文件上传，并输入证书密码。

图7-21 导出证书

③ 上传生产证书。从钥匙串程序中导出"Apple Production iOS Push Services"证书，得到以.p12为后缀的证书文件，并设置密码。然后将该证书上传到图7-18所示的页面，并输入密码。

④ 单击"创建我的应用"，页面会跳转到应用信息页面，并显示JPush服务为应用生成的AppKey，如图7-22所示。

图7-22 生成App Key

（2）导入JPush的开发包到应用程序的项目

从JPush的网站上找到"资源下载"→"JPush"，下载iOS版SDK。解压缩该SDK，将解压后的"lib"文件夹导入应用程序的项目中。

（3）导入必要的框架

在应用程序的项目中导入以下框架，请注意，以下这些框架必须全部导入。

- CFNetwork.framework。
- CoreFoundation.framework。
- CoreTelephony.framework。
- SystemConfiguration.framework。
- CoreGraphics.framework。
- Foundation.framework。
- UIKit.framework。

- Security.framework。
- libz.dylib。

（4）创建并配置 PushConfig.plist 文件

在应用程序的工程中创建一个新的 Property List 文件，并命名为"PushConfig.plist"。在该文件中填入以下项目，如图 7-23 所示。

① APS_FOR_PRODUCTION 参数，表示是否使用生成证书发布。0 为使用调试证书，1 为使用生产证书。

② APP_KEY 参数，输入在 JPush 平台上生成的 App Key 值。

③ CHANNEL 参数，代表程序的发布渠道，方便以后统计。由于 iOS 程序发布都在 App Store 上，所以对 iOS 开发意义不大。

Key	Type	Value
▼ Root	Dictionary	(3 items)
APS_FOR_PRODUCTION	String	0
APP_KEY	String	AppKey copied from JPush Portal application
CHANNEL	String	Publish channel

图 7-23 配置文件内容

（5）添加代码

将 JPush 网站上提供的代码块填入应用程序的 AppDelegate.m 文件中，并在文件中导入"APService.h"头文件，代码如下：

```
#import "APService.h"
- (BOOL)application:(UIApplication *)application
        didFinishLaunchingWithOptions:(NSDictionary *)launchOptions
{
    if ([[UIDevice currentDevice].systemVersionfloatValue] >= 8.0) {
        //可以添加自定义 categories
        [APService
        registerForRemoteNotificationTypes:(UIUserNotificationTypeBadge
                        |UIUserNotificationTypeSound
                        |UIUserNotificationTypeAlert)
                        categories:nil];
    } else {
        //categories 必须为 nil
        [APService registerForRemoteNotificationTypes:
            (UIRemoteNotificationTypeBadge |UIRemoteNotificationTypeSound |
            UIRemoteNotificationTypeAlert) categories:nil]; }
    [APService setupWithOption:launchOptions];
    return YES;
}
- (void)application:(UIApplication *)application
didRegisterForRemoteNotificationsWithDeviceToken:(NSData *)deviceToken
{
```

```
        [APService registerDeviceToken:deviceToken];
}
- (void)application:(UIApplication *)application
        didReceiveRemoteNotification:(NSDictionary *)userInfo {
    [APService handleRemoteNotification:userInfo];
}
//如果支持 iOS 7，则需要实现以下方法
- (void)application:(UIApplication *)application
        didReceiveRemoteNotification:(NSDictionary *)userInfo
fetchCompletionHandler:(void (^)(UIBackgroundFetchResult))completionHandler
{
    [APService handleRemoteNotification:userInfo];
    completionHandler(UIBackgroundFetchResultNewData);
}
```

添加完代码以后，就可以对所有安装了程序的设备推送远程通知了。

注意：

关于如何在项目中集成极光推送，可参见极光推送网站上的 iOS SDK 集成指南等相关内容。请在首页上单击"文档"，进入文档页面，再选择"iOS SDK 集成指南"，即来到 iOS SDK 集成指南的页面。

2. 使用 JPush 发送推送通知

在 JPush 管理平台，选中应用，单击页面上方的"推送"，进入推送发送页面。在推送发送页面单击左边的"发送通知"，来到发送推送通知的页面。在"推送内容"文本框中输入通知内容，然后选择推送对象和发送时间，单击右下角的"立即发送"按钮，就可以发送推送通知了，如图 7-24 所示。

图 7-24　发送推送通知

除了立即发送外,还可以选择定时发送等功能。

单击发送后,会弹出对话框确认发送。如图 7-25(a)所示。如果发送成功,会有如图 7-25(b)所示的提示信息。

图 7-25 推送成功

3. 添加设备标签和设备别名

除了对所有安装了应用程序的设备推送消息之外,极光推送还可以对指定设备进行推送,这是通过设备标签(Tags)和设备别名(Alias)实现的。

(1)设置设备标签

为安装了应用程序的用户打上标签,方便开发者根据标签,批量推送远程消息。例如,给用户按年龄层打上不同的标签:青少年、中年、老年等。一个用户可以有多个标签,不同的应用程序、不同的用户,可以打同样的标签。

JPush 提供了相关的 API 用来设置别名和标签。通过以下的示例代码可以给用户添加上"old"标签:

```
- (void)application:(UIApplication *)application
    didRegisterForRemoteNotificationsWithDeviceToken:(NSData *)deviceToken
{
    //设置用户的标签
    [APService setTags:[NSSet setWithObject:@"old"]
            callbackSelector:nil object:nil];
    //上传 DeviceToken
    [APService registerDeviceToken:deviceToken];
}
```

在推送页面中选择推送目标的标签,如图 7-26 所示。

图 7-26 推送时选择标签

这样发送的通知,就只有设置了"old"标签的人才会收到。

(2)设置设备别名

为安装了应用程序的用户取别名来标识,以后可以通过指定别名来对该用户单独推送消息。通过以下的示例代码可以给用户添加"XiaoLi"的别名:

```
- (void)application:(UIApplication *)application 
didRegisterForRemoteNotificationsWithDeviceToken:(NSData *)deviceToken {
    //给用户添加"XiaoLi"的别名
    [APService setAlias:@"XiaoLi" callbackSelector:nilobject:nil];
    [APService registerDeviceToken:deviceToken];
}
```

在推送页面时选择推送目标的别名,如图 7-27 所示。

图 7-27 推送时选择别名

这样发送的通知,就只有别名为"XiaoLi"的单个用户会收到了。如果发送失败,会有如图 7-28 所示的提示信息。

图 7-28 推送失败提示信息

7.6 本章小结

本章首先介绍了如何推送本地通知,并通过一个闹钟案例详细地介绍了如何使用本地推送通知。接着介绍了远程推送的原理和使用方法。最后介绍了第三方服务极光推送,包括它在项目中的集成方法和发送远程通知的方法。本章内容实用性很强,希望大家认真学习。

【思考题】
1. 简述本地推送通知的几种效果。
2. 简述远程推送的流程。

PART 8 第8章 内购、广告和指纹识别

学习目标

- 掌握如何使用内购
- 熟悉如何添加广告
- 熟悉如何使用指纹识别功能

苹果公司于 2008 年推出了应用程序商店 App Store 以后,规范了对苹果应用的管理,并为应用开发者提供了从应用中获利的便利途径。在苹果商店上发布的应用所获收益采用苹果公司和应用拥有者三七分成的方式。在 App Store 上获利主要有 3 种方式,具体如下。

(1) 应用付费下载,即直接为应用定价,用户只有付费才能下载应用。

(2) 应用内购买,即在应用内提供增值产品,如后期关卡、游戏装备、高级功能等,让用户购买这些增值产品。

(3) 广告,即在应用中添加广告,通过广告的展示和点击获得广告提供商提供的费用。

接下来,本章就围绕应用程序中的内购和广告的使用进行详细的介绍,然后为大家介绍指纹识别的使用。

8.1 内购

内购(In-App Purchase)是指应用内购买,即在使用应用程序的过程中,由应用程序本身提供增值产品,如游戏装备、后期关卡、高级功能等,吸引用户购买这些增值产品。内购是应用程序拥有者通过苹果应用程序商店获得收益的重要方式。

常见的内购种类主要有以下 5 种。

(1) 消耗品(Consumable):可消耗的物品或服务。消耗品购买不可被再次下载,根据其特点,消耗品不能在用户的设备之间跨设备使用,除非自定义服务在用户的账号之间共享这些信息。

(2) 非消耗品(Nonconsumable):可以被用户再次下载,并且能够在用户的所有设备上使用。

还有 3 种是用于 iBooks 的,分别如下。

(3) 免费订阅(Free subscriptions)。

(4) 自动续费订阅(Auto-renewing subscriptions)。

(5) 非自动续费订阅(Nonrenewing subscriptions)。

要使用内购功能,首先要在 App Store 上做准备工作,然后在应用程序里实现相关功能。在接下来的小节中,就围绕如何使用内购进行详细讲解。

8.1.1 在 App Store 上的准备工作

在使用内购功能之前,首先要在苹果应用商店(App Store)上做相关的准备工作,包括创建 App,添加可出售的商品,创建一个测试账号来模拟测试,以及设置应用开发者的协议、银行和税务信息。以下就为大家分别介绍。

1. 在苹果网站上创建 App

(1)使用用户的开发者账号登录苹果 iTunes Connect 网站(https://itunesconnect.apple.com),进入"我的 App"页面。单击左上角的加号创建一个新的 App,如图 8-1 所示。

图 8-1 创建新的 App

(2)输入 App 信息

选择图 8-1 中所示的"新建 iOS App",此时弹出一个页面用于输入 App 信息,包括名称、版本、主要语言、SKU 和套装 ID 等。其中对 SKU(App 的唯一标识)并无特别要求,只要不与其他 App 的 SKU 重复即可。SKU 是方便开发者自己记忆的,通常使用 App 的拼音或英文名称。套装 ID 用于选择 App ID。例如,用户的 App 的 bundle ID 是 cn.itcast.Demo。如果选择了通配符,如 cn.itcast.*,那么随后还要输入套装 ID 后缀(Demo)。如果有对应的特定 App ID(如 cn.itcast.Demo),那么直接选择即可,如图 8-2 所示。

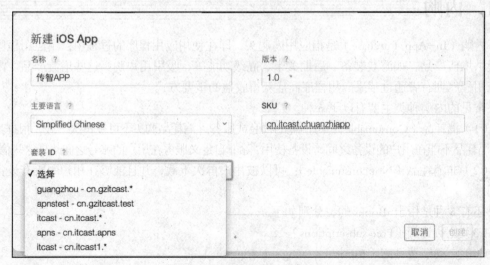

图 8-2 输入 App 信息

（3）上传屏幕快照

在图 8-3 所示页面上传用户的 App 的各个尺寸的屏幕快照。

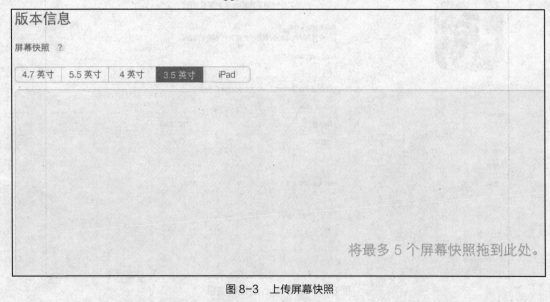

图 8-3　上传屏幕快照

（4）填写 App 的描述信息

输入 App 的详细信息，包括 App 的名称、描述，这些是显示在 App Store 上的；输入关键词，方便用户根据关键词搜索 App；输入技术支持网站，一般填公司网址即可，如图 8-4 所示。

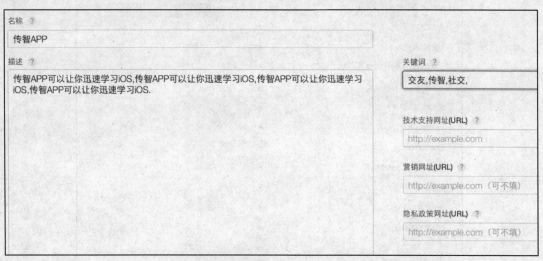

图 8-4　填写 App 的详细信息

（5）填写 App 的综合信息

App 的综合信息，包括上传图标、两个类别，以及给应用评级、添加版权信息等，具体如图 8-5 所示。

单击图 8-5 中"评级"旁边的"编辑"按钮，可进入应用评级页面。在应用评级页面，会根据用户选择的内容描述对应用进行评级，最小评级是 4+，即 4 岁以上年龄层都可见，具体如图 8-6 所示。

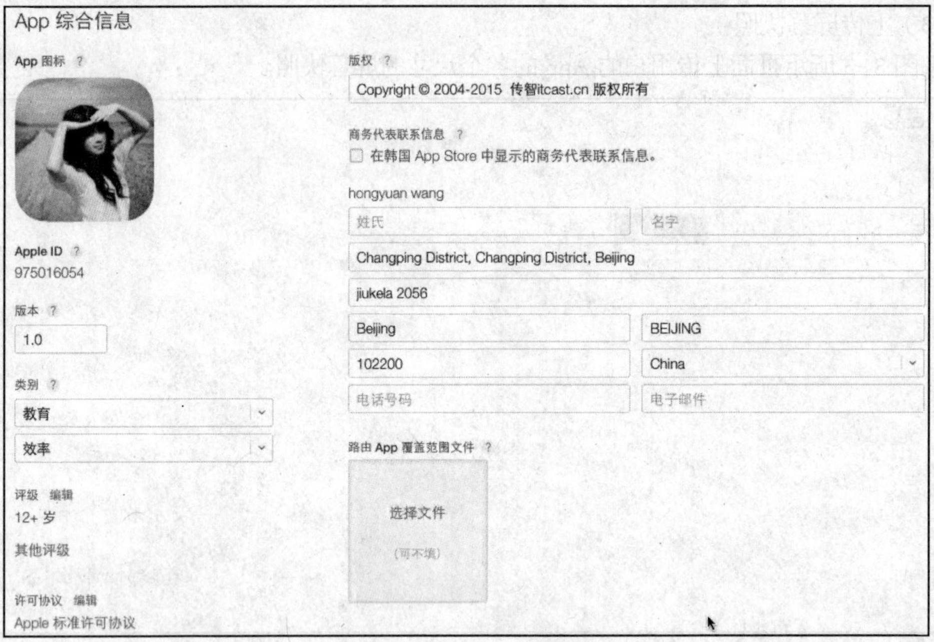

图 8-5 填写 App 的详细信息

图 8-6 填写 App 的评级信息

(6) 填写 App 的审核信息

填写 App 的联系人信息，包括电话和邮件地址，方便苹果公司的审核人员与联系人沟通在审核过程中出现的问题。演示账户是用户的 App 的测试账户，有些功能只有使用测试账户登录才能使用，苹果公司在审核用户的 App 过程中，需要使用你提供的演示账号进行审核，具体如图 8-7 所示。

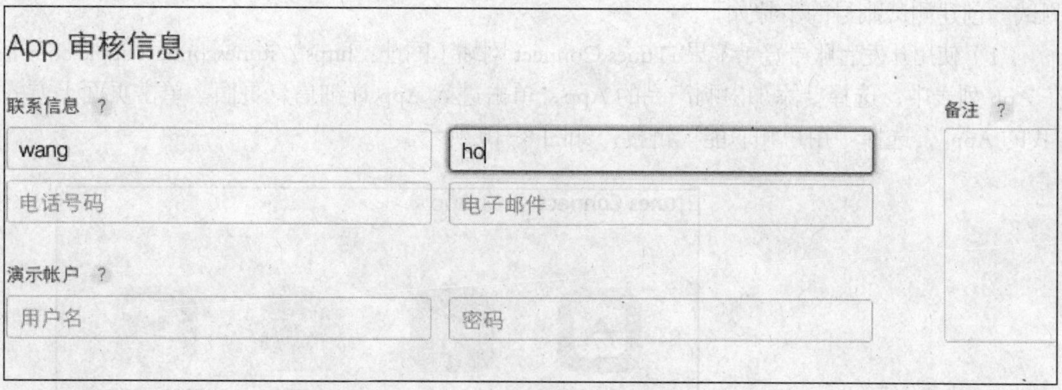

图 8-7　填写 App 的审核信息

(7) 填写 App 的发布信息

用户可以选择当审核通过后立即发布程序，或者审核通过后先不发布，而由用户手动发布，如图 8-8 所示。有时候，App 会有一个公开发布日，在这之前先让 App 通过审核，等到公开发布日到来再手动发布。

图 8-8　填写 App 的发布信息

(8) 保存 App

在 App 的信息都填写完成后，单击"保存"按钮将页面保存，否则离开页面后填写的信息会丢失，如图 8-9 所示。

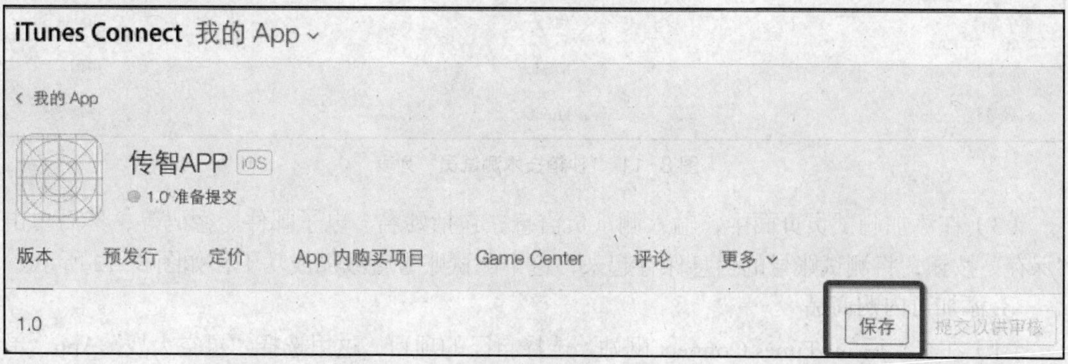

图 8-9　保存 App

2. 创建测试账号

开发者在实现内购功能时需要对内购功能进行测试，对产品购买使用真实账号测试显然是不合适的，苹果公司针对这种情况，提供了一种特殊的账号，叫做沙盒技术测试员，这个账号不是真实的苹果公司账号，它保存在应用程序的沙盒中，可以模拟对内购产品的购买。在应用程序提交到苹果商店时，苹果公司的审核人员也要使用这个测试账号对应用程序进行测试。创建测试账号的步骤如下。

（1）使用开发者账号登录苹果 iTunes Connect 网站（网址：https://itunesconnect.apple.com），在 App 列表中，选择要添加内购产品的 App，单击进入 App 详细信息页面。单击页面上方的"我的 App"，选择"用户和职能"链接，如图 8-10 所示。

图 8-10　选择"用户和职能"

（2）进入"用户和职能"页面，在该页面中选择"沙盒技术测试员"，进入沙盒技术测试员页面。在该页面中单击 ⊕ 图标，进入添加沙盒技术测试员的页面，如图 8-11 所示。

图 8-11　"沙盒技术测试员"列表

（3）在添加测试员页面中，输入测试员信息，包括姓名、电子邮件、密码等，然后单击"保存"按钮，将测试账号的信息保存起来，这个测试账号就添加成功了，如图 8-12 所示。

3. 添加可内购商品

（1）在登录后的 iTunes Connect 网站，选择自己的项目，这里选择"星空大战"App，单击"App 内购买项目"链接，进入内购项目页面，如图 8-13 所示。

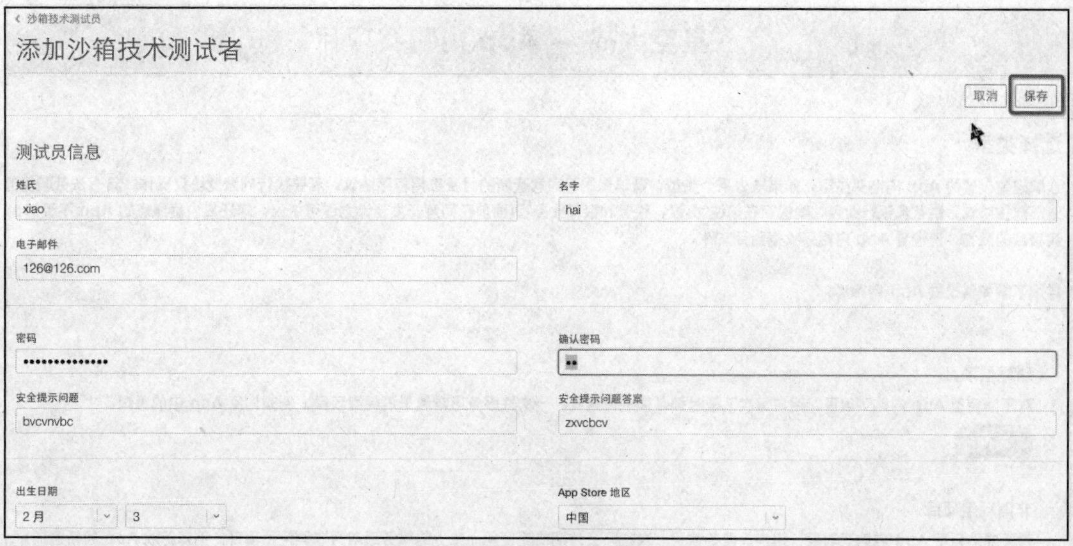

图 8-12　添加沙箱技术测试员页面

图 8-13　选择项目界面

（2）在内购项目页面，单击"Create New（新建项目按钮）"，如图 8-14 所示。

图 8-14　单击"Create New"按钮

（3）进入新建内购项目的界面。选择项目类型，是消耗型还是非消耗型。单击对应的"选择"按钮，如图 8-15 所示。

（4）进入新建内购项目页面。输入要出售的产品名称和产品 ID，需要注意的是，这个产品 ID 在本 App 内是唯一的，不能与其他产品 ID 重复，输入价格等级，具体如图 8-16 所示。

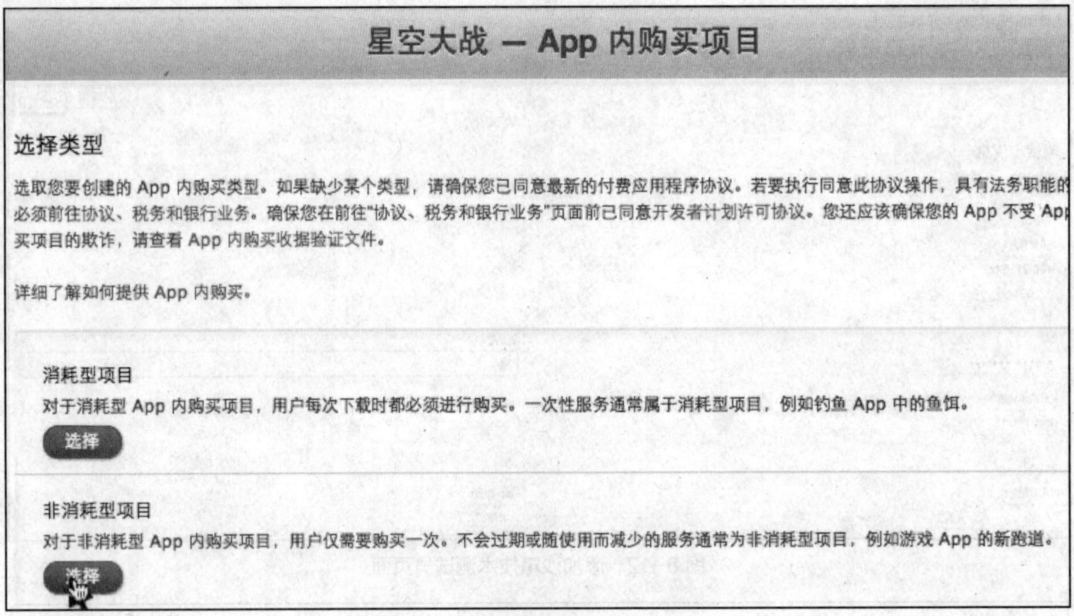

图 8-15 选择新建内购项目类型

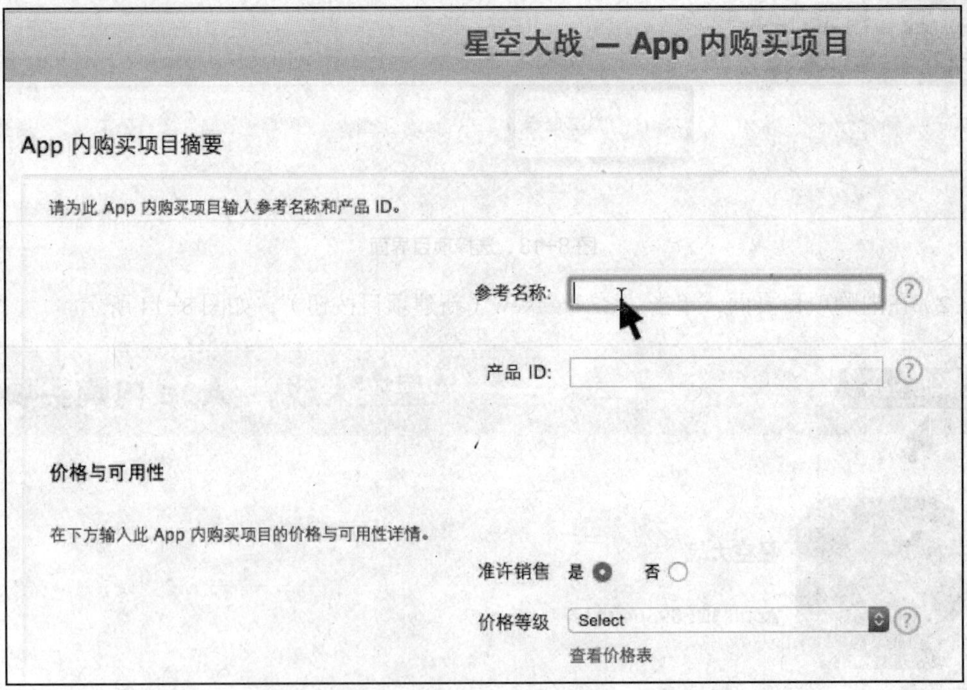

图 8-16 新建内购项目：添加产品名称、ID 和价格

（5）单击"添加语言"按钮，添加产品的显示语言，如图 8-17 所示。

（6）填写项目的审核备注。由于对内购功能的测试需要使用测试账号，所以要在备注里提供测试账号的用户名和密码，在苹果公司审核应用时会使用这个用户名和密码。然后按页面要求上传内购功能的屏幕快照，如图 8-18 所示。

（7）单击图 8-18 下方的"Save"按钮，保存内购项目，回到 App 内购买页面。可以看见所有已添加的内购项目列表，列出了内购项目的名称、ID、类型和状态，如图 8-19 所示。

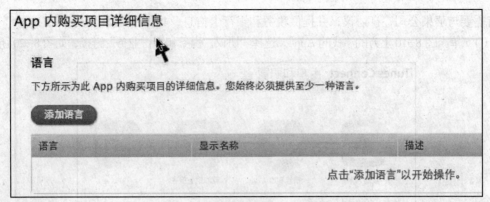

图 8-17　新建内购项目：添加语言

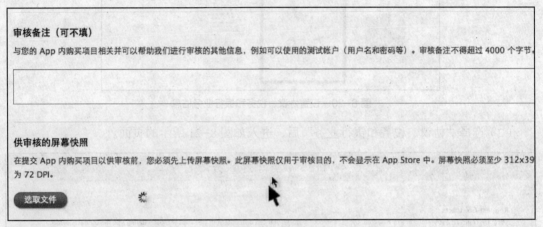

图 8-18　新建内购项目：添加审核备注和屏幕快照

图 8-19　内购项目列表

4. 添加协议、银行和税务信息

由于内购收入由苹果商店代为收取，然后将费用的 70%转账给应用拥有者，所以应用拥有者需要与苹果公司签订协议，并提供税务和银行卡信息，具体步骤如下。

（1）单击图8-10上方的"我的App"，选择"协议、税务和银行业务"链接，如图8-20所示。

图8-20　设置协议、税务和银行业务信息

（2）选择"协议、税务和银行业务"后，进入如图8-21所示的页面。

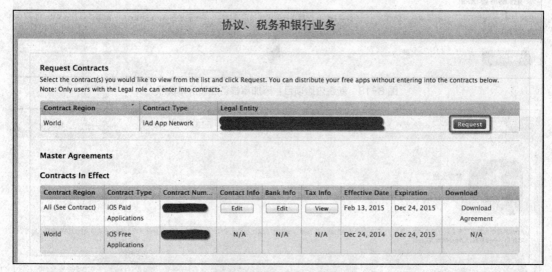

图8-21　添加银行卡账号

从图8-21中可以看出，协议类型分为以下3种。

① Paid Applications：付费应用协议。
② Free Applications：免费应用协议。
③ iAd App Network：广告协议。

接下来以申请付费应用协议为例为大家做详细介绍，首先单击付费应用的"Request"按钮，可以看到协议的状态为Pending Tax，Bank，Contact，表示该协议的税务、银行和联系人信息都没有提交，如图8-22所示。

（3）添加联系人

单击Contact Info下的"Set Up"按钮，进入联系人填写页面，如图8-23所示。单击"Add

New Contact"按钮添加新的联系人，并指定联系人的职务，职务类型有以下几种。
- Senior Management：高阶管理。
- Financial：财务。
- Technical：技术。
- Legal：法务。
- Marketing：市场推广。

可根据公司实际情况填写，也可以一个联系人指定多个职务。

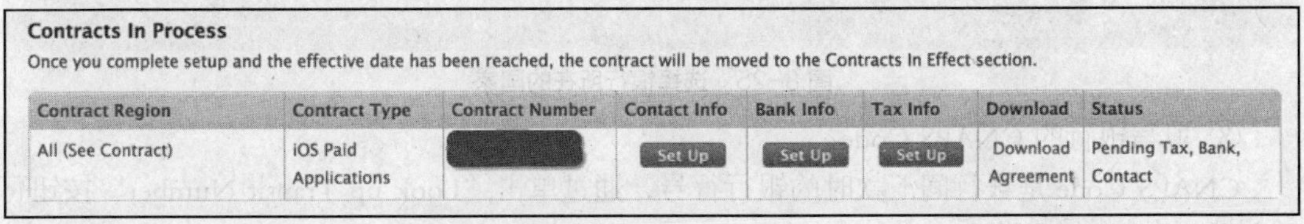

图 8-22　付费协议信息

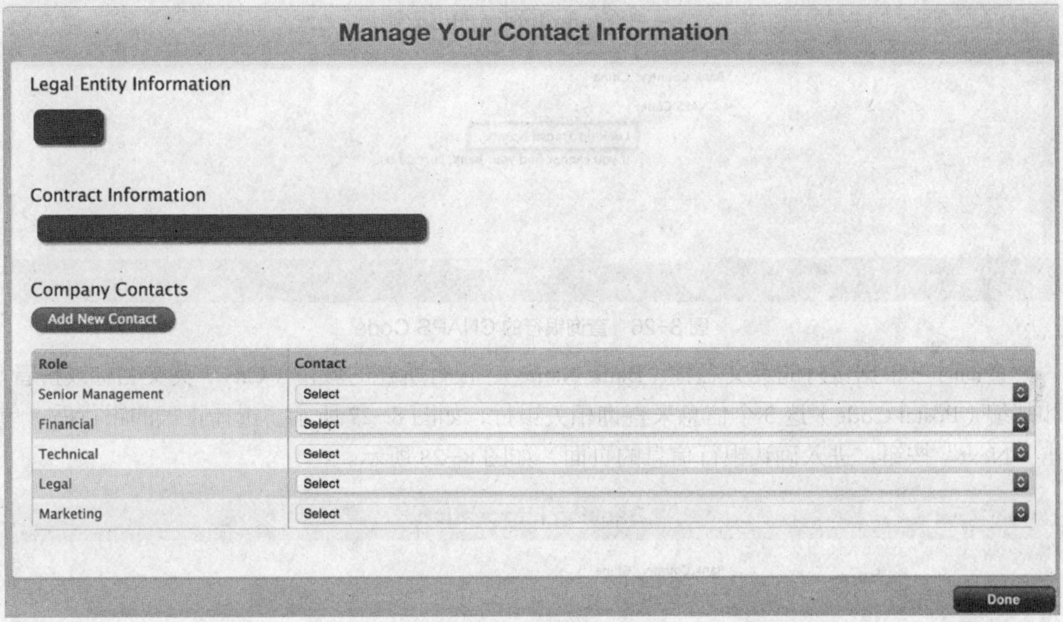

图 8-23　管理联系人页面

（4）填写银行信息

① 单击图 8-22 中 Bank Info 下的 "Set Up" 按钮，进入银行信息填写页面，如图 8-24 所示。

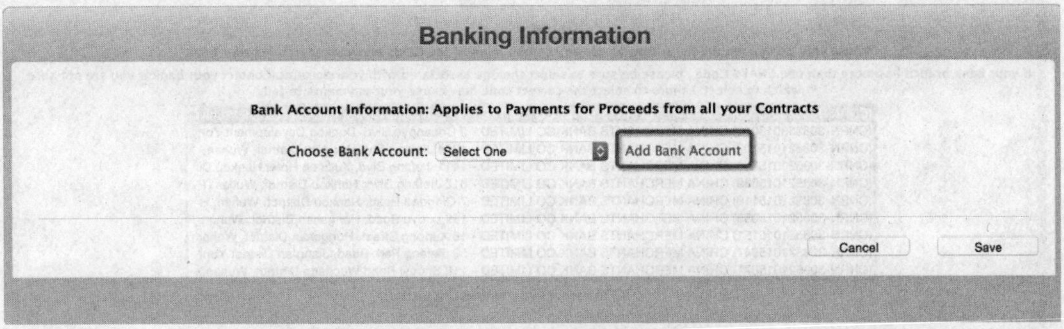

图 8-24　银行信息页面

单击"Add Bank Account"按钮,进入添加银行账号的页面。

② 选择银行所在的国家,如图 8-25 所示。

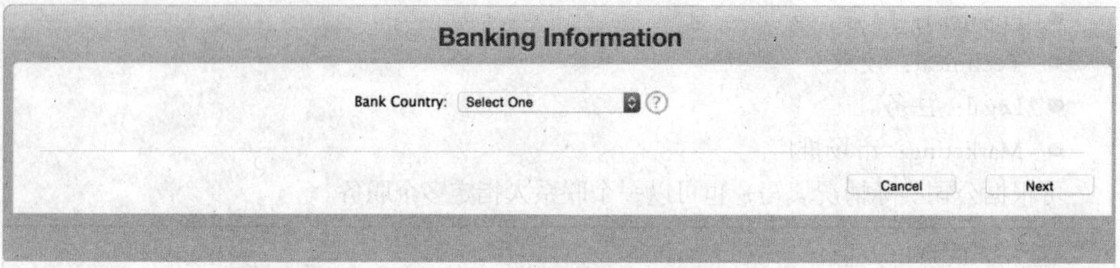

图 8-25 选择银行所在的国家

③ 填写银行的 CNAPS Code。

CNAPS Code 是银行间汇款时的银行行号,通过单击"Look up Transit Number"按钮可以查询,如图 8-26 所示。

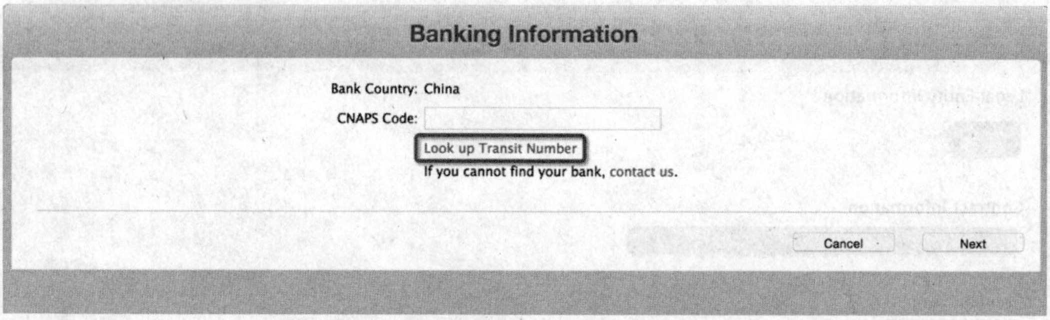

图 8-26 查询银行的 CNAPS Code

查询时可根据银行的英文名称(Bank Name)、银行所在的城市(City)英文名称或拼音、和邮编(Postal Code)这 3 个信息来查询相关银行,如图 8-27 所示。选择正确的银行后,单击"Next"按钮,进入确认银行信息的页面,如图 8-28 所示。

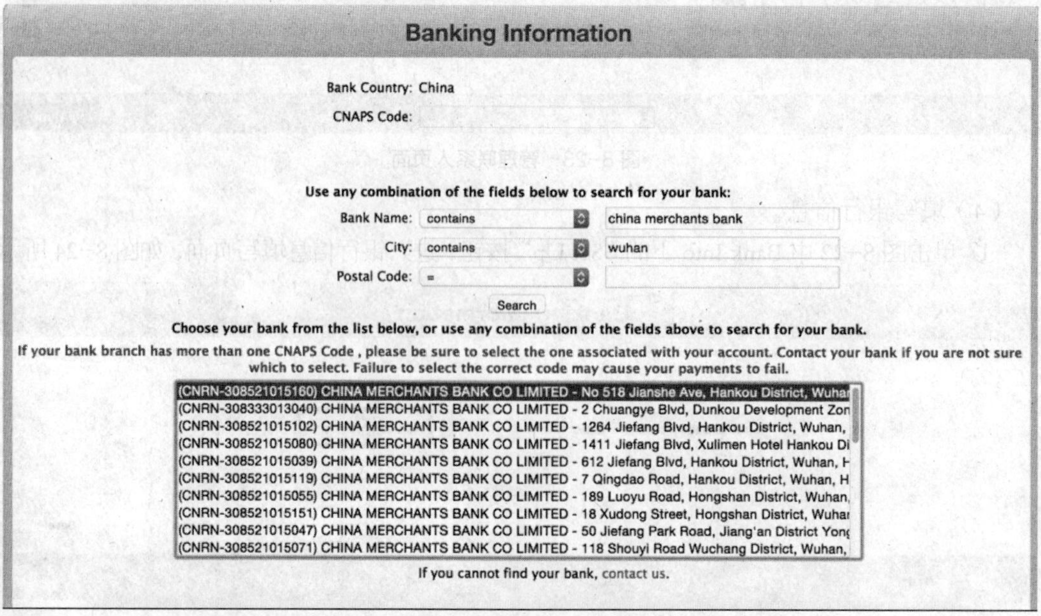

图 8-27 选择银行

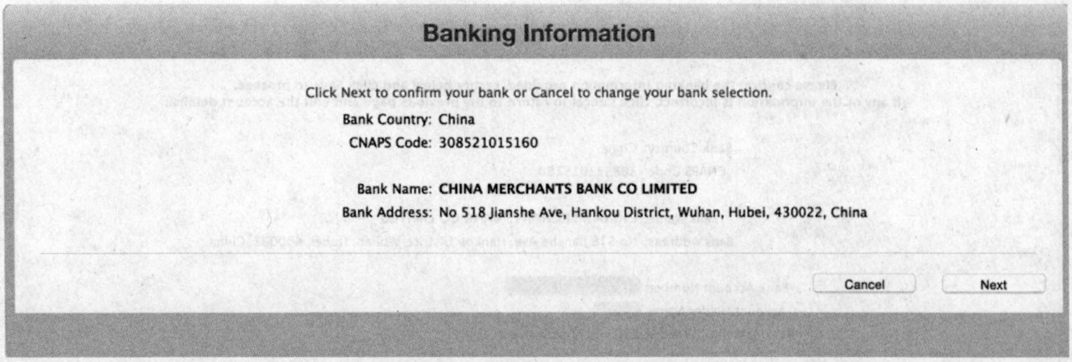

图 8-28　确认银行信息

确认信息无误后，单击"Next"按钮进入下一个页面。
④ 填写银行账号。
银行信息确认以后，下一步是填写银行账号信息，如图 8-29 所示。依次填写银行账号（Bank Account Number），再次输入银行账号（Confirm Bank Account Number），银行账号开户人（Account Holder Name，中文名字用拼音，名在前，姓在后），货币类型（Bank Account Currency，人民币选择 CNY）。单击"Next"按钮，进入下一个页面。

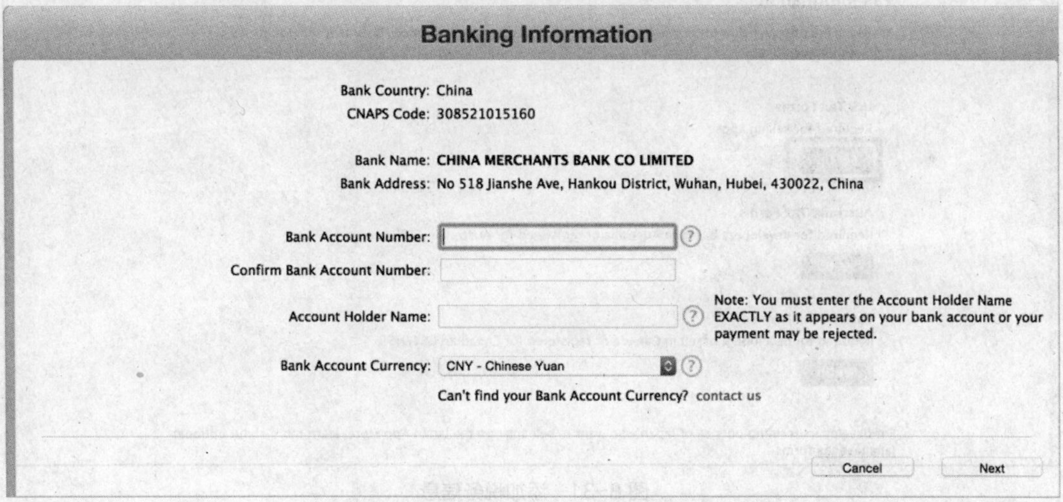

图 8-29　填写银行账号

⑤ 银行账号填写完毕后，确认银行账号信息，如图 8-30 所示。
5. 添加税务信息
单击图 8-22 中 Tax Info 下的"Set Up"按钮，进入税务信息填写页面。
（1）选择税务表
单击美国税务（U.S. Tax Forms）下的"Set Up"按钮，如图 8-31 所示。
（2）确认两个问题
选择以后会询问用户两个问题，第一个问题是，询问是否美国公民或美国居民、美国的合伙企业或者美国公司，一般国内开发者选"No"即可，如图 8-32 所示。

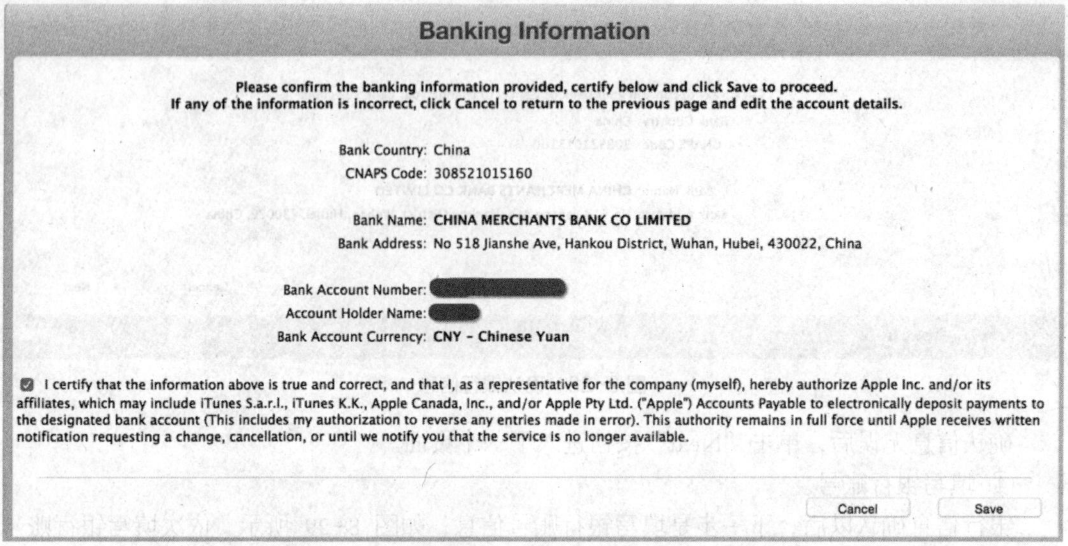

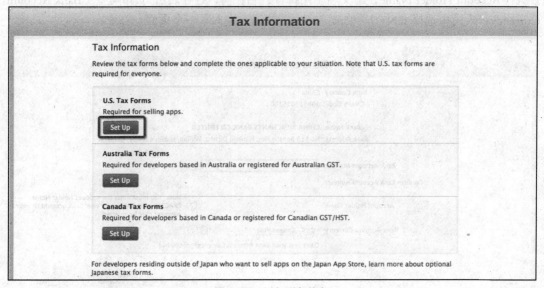

图 8-30 确认银行账号

图 8-31 添加税务信息

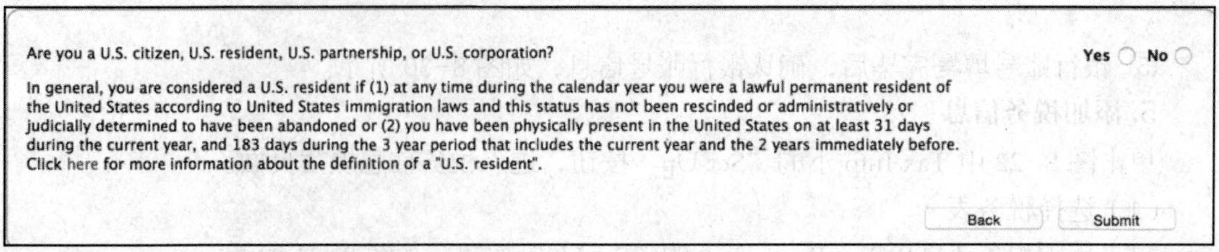

图 8-32 确认问题一页面

然后是第二个问题,询问是否在美国有商业活动,如果没有则选择 No,如图 8-33 所示。

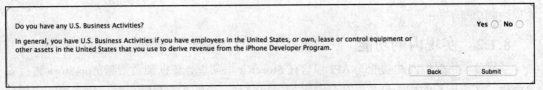

图 8-33 确认问题二页面

（3）填写税务信息

依次填写各项税务信息，如图 8-34 所示，包括以下几项。

- Individual or Organization Name：个人或者组织名称。
- Country of incorporation：公司所在国家的名称。
- Type of Beneficial Owner：受益者，独立开发者选个人。
- Permanent Residence：永久居住地址。
- Mailing address：邮寄地址。
- Name of Person Making this Declaration：声明人姓名。
- Title：声明人头衔。

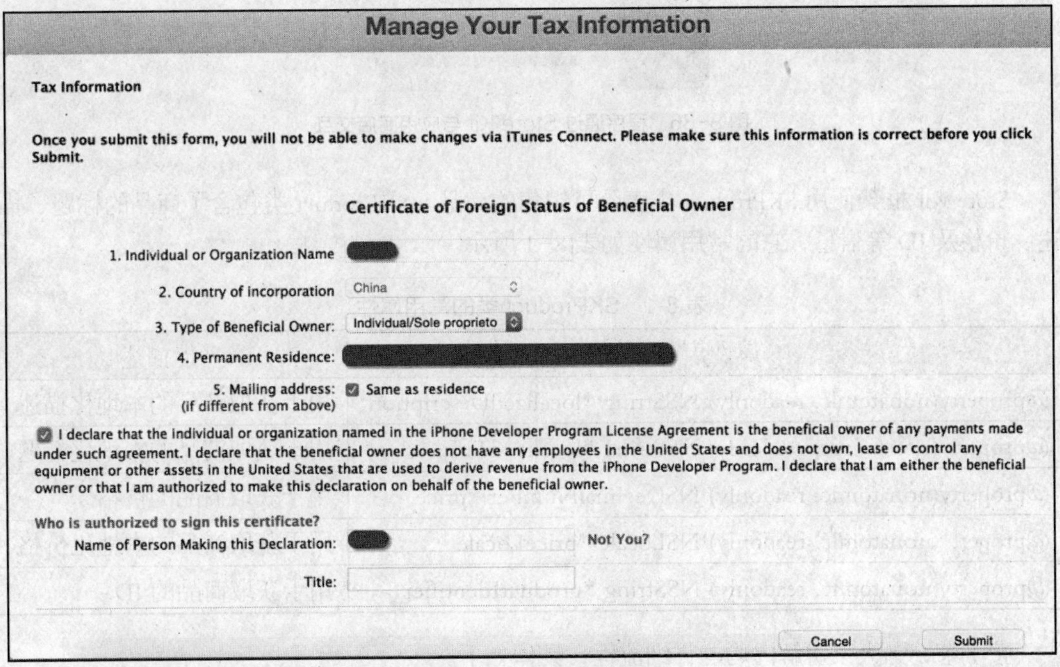

图 8-34 填写税务信息

（4）填写完以后，单击"Submit"按钮提交信息。

在填完联系人信息、银行信息和税务信息这三项信息以后，协议状态变成了 Processing，表示处理中状态。此时等待苹果公司审核就可以了，如图 8-35 所示。

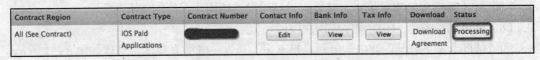

图 8-35 协议状态变为"处理中"

以上信息设置完以后，在苹果网站上的配置已经完成，接下来就可以在项目中添加代码实现内购功能了。

8.1.2 实现内购功能

苹果公司将提供内购功能的 API 包含在 StoreKit 框架里，该框架负责与 App Store 进行安全连接，处理用户的购买交易，在交易时与用户交互。当购买交易结束时，负责通知应用程序，并将用户的已购买商品传递给应用程序。应用程序再根据购买结果决定是否为用户提供增值产品，Store Kit 的作用如图 8-36 所示。

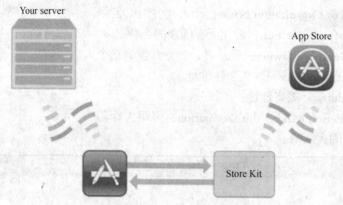

图 8-36　程序通过 Store Kit 与应用商店交互

Store Kit 框架使用 SKProduct 类表示可销售的商品。SKProduct 类包含了商品的标题、描述、价格及 ID 等信息，它的常用属性如表 8-1 所示。

表 8-1　SKProduct 类的常用属性

属性声明	功能描述
@property(nonatomic, readonly) NSString *localizedDescription	用于获取商品的本地化描述
@property(nonatomic, readonly) NSString *localizedTitle	用于获取商品的本地化标题
@property(nonatomic, readonly) NSDecimalNumber *price	用于获取商品的价格
@property(nonatomic, readonly) NSLocale *priceLocale	用于获取商品的本地化价格
@property(nonatomic, readonly) NSString *productIdentifier	用于获取商品的 ID

接下来，为大家讲解内购的详细流程，具体如下。

（1）应用程序向 App Store 申请可出售的商品列表。
（2）App Store 将可售商品列表发送给应用程序，应用程序将商品展示给用户。
（3）用户单击购买商品。
（4）应用程序向 App Store 发送支付请求。
（5）App Store 处理支付请求，并将支付结果发送给应用程序的监听对象。
（6）如果购买成功，应用程序向用户提供增值服务。

为了帮助大家更好地理解内购流程，接下来，通过一张图来描述，具体如图 8-37 所示。

为了让初学者更好地学习如何使用内购功能，接下来，针对内购的使用，分步骤进行讲解，具体如下。

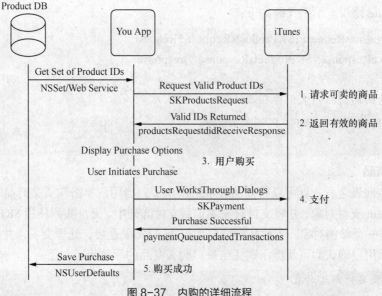

图 8-37 内购的详细流程

1. 导入框架,引入主头文件

内购使用的是 StoreKit 框架,所以要将 StoreKit.framework 框架导入项目中,并在代码中引入头文件,代码如下:

```
#import <StoreKit/StoreKit.h>
```

2. 请求可销售商品列表

提交到应用商店里的可销售商品,必须通过苹果公司的审核以后,才可以上架销售。所以在程序中要向苹果服务器发送请求,获取可销售的商品列表。请求用 SKProductsRequest 类表示,在请求商品列表时,需要传入请求商品的 ID 列表。商品的 ID 是在苹果商店上添加可出售商品时由开发者为每个商品输入的。实际开发中,一般将商品的 ID 列表存入本地数据库或文件中。示例代码如下:

```
//请求 3 个商品,提供了每个商品的 ID
NSArray *arrayIDList =
@[@"IAPDemo.bombs",@"IAPDeom.huojiapao",@"IAPDemo.laserBullet"];
//创建请求对象,将请求的商品 ID 作为参数传入
SKProductsRequest *request = [[SKProductsRequest alloc]
        initWithProductIdentifiers:[NSSet setWithArray:arrayIDList]];
//将控制器设置为请求的代理
request.delegate = self;
//开始请求
[request start];
```

3. 获得商品列表

当苹果应用商店返回请求结果时,会调用 SKProductsRequest 对象的代理方法 productsRequest:didReceiveResponse:,该方法的 response 参数里包含了 App 可销售的商品列表,每一

个商品都是一个 SKProduct 对象。要成为 SKProductsRequest 的代理，必须遵守 SKProductsRequestDelegate 协议。示例代码如下：

```
- (void)productsRequest:(SKProductsRequest *)request
didReceiveResponse:(SKProductsResponse *)response
{
    //将返回的商品列表保存在属性里
    self.products = response.products;
}
```

4. 购买商品

有了商品列表之后，就可以将商品展示给用户了。当用户单击购买某商品时，应用创建一个 SKPayment 支付对象，并将支付对象添加到支付队列中。支付队列使用 SKPaymentQueue 类表示，它是一个单例对象。支付队列会自动与 App Store 连接，处理交易，并弹出界面与用户互动，提示用户确认购买及提示购买结果。购买商品的示例代码如下：

```
//获取要购买的商品对象
SKProduct *product = self.products[indexPath.row];
//创建支付对象
SKPayment *payment = [SKPayment paymentWithProduct:product];
//添加到支付队列
[[SKPaymentQueue defaultQueue] addPayment:payment];
```

5. 添加监听对象

当支付被添加到支付队列上，支付队列自动为支付创建一个支付交易，用 SKPaymentTransaction 对象表示。当交易未完成而应用被关闭时也不会中止交易，苹果服务器会在下次应用开启时将交易状态返回给应用程序。应用程序需要为交易队列设置一个监听对象，当交易状态发生改变时，App Store 会通知监听对象。如果没有设置监听对象，那么苹果公司不会处理交易，因为它认为交易状态改变后程序无法处理。

监听对象必须遵守 SKPaymentTransactionObserver 协议。添加监听对象的示例代码如下：

```
//创建监听对象，监听交易队列中的交易对象的交易状态
[[SKPaymentQueue defaultQueue] addTransactionObserver:self];
```

6. 获取支付结果

苹果应用商店将支付结果通过交易状态的改变返回给应用程序。当交易状态改变时，会调用监听对象的 paymentQueue:updatedTransactions:方法。交易状态的可能取值包括以下几种。

- SKPaymentTransactionStatePurchasing：交易正在被添加到交易队列。
- SKPaymentTransactionStatePurchased：交易已经在队列，用户已经付款，客户端需要完成交易。
- SKPaymentTransactionStateFailed：交易还没添加到队列中就取消或者失败了。
- SKPaymentTransactionStateRestored：交易被恢复购买，客户端需要完成交易。只有非消费型商品才可以恢复购买。

- SKPaymentTransactionStateDeferred：交易在队列中，交易状态不确定，依赖别的因素参与，例如第三方支付故障。

当交易状态为 SKPaymentTransactionStatePurchased 时表示用户已经支付成功，交易状态为 SKPaymentTransactionStateRestored 时表示用户恢复购买成功。这两种状态下，应用都需要为用户提供相应的增值功能，并关闭当前交易。示例代码如下：

```objc
- (void)paymentQueue:(SKPaymentQueue *)queue
    updatedTransactions:(NSArray<SKPaymentTransaction *> *)transactions {
    for (SKPaymentTransaction *transaction in transactions) {
        //如果交易状态购买成功，提供增值服务
        if (transaction.transactionState ==
                    SKPaymentTransactionStatePurchased) {
            NSLog(@"成功购买，开始提供增值服务。");
            //结束交易
            [queue finishTransaction:transaction];
        }
        else if (transaction.transactionState ==
                    SKPaymentTransactionStateRestored)
        {
            NSLog(@"成功恢复购买，开始提供增值服务。");
            //结束交易
            [queue finishTransaction:transaction];
        }
    }
}
```

7. 移除监听对象

由于交易队列是一个单例对象，所以当它的监听对象被销毁时，要将监听对象从交易队列上移除。使用的方法是 SKPaymentQueue 对象的 removeTransactionObserver 方法，示例代码如下：

```objc
- (void)dealloc{
    //移除监听对象
    [[SKPaymentQueue defaultQueue] removeTransactionObserver:self];
}
```

8.2 广告

由于消费观念等问题，用户不愿意付费下载应用，而更愿意使用免费应用，这就促使开发者寻求其他的盈利模式。广告就是其中之一。在应用程序中嵌入广告，可以通过广告的展示和点击获得收益，对于用户使用时间长且频率较高的应用来说很有意义。图 8-38 所示就是一款添加了广告的应用界面。

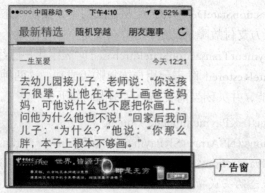

图 8-38 程序内嵌的广告窗

苹果公司提供了 iAd 框架封装它的广告功能，使用 iAd 框架添加广告比较方便快捷。iAd 框架中提供了一个 ADBannerView 类型的广告横幅视图（广告窗）专门用于显示广告。只需要将该视图添加到应用程序中，就可以接收到苹果公司推送的广告，并在 ADBannerView 中显示出来了。广告的展现内容由苹果公司根据应用程序的关键字、分类、上架地区等综合信息评定后自动推送。

为了方便应用程序对广告窗进行管理，ADBannerView 定义了 ADBannerViewDelegate 协议，当 ADBannerView 的加载、广告浏览等事件发生时，会调用它的相应代理方法。只需要成为 ADBannerView 的代理，就可以在代理方法中进行相应处理。

ADBannerViewDelegate 协议提供了很多方法，其中最常用的方法如下。

（1）bannerViewWillLoadAd:方法：当广告窗将要加载广告时调用。

（2）bannerViewDidLoadAd:方法：当广告已经加载完毕时调用。

（3）bannerView:didFailToReceiveAdWithError:方法：当广告加载失败时调用，并将错误信息传递出来。

（4）bannerViewActionShouldBegin:willLeaveApplication:方法：当用户单击了广告，即将呈现广告内容时调用。

（5）bannerViewActionDidFinish:方法：当用户完成了广告浏览，又回到应用程序时调用。

为了让初学者更好地学习如何使用广告，接下来，就围绕如何在应用程序中添加广告进行详细的分步骤讲解。

1．导入框架和主头文件

由于苹果将广告功能封装在 iAd.framework 框架里，所以在使用广告之前，首先到导入它的框架，如图 8-39 所示。

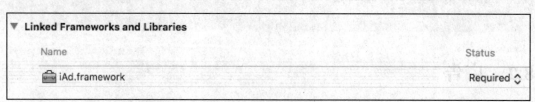

图 8-39 导入广告框架

需要注意的是，切记在代码中要引入主头文件，如下所示：

```
#import <iAd/iAd.h>
```

2. 添加 ADBannerView 视图

打开项目的 storyboard 文件，从控件库中找到 iAdBannerView 控件，拖入页面中。一般放在 View 的最下方。加载广告需要时间，为了获得更好的用户体验，通常都会在广告成功加载以前，让程序的视图先占满整个屏幕，将 ADBannerView 控件覆盖住。当广告加载成功以后，再将程序视图上移，将广告视图显示出来。因此，程序的主视图仍然是占满整个界面的。

3. 设置代理，监听广告的事件

当广告加载完成时，会调用它的 bannerViewDidLoadAd: 代理方法，应用程序在实现这个方法时，就可以将程序的主视图上移，显示广告窗。一般将控制器设置为广告视图的代理，控制器要想成为它的代理，必须遵守 ADBannerViewDelegate 协议，并将控制器设置为广告窗的代理。示例代码如下：

```
- (void)bannerViewDidLoadAd:(ADBannerView *)banner{
    if (!_hasLoaded) { //判断之前是否加载过广告
        CGRect contentViewFrame = self.contentView.frame;
        contentViewFrame.size.height -= 50;
        //用动画的形式将控制器的 View 缩短，以显示广告窗
        [UIView animateWithDuration:1.0 animations:^{
            self.contentView.frame = contentViewFrame;
        }];
        _hasLoaded= YES;
    }
}
```

在上述代码中，在 bannerViewDidLoadAd 方法里，首先判断之前是否加载过广告，如果没有，则通过动画的形式，将控制器的 View 高度减少，减少量为广告窗的高度（在 iOS 8 里为 50），以将广告窗显示出来。

8.3 指纹识别

从 iPhone 5s 起，设备上集成了指纹识别（Touch ID）功能。指纹识别是识别指纹的一种传感器，可以通过用户的指纹进行身份验证。iPhone 设备上增加了指纹解锁的功能，让用户可以一键解锁，比起输入密码，用户使用更方便，从而提高了用户体验，如图 8-40 所示。

幸运的是，iOS 8 中开放了指纹识别的 SDK，也就是说，从 iOS 8 起，我们在开发自己的 App 时，也可以使用指纹识别功能对 App 加密，包括对 App 的全部内容或者部分内容进行加密。

指纹识别功能包含在 LocalAuthentication.framework 框架中，它使用 LAContext 类提供验证功能。LAContext 类的主要方法如下：

（1）canEvaluatePolicy:error:方法：判断当前设备是否能够使用特定的验证功能。例如，要使用指纹验证功能，要求设备具有指纹识别传感器，并且已录入指纹。它的定义如下：

```
- (BOOL)canEvaluatePolicy:(LAPolicy)policy error:(NSError **)error
```

在上述定义中，它的参数 policy 是 LAPolicy 枚举类型，用于指定验证类型。目前它只有

一个取值 LAPolicyDeviceOwnerAuthenticationWithBiometrics，代表指纹验证。

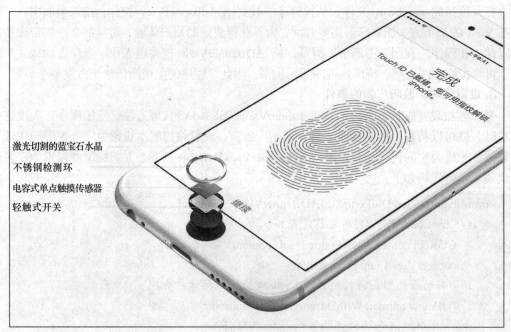

图 8-40　指纹识别解锁设备

（2）evaluatePolicy:localizedReason:reply:方法：使用指定验证功能进行验证。它的定义如下：

```
- (void)evaluatePolicy:(LAPolicy)policy
localizedReason:(NSString*)localizedReason
reply:(void (^)(BOOL success , NSError *error))reply
```

在上述定义中，该方法有 3 个参数，如表 8-2 所示。

表 8-2　evaluatePolicy 方法的 3 个参数

参数声明	功能描述
policy	用于指定要使用的验证类型
localizedReason	用于指定验证缘由的文字。这段文字会显示在验证对话框中，因此要用用户当前语言简短的描述。由于 App 名称会出现在验证对话框的标题上，所以这段文字不应该重复出现 App 的名称
reply	用于指定在验证结束以后执行的块代码

其中，reply 参数所指定的代码块也有两个参数，分别如下。

① success：用于返回验证是否成功。

② error：用于返回验证中出现的错误，如果验证成功则为 nil；如果验证失败，则它的取值范围如下。

➤ LAErrorAuthenticationFailed：用户的指纹无法识别。

➤ LAErrorUserCancel：用户取消了指纹验证，如单击了取消按钮。

➤ LAErrorUserFallback：用户单击了输入密码按钮。

➤ LAErrorSystemCancel：系统取消了验证，如有其他程序进入前台。

> LAErrorPasscodeNotSet：无法启动验证，因为设备上没有设置密码。
> LAErrorTouchIDNotAvailable：无法启动验证，因为设备没有 Touch ID。
> LAErrorTouchIDNotEnrolled：无法启动验证，因为设备没有录入指纹。

为了让初学者更好地学习如何使用指纹验证功能，接下来就对指纹验证的使用进行详细讲解，具体步骤如下。

1. 导入主头文件

由于指纹识别功能包含在 LocalAuthentication.framework 框架中，所以要在代码中导入它的主头文件，如下所示：

```objc
#import <LocalAuthentication/LocalAuthentication.h>
```

2. 判断系统版本

由于只有在 iOS 8 以上才开放了指纹验证的 SDK，所以在使用该功能之前，应先判断系统版本，如果系统版本太低，则不能使用指纹验证。示例代码如下：

```objc
//判断系统版本
if ([UIDevice currentDevice].systemVersion.floatValue< 8) {
    return;
}
```

3. 判断设备是否支持

由于只有 iPhone 5s 以上的设备才具有指纹识别的传感器，设备里必须已录入指纹，否则无法使用指纹识别功能。所以要先对设备进行判断，使用的是 LAContext 对象的 canEvaluatePolicy 方法，示例代码如下：

```objc
//判断设备是否支持指纹识别，在 iPhone 5s 之后版本才支持
LAContext *context = [[LAContext alloc] init];
if (![context canEvaluatePolicy:
    LAPolicyDeviceOwnerAuthenticationWithBiometrics error:nil]) {
    return;
}
```

4. 验证用户指纹

判断完毕以后，就可以开始验证用户的指纹了，验证指纹使用的是 LAContext 对象的 evaluatePolicy 方法，示例代码如例 8-1 所示。

【例 8-1】ViewController.m 文件的新增代码

```objc
1   [context evaluatePolicy:LAPolicyDeviceOwnerAuthenticationWithBiometrics
2                    localizedReason:@"该功能需要指纹验证"
3                    reply:^(BOOL success, NSError *error) {
4       if (success){
5           NSLog(@"指纹验证成功！可以开启功能。");
6       }
7       else{
```

```
8          if (error.code == LAErrorUserFallback) {
9              NSLog(@"用户选择了输入密码。");
10         } else if (error.code == LAErrorUserCancel) {
11             NSLog(@"用户取消了操作。");
12         } else {
13             NSLog(@"验证失败,不可以开启功能。");
14         }
15     }
16 }];
```

例 8-1 所示代码执行时,界面首先弹出一个对话框,如图 8-41 所示。

图 8-41 提示用户输入指纹

此时用户将手指放在 iPhone 的 "Home" 键上,设备开始识别用户的指纹并与设备中已录入的指纹进行对比,如果对比成功,则直接进入接下来的功能。如果对比失败,则会弹出"再试一次"的对话框,此时,用户可以继续使用指纹,也可以选择输入密码,如图 8-42 左图所示。

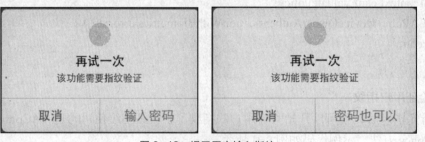

图 8-42 提示用户输入指纹

当用户单击"取消"按钮时,会执行例 8-1 第 10~11 行代码。当用户单击"输入密码"按钮时,会执行例 8-1 中第 8~9 行代码,此时需要在程序中另外提供界面供用户输入密码并完成密码相关功能。

需要注意的是,"输入密码"按钮上的文字可以通过 LAContext 的 localizedFallbackTitle 属性来更改。示例代码如下:

```
context.localizedFallbackTitle = @"密码也可以";
```

执行效果如图 8-42 右图所示。

8.4 本章小结

本章首先介绍了在 App Store 平台上盈利的 3 种方式：付费应用、内购和广告。重点介绍了如何在苹果网站上配置 App 的信息，以及如何在代码中添加内购功能。然后介绍了苹果公司提供的广告窗的原理及使用，最后介绍了 iOS 8 中开发的指纹识别功能。本章内容都是很实用的技术，希望大家能够掌握和熟悉。

【思考题】

1. 简述内购的流程。
2. 简述在 App Store 上的盈利模式。

第 9 章 屏幕适配

学习目标

- 了解 Autoresizing 技术
- 掌握使用 Auto Layout 技术进行屏幕适配
- 掌握使用 Size Class 技术进行屏幕适配
- 掌握第三方框架 Masonry 的使用

随着 iPhone 5 和 iPhone 6 系列设备的相继发布，iOS 设备屏幕越来越趋向多样化，随之也给开发者带来了不小的麻烦。为了适配多种不同的 iOS 设备屏幕，iOS 8 推出了基于 Auto Layout 的 Size Class 技术。接下来，本章将针对 iOS 中的屏幕适配技术进行详细讲解。

9.1 屏幕适配历史背景介绍

在 iOS 开发中，所谓的屏幕适配是控制某个控件在屏幕上的大小和位置。最初，iOS 仅提供了 320×480 分辨率大小的屏幕，伴随着 iPhone 6 Plus 的相继推出，设备屏幕的尺寸变得复杂，故而针对屏幕适配的技术也要与时俱进，iPhone 设备的屏幕样式如图 9-1 所示。

图 9-1　iPhone 设备

1. 初代 iPhone

2007 年，初代 iPhone 发布，屏幕的宽高是 320（宽）像素 × 480（高）像素，这个分辨率一直到 iPhone 3GS 也保持着不变。那时编写 iOS App 只支持绝对定位。例如，一个按钮的 frame 是(x, y, width, height) = (20, 30, 40, 50)，这表示该按钮的宽度是 40 像素，高度是 50 像素，放在(20, 30)像素的位置。

2. iPhone 4

2010 年，iPhone 4 发布，率先采用了 Retina 显示屏，在屏幕的物理尺寸不变的情况下，像素成倍增加，达到了 640 像素 × 960 像素。为了运行之前的 App，iPhone 3GS 版本开始引入了一个点的概念，iPhone 3GS 的 1 个点等于 1 个像素，iPhone 4 的 1 个点等于 2 个像素，屏幕尺寸与 iPhone 3GS 都是 3.5 英寸，针对同样一个点，实际尺寸看起来是一样的，只是 iPhone 4 在单位英寸上像素更多，看起来更加细腻。

3. iPhone 5

2012 年，苹果发布 iPhone 5，将所有的机型进行对比，依然采用点作为单位，如图 9-2 所示。

机型	屏幕宽高，单位点	屏幕模式	屏幕对角线长度
iPhone 3GS	320 × 480	1x	3.5英寸
iPhone 4	320 × 480	2x	3.5英寸
iPhone 5	320 × 568	2x	4英寸

图 9-2 iPhone 3 S iPhone 4 iPhone 5 的

从图 9-2 中可以看出，与 iPhone 4 相比，iPhone 5 的屏幕宽度保持不变，高度增加了 88 个点，明显变得狭长。显而易见，绝对定位就满足不了需求了，这时出现了一个 Autoresizing，它是 UIView 一直存在的属性，使用极其简单。另外，还有一个 Auto Layout，使用相对于 Autoresizing 而言比较复杂，并未得到广泛使用。

4. iPhone 6 和 iPhone 6 Plus

2014 年，iPhone 6 和 iPhone 6 Plus 相继问世，设备屏幕又有了新的变化，如图 9-3 所示。

机型	屏幕宽高，单位点	屏幕模式	屏幕对角线长度
iPhone 3GS	320 × 480	1x	3.5英寸
iPhone 4	320 × 480	2x	3.5英寸
iPhone 5	320 × 568	2x	4英寸
iPhone 6	375 × 667	2x	4.7英寸
iPhone 6 Plus	414 × 736	3x	5.5英寸

图 9-3 iPhone 机 的

从图 9-3 中可以看出，与 iPhone 5 相比，iPhone 6 的屏幕宽度和高度都增加了，iPhone 6 Plus

的屏幕宽度和高度更是增加了不少，虽然屏幕的物理尺寸改变了，但是宽高比却是固定的。

当 iPhone 5 程序运行在 iPhone 6 上时，整体有拉长的效果，而且无法更好地利用屏幕空间。针对于屏幕的多样化而言，Autoresizing 被舍弃了，Auto Layout 的使用势在必行，另外，伴随着 iOS 8 的发布还提供了新技术 Size Class，后面的内容会针对这 3 种技术进行详细讲解。

9.2 Autoresizing

iOS 有两大自动布局利器，分别是 Auto Layout 和 Autoresizing，最早使用的就是 Autoresizing，它既可以通过 Interface Builder 实现，也可以使用代码实现。本节将针对 Autoresizing 的使用进行详细讲解。

9.2.1 在 Interface Builder 中使用 Autoresizing

要想在 Interface Builder 中管理 Autoresizing，需要注意，Autoresizing 和 Auto Layout 两者只能使用其一。创建好的项目默认是使用 Auto Layout 自动布局的，故要想使用 Autoresizing 需要取消 Auto Layout。

（1）取消 Auto Layout

新建一个 Single View Application 应用，进入 Main.storyboard，打开右侧的文件检查器面板，如图 9-4 所示。

在图 9-4 中，"Use Auto Layout" 和 "Use Size Classes" 两个复选框默认是选中状态。取消勾选 "Use Auto Layout" 复选框，弹出一个确认窗口，如图 9-5 所示。

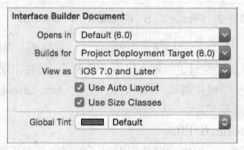

图 9-4　文件检查器面

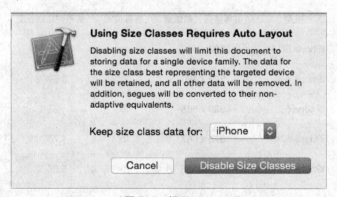

图 9-5　提示

从图 9-5 中可以看出，Auto Layout 和 Size Class 是绑定的。单击 "Disable Size Classes" 按钮，

这两个复选框均被取消勾选，而且 IB 编辑区域的 View Controller 变成 iPhone 5 的尺寸大小。

（2）使用 Autoresizing

打开右侧的大小检查器面板，会看到关于 Autoresizing 设置的面板，如图 9-6 所示。

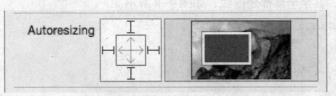

图 9-6　Autoresizing 控制面

从图 9-6 中可以看出，正中的正方形格子用于管理 Autoresizing，其内侧的正方形表示要布局的控件，外侧的正方形表示该控件的父视图。Autoresizing 的核心用法就是 6 根线，即内侧正方形周围的 4 根线和中间的 2 根交叉线，这几根线可以通过单击来实现，在实线和虚线之间切换，接下来，针对这几根线进行讲解，具体如下。

① 周围的 4 根线，用于控制当前控件和父控件的距离。
- 上边距的线：若为实线，表示当前控件和父控件的顶部距离固定；若为虚线，表示不固定。
- 下边距的线：若为实线，表示当前控件和父控件的底部距离固定；若为虚线，表示不固定。
- 左边距的线：若为实线，表示当前控件和父控件的左侧距离固定；若为虚线，表示不固定。
- 右边距的线：若为实线，表示当前控件和父控件的右侧距离固定；若为虚线，表示不固定。

② 中间的两根线，用于约束当前控件是否随着父控件的宽高变化而按比例变化。
- 水平方向的线：若为实线，表示当前控件的宽度随着父控件的宽度按比例变化；若为虚线，表示宽度不变。
- 垂直方向的线：若为实线，表示当前控件的高度随着父控件的高度按比例变化；若为虚线，表示高度不变。

通过前面的介绍，大家已经简单了解了 Autoresizing 的使用。接下来，通过一个案例来讲解如何在 Interface Builder 中使用 Autoresizing，具体内容如下。

1. 创建工程，设计界面

（1）新建一个 Single View Application 应用，名称为 01-Autoresizing。

（2）进入 Main.storyboard，打开右侧的文件检查器面板，取消勾选 Auto Layout。

（3）选中故事板中的 View Controller，设置 Size 为 iPhone 4.7-inch。

（4）从对象库拖曳 1 个 View，设置 Width 和 Height 的值均为 100，将 View 放置在左上角；复制 1 个 View，放置到右上角；以同样的方式复制 2 个 View，分别放置到左下角和右下角，设计好的界面如图 9-7 所示。

2. 项目需求

4 个方块在控制器视图的内部，无论程序运行在何种平台，使用何种屏幕方向，这 4 个方块均停留在屏幕的 4 个角。

3. 使用 Autoresizing 布局

（1）若要让子 View 一直停留在左上角，则代表子 View 和 View 的顶部距离固定、左侧距离固定。选中故事板的子 View，打开右侧的大小检查器面板，单击"上边距"和"左边距"使其设置为实线，其余全部都是虚线，如图 9-8 所示。

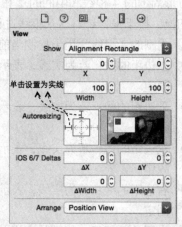

图 9-7 设　　成的界面　　　　　　　图 9-8 "　　"和"　　"设置　实

（2）同理，依次选中其他的子 View，按照上述需求设置特定的约束。为了快速地预览多个设备的运行效果，单击 Xcode 右上角的 ⌬ 图标，单击右侧窗口顶部的"Manual"，弹出一个下拉列表，如图 9-9 所示。

将光标移动到图 9-9 所示的"Preview"位置，弹出一个"Main.storyboard（Preview）"选项。选中该选项，编辑窗口右侧展示了 iPhone 4-inch 的预览效果。值得一提的是，只要单击预览图下方的旋转箭头，就会看到屏幕翻转后的预览效果。

（3）如果还想查看其他屏幕尺寸的预览效果，单击右侧窗口左下角的"+"号按钮，弹出如图 9-10 所示的窗口。

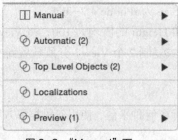

图 9-9 "Manual"下　　　　　　图 9-10 "　　"　　　　出的下

选择"iPhone 4.7-inch"，右侧窗口又展示了 iPhone 4.7-inch 屏幕上的预览效果，如图 9-11 所示。

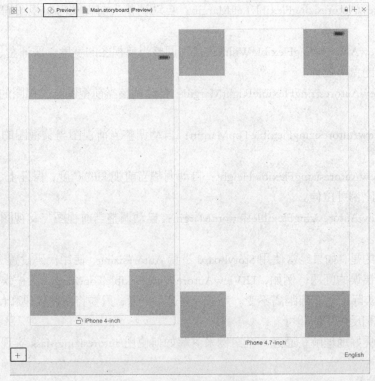

图 9-11　Main storyboard 的

从图 9-11 中可以看出，在 iPhone 4-inch 和 iPhone 4.7-inch 两个设备环境下，4 个方块一直停留在屏幕的 4 个角上。由此证明，使用 Autoresizing 成功实现了屏幕适配。

9.2.2　在代码中设置 AutoresizingMask 属性

除了直观地通过 Interface Builder 使用 Autoresizing 之外，还可以使用代码实现。要想在代码中使用 Autoresizing 布局，需要设置 UIView 类的 autoresizingMask 属性，该属性的定义格式如下：

```
@property(nonatomic) UIViewAutoresizing autoresizingMask;
```

从上述代码中可以看出，该属性是 UIViewAutoresizing 类型的，该类型是一个枚举类型，它的定义格式如下：

```
typedef NS_OPTIONS(NSUInteger, UIViewAutoresizing) {
    UIViewAutoresizingNone                 = 0,
    UIViewAutoresizingFlexibleLeftMargin   = 1 << 0,
    UIViewAutoresizingFlexibleWidth        = 1 << 1,
    UIViewAutoresizingFlexibleRightMargin  = 1 << 2,
    UIViewAutoresizingFlexibleTopMargin    = 1 << 3,
    UIViewAutoresizingFlexibleHeight       = 1 << 4,
    UIViewAutoresizingFlexibleBottomMargin = 1 << 5
};
```

UIViewAutoresizing 类型共包含 7 个值，它们代表的含义分别如下。

（1）UIViewAutoresizingNone：不会随父视图的改变而改变。

（2）UIViewAutoresizingFlexibleLeftMargin：自动调整当前视图与父视图的左边距，保证右边距固定。

（3）UIViewAutoresizingFlexibleWidth：自动调整当前视图的宽度，保证左、右边距固定，宽度按照一定比例可拉伸。

（4）UIViewAutoresizingFlexibleRightMargin：自动调整当前视图与父视图的右边距，保证左边距固定。

（5）UIViewAutoresizingFlexibleTopMargin：自动调整当前视图与父视图的上边距，保证下边距固定。

（6）UIViewAutoresizingFlexibleHeight：自动调整当前视图的高度，保证上、下边距固定，高度按照一定比例可拉伸。

（7）UIViewAutoresizingFlexibleBottomMargin：自动调整当前视图与父视图的下边距，保证上边距固定。

值得一提的是，如果经常使用 Storyboard 设置 Autoresizing，使用代码设置 Autoresizing 就容易出现理解错误的问题，例如，UIViewAutoresizingFlexibleTopMargin 会被误认为是顶部距离不变，然而实际上是底部距离不变。为了解决这个问题，只要将使用代码和使用 Storyboard 的作用记忆成相反作用的即可。

为了大家更好地理解，通过一个案例来讲解如何使用 autoresizingMask 实现自动布局，具体内容如下。

1．项目需求

大方块视图位于控制器视图的内部，小方块位于大方块视图的内部，无论大方块的大小如何变化，小方块一直停留在原位置保持不变。

2．使用代码实现自动布局

进入 ViewController.m 文件，添加两个子控件，每单击屏幕一次，大方块的宽度和高度会按照一定的比例放大，但是小方块保持不变，代码如例 9-1 所示。

【例 9-1】ViewController.m

```
1   #import "ViewController.h"
2   @interface ViewController ()
3   @property (nonatomic, strong) UIView *bigView;
4   @end
5   @implementation ViewController
6   - (void)viewDidLoad {
7       [super viewDidLoad];
8       // 1.添加大方块
9       UIView *bigView = [[UIView alloc] init];
10      bigView.center = self.view.center;
11      bigView.bounds = CGRectMake(0, 0, 200, 200);
12      bigView.backgroundColor = [UIColor lightGrayColor];
13      [self.view addSubview:bigView];
14      self.bigView = bigView;
```

```
15      // 2.添加小方块
16      UIView *smallView = [[UIView alloc] init];
17      smallView.frame = CGRectMake(50, 50, 100, 100);
18      smallView.backgroundColor = [UIColor groupTableViewBackgroundColor];
19      [self.bigView addSubview:smallView];
20      // 3.添加约束
21      smallView.autoresizingMask = UIViewAutoresizingFlexibleBottomMargin |
22      UIViewAutoresizingFlexibleLeftMargin | UIViewAutoresizingFlexibleTopMargin
23      | UIViewAutoresizingFlexibleRightMargin;
24      }
25      - (void)touchesBegan:(NSSet *)touches withEvent:(UIEvent *)event
26      {
27          CGRect bounds = self.bigView.bounds;
28          bounds.size.width += 10;
29          bounds.size.height += 10;
30          self.bigView.bounds = bounds;
31      }
32      @end
```

在例 9-1 中，第 21~23 行代码给 autoresizingMask 属性赋了多个值，并使用 "|" 符号来连接这几个值。

3．运行程序

单击"运行"按钮运行程序，程序运行成功后，单击一下屏幕，大方块按照一定的比例放大，小方块保持原位置不变，多次单击屏幕，大方块持续放大，小方块依旧保持不变，如图 9-12 所示。

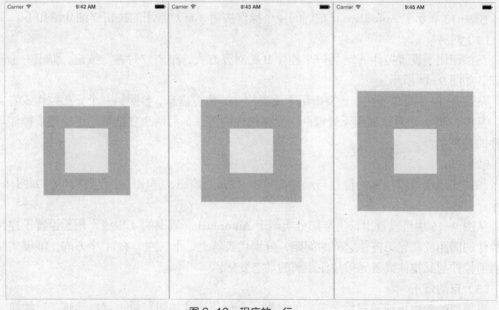

图 9-12　程序的　行

注意：

Autoresizing 已经是比较过时的适配方法了，它只能设置父子控件之间的约束，无法设置兄弟控件之间的约束，有着很大的局限性。如果界面比较简单，细节要求也不太高的话，就可以使用 Autoresizing 来适配。

9.3 Auto Layout

Auto Layout 布局技术最早应用于 Mac OS X 10.7 环境下开发，在 iOS 6 之后引入 iOS 系统，它能够帮助我们解决复杂多样的 iOS 设备屏幕问题。Auto Layout 为控件布局定义了一套约束（constraint），这套约束定义了控件与视图之间的关系。约束定义可以通过 Interface Builder 或者代码实现，使用 Interface Builder 设定约束相对比较简单、直观，所以本节将针对这种方式进行详细介绍。

9.3.1 在 Interface Builder 中管理 Auto Layout

Auto Layout 有两个核心的概念，就是约束和参照。项目创建完成后，默认是使用 Auto Layout 和 Size Class 自动布局的，为了更好地单独体验 Auto Layout，取消勾选 Size Class。针对 Auto Layout 布局。Interface Builder 提供了一些操作按钮，这些按钮位于 Xcode 编辑面板的右下角位置，如图 9-13 所示。

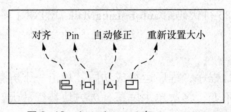

图 9-13　Auto Layout 布

图 9-13 展示了 Auto Layout 布局的 4 个操作按钮，针对常用的按钮详细介绍如下。

（1）对齐

该按钮用于设置控件 A 与另一个控件 B 的对齐方式，单击"对齐"按钮，弹出一个设置窗口，如图 9-14 所示。

从图 9-14 中可以看出，该窗口用于设置控件的位置信息，参照另一个兄弟控件或者父控件。其中，前 7 个复选框用于处理两个兄弟控件的关系，后两个复选框用于处理子控件与父控件的关系。

（2）Pin

该按钮用于设置控件的位置与尺寸，单击"Pin"按钮，弹出一个设置窗口，如图 9-15 所示。

从图 9-15 中可以看出，上半部分类似于 Autoresizing 周围的 4 根线，用于设置子控件与父控件的间距或者兄弟控件之间的间距，分别代表着上、下、左、右 4 个方向，能够实时捕获当前控件与父控件或者兄弟控件距离的动态变化。

（3）自动修正

当控件的约束出现错误或者警告的时候，会使用到该按钮。单击"自动修正"按钮，弹出一个设置窗口，如图 9-16 所示。

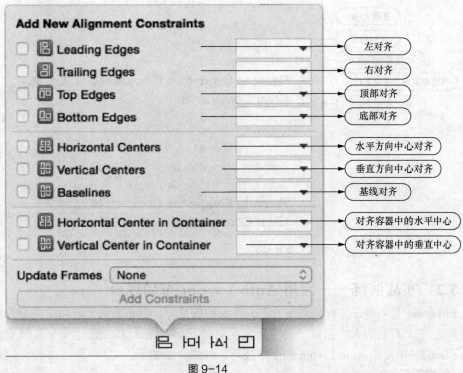

图 9-14

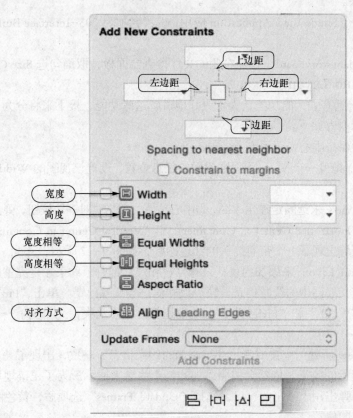

图 9-15 Pin

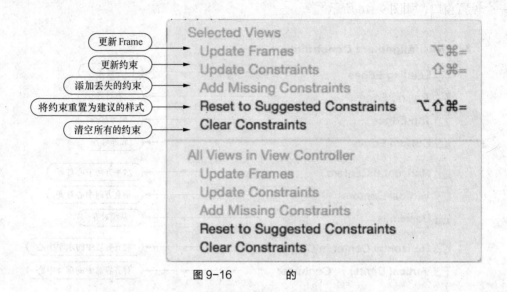

图 9-16　　　的

9.3.2　实战演练——使用 Auto Layout 布局界面

Auto Layout 是一种最流行的适配方式，苹果积极推荐，拥有着强大好用的适配方法，对于提升开发效率有着很大的帮助。为了大家更好地理解，接下来，通过一个案例来讲解在 Interface Builder 中使用 Auto Layout 的多个技巧，详细介绍如下。

1．创建工程

（1）新建一个 Single View Application 应用，设置名称为"03-Interface Builder 中使用 Auto Layout"。

（2）进入 Main.storyboard，打开右侧的文件检查器面板，取消勾选 Size Class。

2．使用 Auto Layout

Auto Layout 拥有强大的功能，为了更好地讲解这些功能，接下来将分为 4 个模块来进行详细讲解，具体内容如下。

（1）子控件保持中心位置不变

① 从对象库拖曳一个 View 到程序界面的任意位置，设置该视图的 Width 和 Height 均为 100。

② 要想让 View 永远固定在主 View 的中心位置，单击"对齐"按钮，弹出设置控件对齐的窗口，勾选"Horizontal Center in Container"和"Vertical Center in Container"对应的复选框，文档大纲区域出现了一个带有箭头的红色图标，如图 9-17 所示。

③ 通过 Auto Layout 来添加约束，只有位置和尺寸都有了约束才是完整的。前面仅仅只设置了子控件在父控件中的位置信息，缺少尺寸信息故导致出错。单击"Pin"按钮，在弹出的窗口中勾选"Width"和"Height"对应的复选框，红点消失，又出现了一个带有箭头的黄色图标，如图 9-18 所示。

④ 由于 View 所处的位置或者尺寸与添加的约束信息不一致，出现了警告信息，但是这并不影响控件运行的效果，依然会按照添加的约束信息来展示。为了正确地展示，单击"自动修正"按钮，弹出用于修正的窗口，选择"Update Frames"选项后，黄色图标消失，View 自动调整到中心的位置。

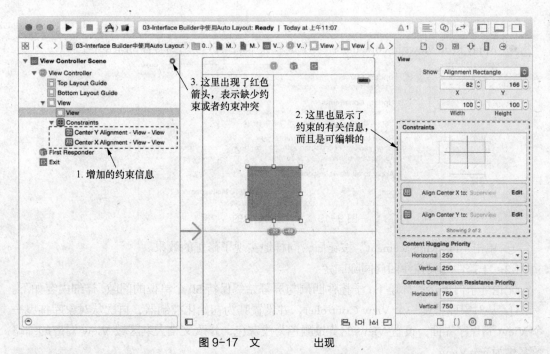

图 9-17 文　　　出现

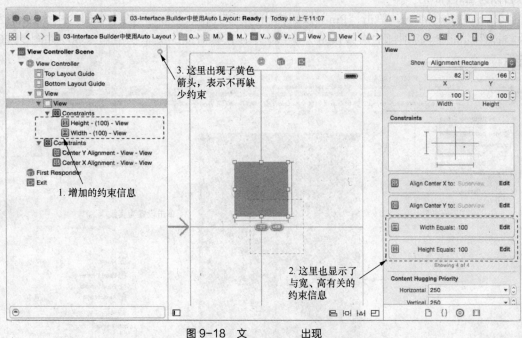

图 9-18 文　　　出现

⑤ 除了以上方式外，还可以单击黄色图标的箭头，切换到"Misplaced Views"窗口，该窗口有一个黄色的空心三角图标，该图标表示可被修复的警告，单击该图标，弹出如图 9-19 所示的对话框。

图 9-19 展示了 4 个选项，它们所代表的含义如下。

- Update Frame：表示更新 Frame 与约束相匹配。
- Update Constraints：表示更新约束与画布中控件的 Frame 相匹配。
- Reset to Suggested Constraints：表示删除所有的约束，依据当前画布中控件的 Frame

进行添加。
- Apply to all views in container：表示是否让本次修改应用到容器的全部视图。

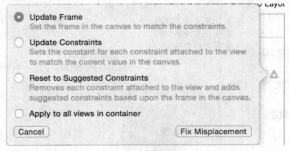

图 9-19　警告信息的　框

⑥ 单击"Fix Misplacement"按钮后，同样地实现了修正的效果。

（2）子控件与父控件四周间隙固定

无论处于何种运行环境下，子控件四周与屏幕始终保持 50 个单位的间隙，详细内容如下。

① 从对象库拖曳一个 View Controller，并设置其为初始化控制器，再次从对象库拖曳一个 View 到程序界面，设置 View 的背景颜色为浅灰色，修改文档大纲区域 View 对应的缩略图名称为 grayView。

② 选中 grayView，单击"Pin"按钮弹出对应的窗口，该窗口的上半部分用于控制控件与控件的间隙。将顶部的虚线设置为实线，并且在其对应的文本框中输入 50，如图 9-20 所示。

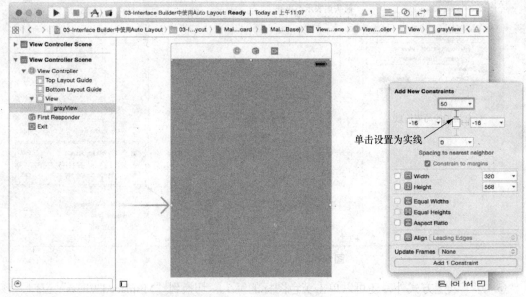

图 9-20　设置 gray ie　ie 的　部

单击"Add 1Constraint"按钮，则成功地添加了顶部间隙的约束。需要注意的是，Xcode 6 为了得到更好的用户体验，默认在左右两边增加了 16 个单位的宽度，若取消勾选"Constraint to margins"，则左右两边的宽度都为 0。

③ 取消勾选"Constraint to margins"，以同样的方式，设置其余 3 个方向的约束，如图 9-21 所示。

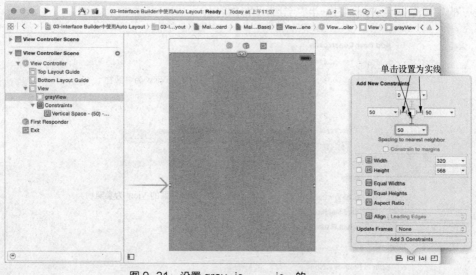

图 9-21 设置 grayView 的 View 的

单击 "Add 3Constraints" 按钮后，成功地添加了左右两侧、底部间隙的约束。需要注意的是，如果要指定兄弟控件间隙的约束，可以单击文本框对应的倒三角图标，选择要参照的控件即可。

（3）两个兄弟控件间隙固定

控制器的视图有灰和浅灰两个子 View，它们之间是兄弟关系。无论处于何种运行环境下，灰色 View 距离屏幕的左侧和底部距离一直是 20 个单位，高度为固定的 100 个单位；浅灰色 View 距离屏幕的右侧和底部距离也一直是 20 个单位，高度与灰色 View 相等；灰色 View 和浅灰色 View 的间隙始终保持在 20 个单位，详细内容如下。

① 从对象库拖曳一个 View Controller，并设置其为初始化控制器，拖曳 1 个 View 到程序界面，设置 View 的背景颜色为 Light Gray Color，修改 View 对应的缩略图名称为 LightView。

② 选中 LightView，按住"option"键拖动鼠标复制 1 个 View，设置其背景颜色为 Group Table View Background Color，并且修改 View 对应的缩略图名称为 GroupView。

③ 选中 LightView，单击"Pin"按钮弹出其对应的设置窗口。设置左侧和底部约束的距离为 20 个单位，高度约束的距离为 100 个单位；选中 GroupView，同样地设置右侧和底部约束的距离为 20 个单位。值得一提的是，LightView 的宽度并未设置，故会出现红色的图标。

④ 选中 GroupView 和 LightView，勾选"Equal Widths"和"Equal Heights"复选框，设置这两个视图的宽度和高度相等。

⑤ 这时，LightView 和 GroupView 的 Width 还未设定，由于这两个视图是等宽的，只要确定了它们的间距，系统会动态地计算它们的 Width。选中 LightView，设置其距离 GroupView 为 20 个单位，如图 9-22 所示。

⑥ 单击"自动修正"按钮，弹出用于修正的窗口。选择"Update Frames"选项后，黄色图标消失。

（4）一个控件宽度是另一个的一半

控制器的视图有灰和浅灰两个子 View，无论处于何种运行环境下，灰色 View 距离屏幕的顶部、左侧和右侧距离为 20 个单位，高度为 100 个单位；浅灰色 View 距离屏幕右侧的距离为 20 个单位，它位于灰色 View 的下方，间隙为 20 个单位，高度与灰色 View 相等；浅灰色View的宽度是灰色View的一半，详细设置内容如下。

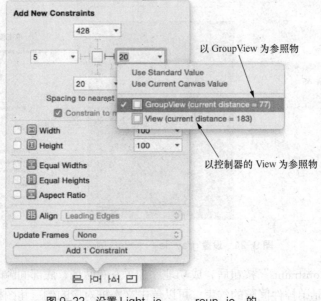

图9-22 设置LightView和GroupView的

① 从对象库拖曳一个View Controller，并设置其为初始化控制器。拖曳1个View到程序界面，设置View的背景颜色为Light Gray Color，修改View对应的缩略图名称为LightView。

② 选中LightView，按住"option"键拖动鼠标复制1个View，设置其背景颜色为Group Table View Background Color，并且修改View对应的缩略图名称为GroupView。

③ 选中LightView，单击"Pin"按钮弹出设置窗口，设置顶部、左侧和右侧约束的距离为20个单位，高度约束为100个单位，设置完成后，不会出现红色图标。

④ 选中GroupView，单击"Pin"按钮弹出设置窗口，设置右侧约束的距离为20个单位，距离LightView的距离为20个单位。

⑤ 同时选中LightView和GroupView，设置这两个视图的宽度和高度相等。

⑥ 按照要求，GroupView的宽度是LightView的一半，若要这样设置，需要知道一个Auto Layout的核心公式，定义格式如下：

FirstItem.属性（x, y, width, height）Relation（==, <=, >=）Second Item.属性 * Multiplier + Constant

其中，FirstItem、Second Item表示控件，Relation表示关系，Multiplier表示倍率，Constant表示常数。

⑦ 打开文档大纲区域，选中设置等宽的约束"Equal Widths-LightView-GroupView"，找到其对应的属性检查器面板，如图9-23所示。

将图9-23中Multiplier选项改为2，单击"return"键，GroupView的宽度随之变为LightView的一半。需要注意的是，Priority的值是默认的，无需做任何修改。

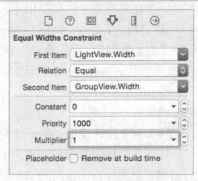

图9-23 式的设置面

9.4 Size Class

iOS 8 发布之后,搭载的设备越来越多,特别是 iPhone 6 和 iPhone 6 Plus 发布以后,Auto Layout 技术已经不能解决复杂的屏幕适配问题了。Auto Layout 技术只能解决界面差别比较小的情况,针对复杂的界面,需要采用不同的用户界面。为此,苹果公司在 iOS 8 中推出新的屏幕适配技术 Size Class,它是基于 Auto Layout 技术的,本节将针对 Size Class 技术进行详细讲解。

9.4.1 在 Interface Builder 中使用 Size Class

与 Auto Layout 技术不同,Size Class 不能通过代码编辑管理,只能通过 Interface Builder 来使用。首先需要开启 Size Class,默认故事板等布局文件已经开启 Size Class 和 Auto Layout。若没有开启,可以选中 Main.storyboard,找到其对应的文件检查器面板,勾选 "Use Size Classes" 复选框,如图 9-24 所示。

需要注意的是,要想使用 Size Class 必须同时勾选 Auto Layout。勾选完成后,故事板中的 View Controller 变成正方形,编辑窗口的底部中央位置增加了 1 个按钮 "wAny hAny",单击该按钮弹出一个九宫格的窗口,如图 9-25 所示。

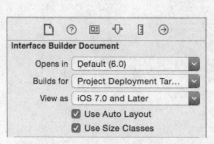

图 9-24 选 " se Size Classes"

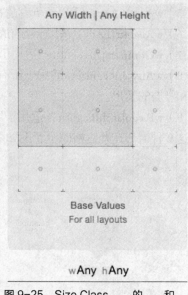

图 9-25 Size Class 的 和

从图 9-25 中可以看出,Size Class 的菜单就是一个九宫格,能够组合成 9 种情形,每一种情形对应 9 种不同的布局。

此外,Size Class 有 Width(宽)和 Height(高)两个布局方向,坐标原点位于左上角。Width 和 Height 布局方向上有 3 个类别,分别为 Compact(紧凑)、Any(任意)和 Regular(正常),所谓"紧凑",就是屏幕空间相对比较小,如 iPhone 竖屏的情况,水平方向是"紧凑"的,而垂直方向是"正常"的,取值为 wCompact | hRegular;而在 iPhone 横屏时,水平方向是"紧凑"的,垂直方向也是"紧凑"的,取值为 wCompact | hCompact,如图 9-26 所示。

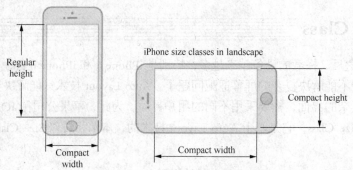

图 9-26　iPhone 横屏和竖屏的 Size Class

位于"紧凑"和"正常"之间的值是"任意","任意"一般用于 iPad 布局。针对这 9 种组合的说明如下。

（1）wCompact|hCompact：适用于 3.5 英寸、4 英寸、4.7 英寸的 iPhone 横屏情形。

（2）wAny|hCompact：适用于所有的垂直方向是"紧凑"的情形，如 iPhone 横屏。

（3）wRegular|hCompact：适用于 5.5 英寸的 iPhone 横屏情形。

（4）wCompact|hAny：适用于所有的水平方向是"紧凑"的情形，如 3.5 英寸、4 英寸、4.7 英寸的 iPhone 竖屏情形。

（5）wAny|hAny：适用于所有的布局情形，但这种情形是最后的选择。

（6）wRegular|hAny：适用于所有的水平方向是"正常"的情形，如 iPad 横屏和竖屏的情形。

（7）wCompact|hRegular：适用于所有的 iPhone 竖屏情形。

（8）wAny|hRegular：适用于所有的垂直方向是"正常"的情形，如 iPhone 竖屏、iPad 横屏和竖屏的情形。

（9）wRegular|hRegular：适用于所有的 iPad 横屏和竖屏的情形。

这 9 种情形在九宫格的示意图如图 9-27 所示。

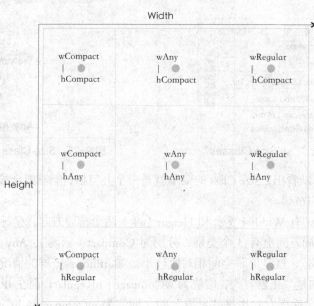

图 9-27　Size Class 九宫格

图 9-27 所示是 Size Class 对应的九宫格，由图可知，从横向方向看，第 1 行代表 hCompact，第 2 行代表 hAny，第 3 行代表 hRegular；从纵向方向看，第 1 列代表 wCompact，第 2 列代表 wAny，第 3 列代表 wRegular。经过组合，能够组合出所有的 iPhone 或者 iPad 的屏幕。

9.4.2 实战演练——使用 Size Class 布局 QQ 登录界面

为了大家更好地掌握 Size Class 的使用，接下来，通过一个布局 QQ 登录界面的案例，讲解如何使用 Size Class 和 Auto Layout 来布局界面，具体步骤如下。

1．创建工程，设计界面

（1）新建一个 Single View Application 应用，设置名称为"04-使用 Size Class"，默认是同时使用 Auto Layout 和 Size Class。

（2）进入 Images.xcassets，将之前准备好的 QQ.png 图片资源拖曳到该目录下面。

（3）进入 Main.storyboard，从对象库拖曳 1 个 Image View、2 个 Text Field、1 个 Button，将这几个控件放置到合适的位置，设计好的界面如图 9-28 所示。

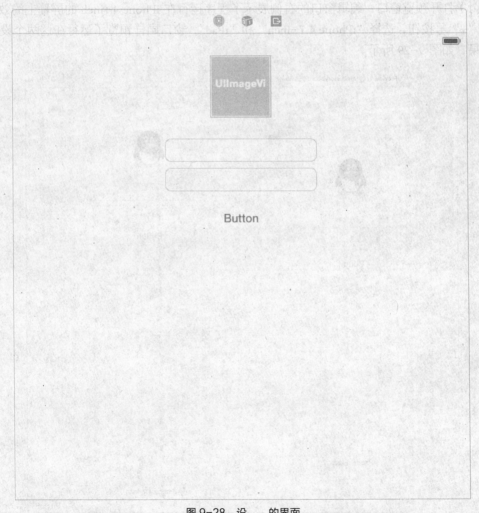

图 9-28 设　　的界面

2. 使用 Size Class

通过 Auto Layout 在 Interface Builder 中布局一个 QQ 登录界面，该登录界面可以运行在 iPhone 和 iPad 设备上，故将 Size Class 设置为 "wAny | hWhy"，详细内容如下。

（1）选中 Image View，设置其 Image 为 QQ.png，设置 Image View 到顶部的约束距离为 20 个单位，水平方向居中。值得一提的是，Image View 若设置了图片，无需再约束尺寸，默认会使用图片的尺寸。

（2）选中 Text Field，设置其距离顶部 Image View 的约束距离为 20 个单位，与 Image View 水平方向中线对齐。值得一提的是，Text Field 可以不用设置高度，但是为了达到期望的宽度，需要设置宽度。

（3）选中第 2 个 Text Field，设置其顶部距离 Text Field 的约束距离为 8 个单位，与第 1 个 Text Field 左右对齐。

（4）选中 Button，设置其顶部距离第 2 个 Text Field 的约束距离为 10 个单位，水平方向居中。值得一提的是，Button 一旦设置了内容，则同样无需再设置宽度和高度。

3. 预览结果

（1）打开预览窗口，编辑窗口的右侧展示了程序运行在 iPhone 4-inch 的屏幕上的效果，单击 "+" 号按钮，选择 "iPhone 4.7-inch" 和 "iPad"，窗口同样预览了运行在这两个设备上的效果，如图 9-29 所示。

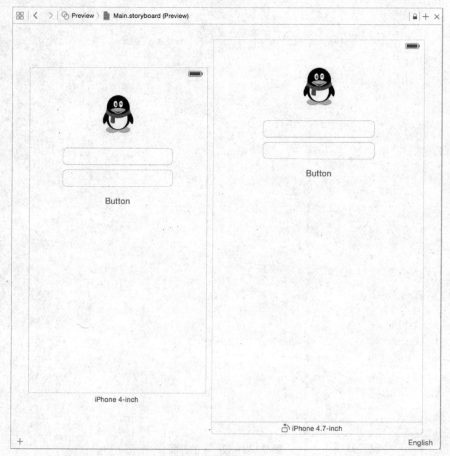

图 9-29　程序的

（2）单击图 9-29 底部的"iPhone 4-inch"按钮，向左旋转为横屏，程序依然正确地显示到屏幕上，如图 9-30 所示。

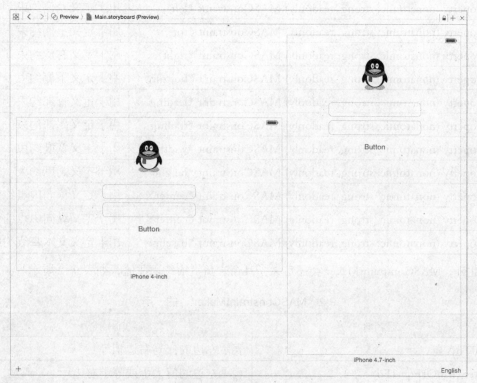

图 9-30　程序的

9.5　第三方框架——Masonry 框架

从之前的学习可看出，使用屏幕适配最常用的是自动布局技术。自动布局也可以在代码中进行，但是需要用到 VFL 语言，而 VFL 语言可读性并不好，而且 VFL 的语法需要单独学习，需占用很长的项目时间。在实际开发中，为了提高项目开发效率，减少学习时间，可以使用第三方框架 Masonry 实现自动布局。

9.5.1　Masonry 框架介绍

Masonry 是一个轻量级的布局框架，拥有自己的描述语法，采用更优雅的链式语法封装自动布局，简洁明了，并具有高可读性。示例代码如下：

```
[redView makeConstraints:^(MASConstraintMaker *make) {
    make.top.equalTo(self.view.top).offset(100);
}];
```

上述代码将 redView 的上侧与父视图的上侧距离定义为 100 个单位。同时我们也会发现，Masonry 的链式语法与自然语言很接近，简单易用。

Masonry 使用 MASConstraint 类表示一条约束。使用 MASConstraintMaker 类负责创建约束，MASConstraintMaker 类的常用属性如表 9-1 所示。

9-1 MASConstraintMaker 的用

属性声明	功能描述
@property (nonatomic, strong, readonly) MASConstraint *left	用于定义左侧约束
@property (nonatomic, strong, readonly) MASConstraint *top	用于定义上侧约束
@property (nonatomic, strong, readonly) MASConstraint *right	用于定义右侧约束
@property (nonatomic, strong, readonly) MASConstraint *bottom	用于定义下侧约束
@property (nonatomic, strong, readonly) MASConstraint *leading	用于定义首部约束
@property (nonatomic, strong, readonly) MASConstraint *trailing	用于定义尾部约束
@property (nonatomic, strong, readonly) MASConstraint *width	用于定义宽度约束
@property (nonatomic, strong, readonly) MASConstraint *height	用于定义高度约束
@property (nonatomic, strong, readonly) MASConstraint *centerX	用于定义横向中点约束
@property (nonatomic, strong, readonly) MASConstraint *centerY	用于定义纵向中点约束
@property (nonatomic, strong, readonly) MASConstraint *baseline	用于定义文本基线约束

此外，MASConstraintMaker 类还定义了几个宏负责给约束赋值，如表 9-2 所示。

9-2 MASConstraintMaker 的用

宏名称	功能描述
equalTo	表示左边的值与右边相等
greaterThanOrEqualTo	表示左边的值大于或等于右边
lessThanOrEqualTo	表示左边的值大于或等于右边
offset	表示值的偏移量

使用 MASConstraintMaker 类创建的约束，由 Masonry 框架提供的 3 种方法添加到控件上。这 3 种方法在 UIView 的分类中定义，所以可作为 UIView 的方法使用，分别如下。

（1）makeConstraints：负责增加新的约束，不能同时存在两条重复定义的约束，否则会报错。方法定义和实现如下：

```
- (NSArray *)makeConstraints:(void(^)(MASConstraintMaker *))block {
    return [self mas_makeConstraints:block];
}
```

上述方法中使用了块代码 block 作为参数，在块代码中可使用 MASConstraintMaker 对象创建约束。该方法调用了 mas_makeConstraints 方法，实际上，makeConstraints:和 mas_makeConstraints: 这两种方法是等价的。

（2）updateConstraints：负责更新现有的约束，因此不会出现两条重复的约束。方法定义和实现如下：

```
- (NSArray *)updateConstraints:(void(^)(MASConstraintMaker *))block {
    return [self mas_updateConstraints:block];
}
```

上述方法使用了块代码 block 作为参数。该方法调用了 mas_updateConstraints 方法，updateConstraints:和 mas_updateConstraints:这两种方法也是等价的。

（3）remakeConstraints：负责清除之前的所有约束，并添加新的约束。方法定义如下：

```
- (NSArray *)remakeConstraints:(void(^)(MASConstraintMaker *))block{
    return [self mas_remakeConstraints:block];
}
```

9.5.2 Masonry 框架的使用

为了让大家更好地学习 Masonry 框架的使用，接下来围绕如何使用 Masonry 框架添加约束分步骤进行详细的讲解。

1. 下载框架

Masonry 框架的下载地址为 https://github.com/SnapKit/Masonry，在浏览器中打开这个网址，单击页面右下方的 Download ZIP 按钮，浏览器会自动将 Masonry 框架的源代码下载到本地。打开本地的源代码，会看到名为"Masonry-master"的文件夹，该文件夹包含了框架的所有内容，如图 9-31 所示。其中"Examples"包含了框架的示例程序，而"Masonry"文件夹则包含了该框架的所有头文件。

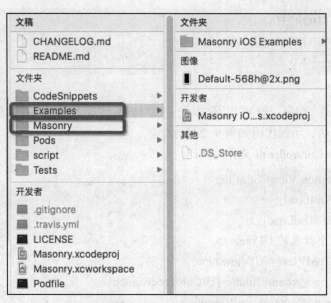

图 9-31　器界面

2. 导入框架

将"Masonry"文件夹导入应用程序的项目中，注意一定要勾选"Copy items if needed"选项，这样才会把这些头文件复制到应用程序中，如图 9-32 所示。

3. 定义宏和主头文件

要使用 Masonry 框架的类，必须导入它的主头文件 Masonry.h，并且要定义以下两个宏。

- MAS_SHORTHAND：用于去掉 mas_前缀。Masonry 框架里定义的类、属性和方法默认包含 mas_前缀，如定义上侧约束的属性 mas_top。这个宏定义用于去掉 mas_前缀，如将 mas_top 属性名称变成 top，从而更方便使用。

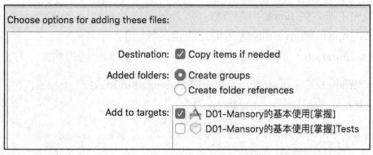

图 9-32　Masonry 框架的 文件导 项目

- MAS_SHORTHAND_GLOBALS：用于打开表达式的自动装箱功能。例如，MASConstraintMaker 对象的 equalTo 方法，接收 id 类型的参数，要将 int 类型的 "100" 作为参数传给它，则需要将 int 类型封装成为 NSInteger 类型（将基础类型封装成 id 类型即装箱）。用法示例：equalTo((@(100))。这个宏定义以后，打开了 Masonry 的自动装箱功能，因此可以将基本参数类型直接作为参数传递，Masonry 框架会自动对它装箱。此时的用法为 equalTo(100)。

这两个宏能够让 Masonry 的使用更简单和直观。需要注意的是，由于这两个宏在 Masonry 的主头文件中要用到，所以必须在主头文件之前定义宏。示例代码如下：

```
#define MAS_SHORTHAND
#define MAS_SHORTHAND_GLOBALS
#import "Masonry.h"
```

4．添加约束

引入主头文件之后，就可以添加代码为控件添加约束了。添加约束使用的是 makeConstraints 方法，示例代码如例 9-2 所示。

【例 9-2】ViewController.m 文件的代码

```
1   @implementation ViewController
2   - (void)viewDidLoad {
3       [super viewDidLoad];
4       //添加一个红色的 UIView
5       UIView *redView = UIView.new;
6       redView.backgroundColor = [UIColor redColor];
7       [self.view addSubview:redView];
8       //为 redView 添加约束
9       [redView makeConstraints:^(MASConstraintMaker *make) {
10          make.top.equalTo(self.view.top).offset(50);
11          make.left.equalTo(self.view.left).offset(50);
12          make.height.equalTo(100);
13          make.width.equalTo(100);
14      }];
15  }
16  @end
```

在例 9-2 的代码中，第 5~7 行代码创建了一个 redView 并添加到控制器的视图上。第 9~14 行代码为 redView 控件添加了 4 条约束，其中第 10 行定义了 redView 的上侧与控制器 View 的上侧距离为 50 个单位，第 11 行代码定义了 redView 的左侧与控制器 view 的左侧距离为 50 个单位，第 12 行代码定义了 redView 的高度为 100 个单位，第 13 行代码定义了 redView 的宽度为 100 个单位。

该代码执行后的在竖屏和横屏下的显示效果如图 9-33 所示。

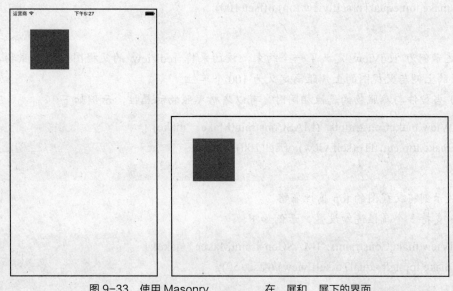

图 9-33 使用 Masonry 在 屏和 屏下的界面

从执行效果可知，Masonry 成功地为 redView 控件确定了显示位置和大小，并且实现了自动布局。

5. 更新约束

在定义完约束以后，可以使用 updateConstraints 方法对约束进行更新。更新时会先判断之前是否有相同的约束，如果有，则删除之前的约束并添加新的约束；如果没有，则直接添加。示例代码如下：

```
[redView updateConstraints:^(MASConstraintMaker *make) {
    make.top.equalTo(self.view.top).offset(100);
}];
```

上述示例代码将 redView 的上侧与控制器 View 的上侧距离更新为 100 个单位。

6. 重定义约束

在定义完约束之后，可以使用 remakeConstraints 方法将控件之前的约束全部删除，然后添加新的约束。示例代码如下：

```
[redView remakeConstraints:^(MASConstraintMaker *make) {
    make.top.equalTo(self.view.top).offset(100);
}];
```

上述示例代码将 redView 之前的所有约束都删除，然后添加了一条约束。但是，由于该控件现在只有一条约束，不足以确定位置和大小，所以无法在控制器视图上显示。

📖 **多学一招：Masonry 的常用语法**

Masonry 语句采用了链式语法，它的常用用法如下。

（1）常规用法，示例如下：

```
[redView makeConstraints:^(MASConstraintMaker *make) {
    make.top.equalTo(self.view.top).offset(100);
}];
```

上述示例为 redView 定义了一个约束，该约束将 redView 的父视图作为参照物，并将 redView 的上侧与父视图的上侧距离定义为 100 个单位。

（2）当控件与参照物的属性相同时，可以省略参照物的属性，示例如下：

```
[redView makeConstraints:^(MASConstraintMaker *make) {
    make.top.equalTo(self.view).offset(100);
}];
```

上述示例将父视图的 top 属性省略。

（3）支持多个属性连续设置，示例如下：

```
[redView makeConstraints:^(MASConstraintMaker *make) {
    make.top.left.equalTo(self.view).offset(50);
}];
```

上述示例为 redView 添加了 2 条约束，将 redView 的上侧和左侧与父视图的距离同时设置了约束。

9.6 本章小结

本章首先主要介绍了 iOS 开发中使用的 3 种屏幕适配技术，分别是 Autoresizing、Auto Layout 和 Size Class。其中，Autoresizing 是最早期的技术，已无法满足当前多样化的设备尺寸对屏幕适配的需求，因而已很少使用。Auto Layout（自动布局）是当前使用最多的技术，大家应多加练习，熟练掌握。Size Class 是基于 Auto Layout 的技术，能实现对屏幕尺寸的多样化和灵活的适配，缺点是只能在 StoryBoard 中使用，然后介绍了第三方框架 Masonry，它使得在代码里自动布局变得更简单易用，在实际中应用较多，也应加深了解。

【思考题】
1. 简述 Size Class 的优点和缺点。
2. 简述如何使用 Auto Layout 的核心公式将 View 2 的宽度设置为 View 1 宽度的一半。

第 10 章 国际化

学习目标

- 掌握如何国际化应用程序的显示名称
- 掌握如何国际化程序的显示界面
- 掌握如何实现文本信息的国际化
- 熟悉如何在程序内部切换语言

国际上超过 150 个国家的人都在使用 iPhone 手持设备，都从 App Store 上下载程序，这就为应用程序走向国际化提供了便利条件。应用程序不用局限在本国内使用，而是可以让全世界的人都来使用。在互联网时代，用户量往往是程序追求的重要目标之一。iPhone 手机的用户来自全球各地，要争取国际用户，扩大用户量，首先要先让应用程序支持各个国家的语言。接下来，本章就围绕应用程序的国际化进行详细介绍。

10.1 概述

国际化（Internationalization），又叫 i18N，它指应用程序的功能和代码设计考虑在不同地区运行时，应用程序本身不用做内部代码的改变和修正，简化了不同地区版本的生产。例如，以用户设置的语言处理文本的输入和输出，处理各地区不同的时间、日期以及数字格式等。

本地化（Localization），又叫 l10N。具有国际化功能的应用程序，会为用户提供本地语言的界面和资源，这个过程也叫本地化。

在设备中选择"设置"→"通用"→"语言与地区"→"iPhone 语言"，可以设置设备所使用的语言，如图 10-1 所示。

设置了语言以后，应用程序会针对设备语言进行本地化，使用设备语言显示界面。图 10-2 展示了日历程序在简体中文、繁体中文和英文中的界面。

iOS 中实现国际化的过程主要是，开发时将程序中所有需要展示给用户的资源（包括文本、图片等）从代码中分离，翻译成各个语言版本，每种语言单独保存一个文件，在程序运行时，通过 iOS 提供的 API 自动寻找本地化的资源文件，从中获取本地语言版本的资源信息，将资源展示在程序的界面上，如图 10-3 所示。

图 10-1 设备的语言设置

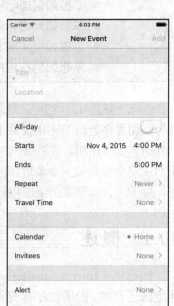

图 10-2 不同语言下的日历程序界面

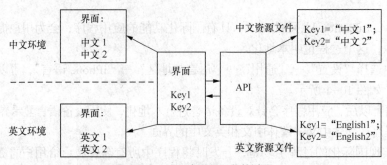

图 10-3 iOS 实现国际化的过程

iOS 为每种语言单独定义一份资源，并通过 xxx.lproj 目录来保存每种语言的资源。如图 10-4 所示，与英文有关的资源文件保存在 en.lproj 文件夹中，与中文相关的资源文件保存在 zh-Hans.lproj 文件夹中。

图 10-4　在 Finder 中的中文和英文资源文件夹

在实际开发中，需要将应用程序的显示名称、UI 界面和文本信息都进行国际化。接下来的几个小节将分别针对这三方面做详细的介绍。

10.2　国际化应用程序显示名称

要让应用程序不仅仅被本国人使用，还要让国际上的许多国家的人使用，首先要让应用程序在不同的语言下使用不同的名称，也就是对应用程序的显示名称进行国际化。如微信在英文环境下叫"WeChat"，微博在英文环境下叫"Weibo"等。

要将应用程序的显示名称国际化，需要几个步骤，具体如下。

1. 在项目中增加对中文的支持

（1）选中项目，在"Project"→"Info"→"Localizations"下，可看到项目默认只包含英文版的本地资源文件，如图 10-5 所示。

图 10-5　项目默认的资源文件

要注意的是，应确认"Use Base Internationalization"被勾选上，使用 Base Internalization 是为了确保.storyboard 和.xib 文件不需要为每种语言单独设计界面，而只需要配备多语言的资源文件，在运行时从资源文件动态获取本地化资源即可。

单击加号为项目增加支持的语言。Xcode 会列出 iOS 系统支持的所有语言，其中"Chinese(Traditional) (zh-Hant)"表示简体中文，选中它则自动添加到项目的本地化语言列表中，如图 10-6 所示。

（2）接下来的页面是选择要添加中文资源的文件，勾选文件，然后单击"Finish"按钮，如图 10-7 所示。要注意的是，如果一个文件都不选，添加新的语言资源则会失败。

图 10-6 项目中增加中文资源文件

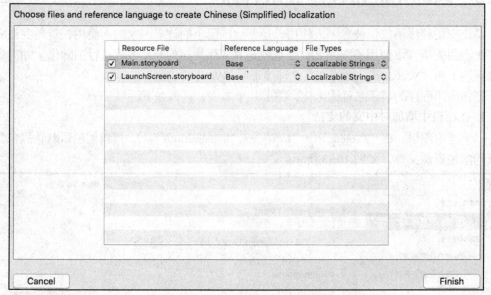

图 10-7 选择要添加中文资源的文件

（3）执行完以上操作后，从项目设置界面可以看出，中文已经被添加到项目的本地化语言列表上了，如图 10-8 所示。

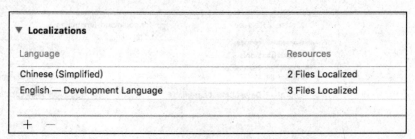

图 10-8 添加中文资源成功

2. 在info.plist 文件中增加 Bundle Display Name 条目

（1）打开项目的 info.plist 文件，增加 Bundle Display Name 条目，即应用程序的显示名称，并将名称设置为"传智案例",如图 10-9 所示。

图 10-9　增加 Bundle Display Name 条目

(2) 查看 Bundle Display Name 条目的原始键名。打开 info.plist 文件,在显示界面上单击鼠标右键,选择"Show Raw Keys/Values",即可显示原始键名。如图 10-10 所示,Bundle Display Name 的原始键名为"CFBundleDisplayName"。

图 10-10　Bundle Display Name 条目的原始键名

3. 新建 InfoPlist.strings 资源文件

(1) 在项目的 Supporting Files 目录下面添加一个新文件,通过"iOS"→"Resource"→"Strings File"选择文件模板,如图 10-11 所示。

图 10-11　添加资源文件

单击图 10-11 中的"Next"按钮,给该文件取名为 InfoPlist.strings,这是一个固定的名称,程序运行时系统会自动寻找这个名称的文件,为 info.plist 文件提供本地化的显示文本。

(2) 选中 InfoPlist.strings 文件,在它的文件检查器视图中的"Localization"部分,单击"Localize…"按钮,如图 10-12 所示。

然后在支持的语言列表中,勾选 English、Chinese 等资源文件版本,如图 10-13 所示。

(3) 选择完以后,在项目的文件列表中可以看出,在 InfoPlist.stirngs 文件下会出现多个版本,分别对应不同的语言,如图 10-14 所示。

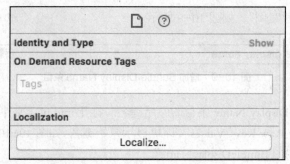

图 10-12　文件检查器界面

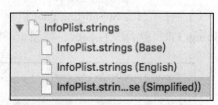

图 10-13　选择资源文件版本　　　　图 10-14　资源文件的多个版本

4. 在每个文件版本中添加文本键值对

依次打开每个文件版本，在文件中添加键值对，保存程序在不同语言下的显示文本。其中，键的名称为"CFBundleDisplayName"，值为程序的本地化显示名称。键值对采用样"key"="value";的格式，注意每行末尾都有分号（;）。

英文版示例如下：

"CFBundleDisplayName"="Itcast Demo";

中文版示例如下：

"CFBundleDisplayName"="传智案例";

通过以上步骤，已经完成了对程序显示名称在中英文下的国际化。运行程序将程序安装到模拟器上或者真机上，当切换设备的语言环境时，应用程序的名字会自动发生变化。图 10-15 展示了在中文环境和英文环境下的程序显示名称。

图 10-15　在中文和英文环境下的程序显示名称

10.3 国际化界面设计

当用户打开应用时,首先看到的就是程序的界面。所以继程序名称国际化之后,紧接着要对程序的显示界面进行国际化,用于向用户展示本地化的界面,提高用户界面的友好性。接下来就围绕如何对 storyboard 文件进行国际化进行分步骤的介绍,具体如下。

1. 在 Main.storyboard 文件中布局界面

首先在 storyboard 文件中把界面布局好,布局时可使用默认文字。为了让大家更好地理解,这里使用一个示例界面来说明。如图 10-16 所示,该示例界面上有两个 Label 上有文字。

2. 在项目中增加对中文的支持

在上个小节讲述国际化应用程序显示界面时,已经介绍过如何在项目中增加对中文的支持,请大家参看上一小节,这里不再重复。

在增加中文支持时,默认已经选中为 storyboard 文件添加本地化资源文件。在项目文件结构图中,可以看到 storyboard 下有 3 个文件,其中以 .strings 结尾的文件就是对界面文字进行国际化的资源文件,在示例中包括英文版本和中文版本,如图 10-17 所示。

图 10-16　示例界面

图 10-17　资源文件

如果没有看到这两个 .strings 后缀的资源文件版本,可以自己添加。方法是选中该 storyboard 文件,在右侧工具箱中,选中文件检查器,在 "Localization" 栏目下勾选 Base、English 和 Chinese 项目,如图 10-18 所示。

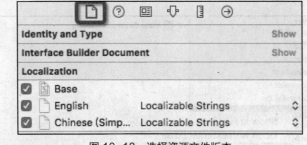

图 10-18　选择资源文件版本

3. 在资源文件中添加文字

打开两个 Main.strings 资源文件,可以看到系统已经自动为界面中控件上的文字添加了本地化的键值对,其中使用了控件 ID 作为键名,值就是控件文字的本地化描述。图 10-19 展示了 Main.strings 文件中文版本的内容。

图 10-19 中文版资源文件内容

在本例中，只需要将英文版本的控件文字进行本地化即可。更改后的 Main.strings(English) 文件内容如图 10-20 所示。

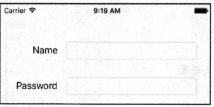

图 10-20 英文版资源文件内容副本

通过以上步骤，就完成了对界面文字的国际化。运行程序，将程序安装到模拟器上。将模拟器的语言环境分别设置成英文环境和中文环境，可以看出，不同环境下的界面分别显示了对应版本的语言文字，如图 10-21 所示。

图 10-21 不同语言环境下的界面

 多学一招：查询新增控件的 ID

如果 storyboard 已经生成资源文件，以后再在界面上增加新的控件，资源描述文件并不会自动为后来的控件生成本地化条目。此时可以手动添加条目，并在 storyboard 文件中查询到控件的 ID。查询控件 ID 的方法是，右键单击 Main.storyboard 文件，选择以"Source Code"的方式打开，如图 10-22 所示。

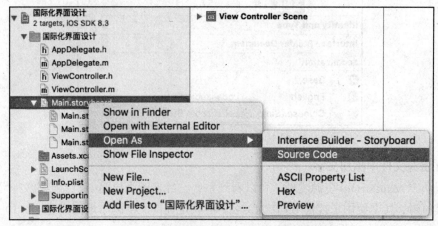

图 10-22 以源码方式打开 storyboard 文件

以源码方式打开 storyboard 文件后，就可以查询到每个控件的 ID 了，如图 10-23 所示。

```
<subviews>
    <label opaque="NO" userInteractionEnabled="NO" contentMode="left" horizontalHuggingPriority="251"
        verticalHuggingPriority="251" text="姓名" textAlignment="right" lineBreakMode="tailTruncation"
        baselineAdjustment="alignBaselines" adjustsFontSizeToFit="NO"
        translatesAutoresizingMaskIntoConstraints="NO" id="XsG-j7-lcC">
        <rect key="frame" x="39" y="68" width="63" height="21"/>
```

图 10-23　从 storyboard 文件中查询控件 ID

查询到控件 ID，就可以将控件文本的本地化描述添加到对应版本的资源文件中了。

10.4　文本信息国际化

在 storyboard 文件上直接添加资源文件版本的方法，只适用于 storyboard 上控件文本固定的情况。但是，实际情况中，有些控件文字要随着程序运行发生变化，甚至有些控件是在程序运行过程中动态出现，而不是静止在界面上的，如弹出警告框的提示文字。对这些情况下的文字要用到文本信息的国际化方法。此时要在程序中单独创建一个国际化的资源文件，这个资源文件会为应用程序支持的语言提供不同的版本，如 English、Chinese 等，具体步骤如下。

1. 在项目中增加对中文的支持

在前面的小节讲述国际化应用程序显示界面时，已经介绍过如何在项目中增加对中文的支持，请大家参看上一小节，这里不再重复。

2. 创建国际化资源文件

（1）在项目中新建一个资源文件，文件类型选择"iOS"→"Resource"→"Strings File"，如图 10-24 所示，然后单击"Next"按钮。

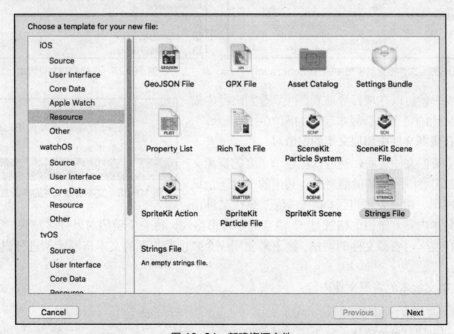

图 10-24　新建资源文件

（2）为文件取名为 Localizable.strings，这是文本国际化资源文件的默认名称，系统会自动到这个名称的资源文件中去寻找对应的字符，如图 10-25 所示。

图 10-25　默认资源文件名称

（3）选中 Localizable.strings 文件，在它的文件检查器视图中的"Localization"部分，单击"Localize…"按钮，如图 10-26 所示。

勾选 English、Chinese 等资源文件版本，如图 10-27 所示。

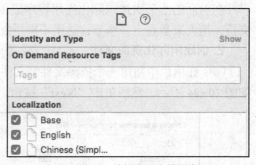

图 10-26　文件检查器视图中的"Localization"　　　图 10-27　选择资源文件版本

完成后就可以在项目导航视图里，看到已经生成的资源文件的各个语言版本了，如图 10-28 所示。

3. 在资源文件中添加文本的键值对

有了资源文件之后，就可以在各个语言的资源文件里添加需要国际化的键值对了。其中的"键"是该文本的标识，由开发者自己确定；"值"是在某种语言下的文本内容。键值的格式是 C 语言的字符串格式，每一个键值对以分号结束。为了让大家更好地学习资源文件的写法，接下来使用一个弹出警告框的文本资源示例进行说明，如下所示。

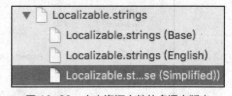

图 10-28　文本资源文件的多语言版本

- 中文版本的资源文件内容：

```
"title"="提醒";
"message"="网络连接失败.";
"cancel"="取消";
"ok"="确定";
```

- 英语版本的资源文件内容：

```
"title"="Warning";
"message"="Network connection failed.";
"cancel"="Cancel";
"ok"="OK";
```

4. 在代码中访问资源文件

有了文本的资源文件，就可以在代码中访问资源文件，获取对应语言的文本资源了。可以使用宏 NSLocalizedString(key, comment)来获取 key 对应的本地化文本。该宏的定义如下：

```
#define NSLocalizedString(key, comment) \
  [[NSBundle mainBundle] localizedStringForKey:(key) value:@"" table:nil]
```

从定义可以看出，获取本地化文本调用了 NSBundle 的对象方法。它会在本地化资源文件中找到 Key，并返回对应的 Value 值。如果找不到 Key，则会返回 Key 本身。

同样的，使用一个弹出警告框示例说明它的用法，示例代码如下：

```
- (void)touchesBegan:(NSSet<UITouch *> *)touches withEvent:(UIEvent *)event
{
    NSString *title = NSLocalizedString(@"title", nil);
    NSString *message = NSLocalizedString(@"message", nil);
    NSString *cancel = NSLocalizedString(@"cancel", nil);
    NSString *other = NSLocalizedString(@"ok", nil);
    UIAlertView *alert = [[UIAlertView alloc] initWithTitle:title
                  message:message delegate:nil cancelButtonTitle:cancel
                  otherButtonTitles:other, nil];
    [alert show];
}
```

在该示例代码中，程序运行时会根据文本的键名来获取对应的文本，然后动态地构建弹出警告框。这段代码执行后在中文和英文下弹出的警告框界面如图 10-29 所示。

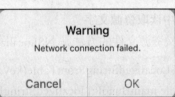

图 10-29　警告框的多语言界面

从它的执行效果可以看出，警告框在中文和英文的语言环境下分别显示了中文和英文的界面，从而实现了文本信息的国际化，提高了应用程序的友好性。

10.5　程序内部切换语言

国际化使程序可以根据语言环境自动选择显示语言，但有些情况下，用户希望在不改变设备环境的前提下，切换程序的语言。也就是说，程序所使用的语言可能与设备环境不一致。为此，就需要实现在程序内部切换语言的功能。接下来，就围绕如何在程序内部切换语言进行分步骤详细地介绍，具体如下。

1. 在项目中增加对中文的支持

在之前的"国际化应用程序显示名称"小节已经介绍过如何增加对中文的支持，请大家参考之前的小节，这里不再重复。

2. 自定义资源文件

在程序内部切换语言，也需要使用资源文件，但是资源文件的名称需要自定义。例如，新建两个资源文件，分别起名为 CN.strings 和 EN.strings，代表中文资源文件和英文资源文件。然后给资源文件手动添加文字的键值对，文字键值对的格式与其他资源文件相同。

为了让大家更好地学习，接下来使用一个登录界面示例来演示自定义资源文件内容。登录界

图 10-30　登录界面示例

面如图 10-30 所示，当用户单击"中文"时，页面以中文显示；当用户单击"English"时，界面以英文显示。

界面上有两个 Label 和两个按钮需要进行国际化。该界面的 CN.strings 文件定义内容如下：

```
"Name"="姓名";
"Password"="密码";
"Login"="登录";
"Cancel"="取消";
```

登录界面的 EN.strings 文件定义内容如下：

```
"Name"="Name";
"Password"="Password";
"Login"="Login";
"Cancel"="Cancel";
```

3. 从代码中读取资源文字

读取自定义资源文件的方法是 NSLocalizedStringFromTable，这是一个宏，它的定义如下：

```
#define NSLocalizedStringFromTable(key, tbl, comment) \
  [[NSBundle mainBundle] localizedStringForKey:(key) value:@"" table:(tbl)]
```

从定义可以看出，宏有 3 个参数，分别如下。

- key：本地化文字对应的键名。
- tbl：包含本地化文字定义的资源文件名。
- comment：保留参数，目前无意义。

该宏实质上使用的是 NSBundle 的对象方法，它会在本地化资源文件中找到 Key，并返回对应的 Value 值。如果找不到 Key，则会返回 Key 本身。

登录界面示例中使用该方法的代码如下：

```objc
- (IBAction)changeLanguage:(id)sender {
    UISegmentedControl *segControll = (UISegmentedControl *)sender;
    if (segControll.selectedSegmentIndex == 0) {
        //选择中文
        [self setText:@"CN"];
    }
    else if (segControll.selectedSegmentIndex == 1){
        //选择英文
        [self setText:@"EN"];
    }
}
- (void)setText:(NSString *)fileName
{
    self.nameLbl.text = NSLocalizedStringFromTable(@"Name", fileName, nil);
    self.passwordLbl.text =
                NSLocalizedStringFromTable(@"Password", fileName, nil);
    [self.loginBtn setTitle:NSLocalizedStringFromTable(@"Login", fileName, nil)
            forState: UIControlStateNormal];
    [self.cancelBtn setTitle:NSLocalizedStringFromTable(@"Cancel", fileName, nil)
            forState: UIControlStateNormal];
}
```

上述代码使用 NSLocalizedStringFromTable 从资源文件中获取当前语言版本的文字，并显示在控件上。

该示例执行后的界面如图 10-31 所示。在不修改设备语言环境的情况下，通过单击程序的中文和英文按钮，实现切换界面语言的功能。

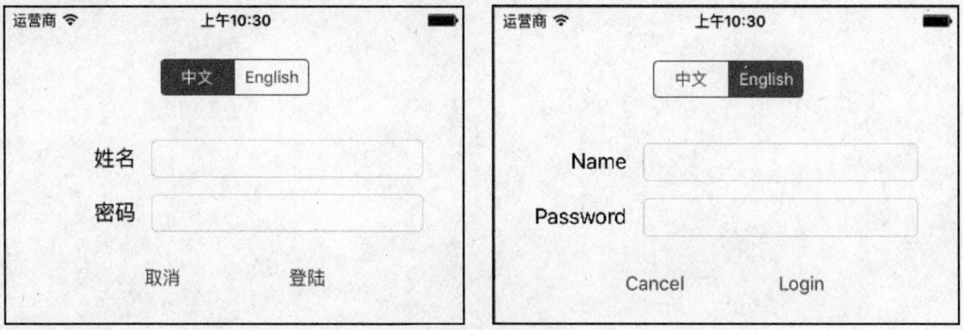

图 10-31 在中文和英文下的登录页面

10.6 本章小结

本章先概述了国际化的思想，然后依次介绍了如何根据设备环境本地化显示应用程序的名称、界面设计和文本信息，最后介绍了不依赖于设备语言环境，在程序内部切换语言的实现方法。要想让我们的应用程序走出国门、走向世界，扩大用户量，国际化是必需的技能，希望大家认真学习、熟练掌握。

【思考题】
1. 简述什么是国际化和本地化。
2. 简述如何实现文本信息的国际化。